2025

피부미용사

필기

핵심요약+기출모의고사

강희정

2025

피부미용사 필기 핵심요약+기출모의고사

인쇄일 2025년 1월 1일 3판 1쇄 인쇄
발행일 2025년 1월 5일 3판 1쇄 발행
등 록 제17-269호
판 권 시스컴2025

발행처 시스컴 출판사
발행인 송인식
지은이 강희정

ISBN 979-11-6941-488-3 13590
정 가 17,000원

주소 서울시 금천구 가산디지털1로 225, 514호(가산포휴) ｜ **홈페이지** www.nadoogong.com
E-mail siscombooks@naver.com ｜ **전화** 02)866-9311 ｜ **Fax** 02)866-9312

최근 미용에 대한 관심이 커지면서 혼자서도 미용을 관리하는 사람들이 많아졌습니다. 헤어부터 피부, 메이크업, 네일 등 미용은 광범위하게 퍼져있으며, 이러한 광범위한 미용에 대한 사람들의 관심은 크게 증가하였습니다. 단편적으로 그루밍족이라는 신조어를 통하여 미용에 대한 관심이 증가하였다는 것을 알 수 있습니다. 그루밍족이란 자신의 몸치장이나 패션을 위해 아낌없이 투자하는 젊은 남성을 일컫는 말로, 이전까지만 해도 미용은 여성을 대상으로 하는 뷰티(Beauty)라고 흔히 전해져 왔습니다. 하지만 지금의 미용은 단순히 여성만의 전유물이 아닌 남녀노소, 직업에 관계없이 모든 사람들의 생활에 자리잡고 있습니다.

이렇듯 미용에 대한 사회적 관심이 높아진 만큼 미용사의 필요성은 더욱 높아졌습니다. 미용업무는 얼굴이나 머리를 아름답게 매만지는 것뿐만 아니라 공중위생분야로서 국민의 건강과 직결되어 있는 중요한 분야로 자리매김하였습니다. 미용업계가 과학화, 기업화됨에 따라 미용사의 지위와 대우가 향상되고 작업조건도 양호해질 전망입니다.

본 도서는 전문적이고 멋진 피부미용사를 꿈꾸는 많은 수험생들에게 시험의 두려움을 없앨 수 있도록 길을 열어줄 것입니다. 도서를 통하여 피부미용사 필기의 합격뿐만 아니라 나아가 멋진 피부미용사가 되길 기원합니다.
시스컴은 항상 여러분을 응원합니다.

피부미용사란?

ⓘ 개요
피부미용업무는 공중위생분야로서 국민의 건강과 직결되어 있는 중요한 분야로 향후 국가의 산업구조가 제조업에서 서비스업 중심으로 전환되는 차원에서 수요가 증대되고 있다. 머리, 피부미용, 화장 등 분야별로 세분화 및 전문화 되고 있는 미용의 세계적인 추세에 맞추어 피부미용을 자격제도화 함으로써 피부미용분야 전문인력을 양성하여 국민의 보건과 건강을 보호하기 위하여 자격제도를 제정하였다.

ⓘ 수행직무
얼굴 및 신체의 피부를 아름답게 유지 · 보호 · 개선 관리하기 위하여 각 부위와 유형에 적절한 관리법과 기기 및 제품을 사용하여 피부미용을 수행한다.

ⓘ 실시기관 홈페이지
http://q-net.or.kr

ⓘ 실시기관명
한국산업인력공단

ⓘ 진로 및 전망
피부미용사, 미용강사, 화장품 관련 연구기관, 피부미용업 창업, 유학 등

🔩 과정평가형 자격 취득 가능 종목

- 과정평가형 자격은 국가직무능력표준(NCS)을 기반으로 설계되어 지정된 교육·훈련과정을 충실히 이수한 후, 내·외부평가를 거쳐 일정 합격기준을 충족하는 교육훈련생에게 국가기술자격을 부여하는 제도입니다.
- 미용사(피부)는 과정평가형으로도 취득할 수 있습니다. 단, 해당종목을 운영하는 교육훈련기관이 있어야 가능합니다.
- 과정평가형 자격 홈페이지(CQ-Net) : https://c.q-net.or.kr
- 과정평가형 자격 편성기준 : https://c.q-net.or.kr/cont/bbs/cbqOrganStdBbsList.do

🔩 종목별 검정현황

2024년 합격률은 도서 발행 전에 집계되지 않았습니다.

종목명	연도	필기			실기		
		응시	합격	합격률(%)	응시	합격	합격률(%)
미용사 (피부)	2023	34,502	17,116	49.6%	27,261	11,215	41.1%
	2022	33,635	16,079	47.8%	27,406	11,940	43.6%
	2021	35,725	17,793	49.8%	19,869	8,418	42.4%
	2020	33,133	16,242	49%	17,547	7,484	42.7%
	2019	38,684	17,007	44%	26,477	11,358	42.9%
	2018	39,858	17,217	43.2%	28,306	11,164	39.4%
	2017	44,832	18,159	40.5%	31,923	11,907	37.3%
	2016	53,511	22,156	41.4%	40,497	15,021	37.1%

피부미용사 시험안내

🛈 시행처

한국산업인력공단

🛈 시험과목

- 필기 : 피부미용학, 피부학, 해부생리학, 피부미용기기학, 공중위생관리학(공중보건학, 소독, 공중위생법규), 화장품학 등에 관한 사항
- 실기 : 피부미용실무

🛈 시험일정

- 상시시험으로 큐넷(www.q-net.or.kr)의 국가기술자격(상시) 시험일정에 접속하여 지역을 선택한 뒤 확인
- 시행지역 : 서울, 서울 서부, 서울 남부, 경기 북부, 부산, 부산 남부, 울산, 경남, 경인, 경기, 성남, 대구, 경북, 포항, 광주, 전북, 전남, 목포, 대전, 충북, 충남, 강원, 강릉, 제주, 안성, 구미, 세종

🛈 원서접수 및 합격발표

- 원서접수방법 : 인터넷접수(q-net.or.kr)
- 원서접수시간 : 원서접수 첫날 10:00부터 마지막 날 18:00까지
- 정해진 회별 접수기간 동안 접수하며 년간 시행계획을 기준으로 자체 실정에 맞게 시행
- 필기시험 합격예정자 및 최종합격자 발표시간은 해당 발표일 09:00

ⓘ 검정방법

필기	실기
객관식 4지 택일형, 60문항(60분)	작업형(2~3시간 정도, 100점)

ⓘ 합격기준

필기	실기
100점을 만점으로 하여 60점 이상	

ⓘ 수수료

필기	실기
14,500 원	27,300 원

ⓘ 시험수수료 환불 안내사항

- 접수기간내 접수를 취소하는 경우 : 100%환불(마감일 23:59:59까지)
  - 단, 은행에 따라 23:30 이후 환불이 제한될 수 있습니다.
- 접수마감일 다음날로부터 회별 시행초일 5일전까지 취소하는 경우 : 50%환불(10원단위 절사)

피부미용사 시험안내

출제기준(필기)

2022. 7. 1.~2026. 12. 31. 출제기준

필기 과목명	문제 수	주요항목	세부항목	세세항목
해부생리, 미용기기 · 기구 및 피부 미용관리	60	1. 피부미용 이론	1. 피부미용개론	1. 피부미용의 개념 2. 피부미용의 역사
			2. 피부분석 및 상담	1. 피부분석의 목적 및 효과 2. 피부상담 3. 피부유형분석 4. 피부분석표
			3. 클렌징	1. 클렌징의 목적 및 효과 2. 클렌징 제품 3. 클렌징 방법
			4. 딥 클렌징	1. 딥 클렌징의 목적 및 효과 2. 딥 클렌징 제품 3. 딥 클렌징 방법
			5. 피부유형별 화장품 도포	1. 화장품도포의 목적 및 효과 2. 피부유형별 화장품 종류 및 선택 3. 피부유형별 화장품 도포
			6. 매뉴얼 테크닉	1. 매뉴얼 테크닉의 목적 및 효과 2. 매뉴얼 테크닉의 종류 및 방법
			7. 팩 · 마스크	1. 목적과 효과 2. 종류 및 사용방법
			8. 제모	1. 제모의 목적 및 효과 2. 제모의 종류 및 방법
			9. 신체 각 부위(팔, 다리 등) 관리	1. 신체 각 부위(팔, 다리 등)관리의 목 적 및 효과 2. 신체 각 부위(팔, 다리 등)관리의 종 류 및 방법
			10. 마무리	1. 마무리의 목적 및 효과 2. 마무리의 방법
			11. 피부와 부속기관	1. 피부구조 및 기능 2. 피부 부속기관의 구조 및 기능

필기 과목명	문제 수	주요항목	세부항목	세세항목
해부생리, 미용기기 ·기구 및 피부 미용관리	60	1. 피부미용 이론	12. 피부와 영양	1. 3대 영양소, 비타민, 무기질 2. 피부와 영양 3. 체형과 영양
			13. 피부장애와 질환	1. 원발진과 속발진 2. 피부질환
			14. 피부와 광선	1. 자외선이 미치는 영향 2. 적외선이 미치는 영향
			15. 피부면역	1. 면역의 종류와 작용
			16. 피부노화	1. 피부노화의 원인 2. 피부노화현상
		2. 해부 생리학	1. 세포와 조직	1. 세포의 구조 및 작용 2. 조직구조 및 작용
			2. 뼈대(골격)계통	1. 뼈(골)의 형태 및 발생 2. 전신뼈대(전신골격)
			3. 근육계통	1. 근육의 형태 및 기능 2. 전신근육
			4. 신경계통	1. 신경조직 2. 중추신경 3. 말초신경
			5. 순환계통	1. 심장과 혈관 2. 림프
			6. 소화기계통	1. 소화기관의 종류 2. 소화와 흡수
		3. 피부미용 기기학	1. 피부미용기기 및 기구	1. 기본용어와 개념 2. 전기와 전류 3. 기기·기구의 종류 및 기능
			2. 피부미용기기 사용법	1. 기기·기구 사용법 2. 유형별 사용방법

피부미용사 시험안내

필기 과목명	문제 수	주요항목	세부항목	세세항목
해부생리, 미용기기 · 기구 및 피부 미용관리	60	4. 화장품학	1. 화장품학개론	1. 화장품의 정의 2. 화장품의 분류
			2. 화장품제조	1. 화장품의 원료 2. 화장품의 기술 3. 화장품의 특성
			3. 화장품의 종류와 기능	1. 기초 화장품 2. 메이크업 화장품 3. 모발 화장품 4. 바디(body)관리 화장품 5. 네일 화장품 6. 향수 7. 에센셜(아로마) 오일 및 캐리어 오일 8. 기능성 화장품
		5. 공중위생 관리학	1. 공중보건학	1. 공중보건학 총론 2. 질병관리 3. 가족 및 노인보건 4. 환경보건 5. 식품위생과 영양 6. 보건행정
			2. 소독학	1. 소독의 정의 및 분류 2. 미생물 총론 3. 병원성 미생물 4. 소독방법 5. 분야별 위생 · 소독
			3. 공중위생관리법규 (법, 시행령, 시행규칙)	1. 목적 및 정의 2. 영업의 신고 및 폐업 3. 영업자준수사항 4. 면허 5. 업무 6. 행정지도감독 7. 업소 위생등급 8. 위생교육 9. 벌칙 10. 시행령 및 시행규칙 관련사항

※ 미용사(피부) 출제기준(2022.1.1~2022. 6.30)은 http://q-net.or.kr에서 참조하시길 바랍니다.
※ 추후 변경 가능성이 있으므로 반드시 응시 기간 내 시험 안내를 확인하시기 바랍니다.

🎖 미용사(네일)

- 개요 : 네일미용에 관한 숙련기능을 가지고 현장업무를 수행할 수 있는 능력을 가진 전문기능인력을 양성하고자 자격제도를 제정
- 수행직무 : 손톱·발톱을 건강하고 아름답게 하기 위하여 적절한 관리법과 기기 및 제품을 사용하여 네일 미용 업무 수행

🎖 미용사(메이크업)

- 개요 : 메이크업에 관한 숙련기능을 가지고 현장업무를 수용할 수 있는 능력을 가진 전문기능인력을 양성하고자 자격제도를 제정
- 수행직무 : 특정한 상황과 목적에 맞는 이미지, 캐릭터 창출을 목적으로 이미지분석, 디자인, 메이크업, 뷰티코디네이션, 후속관리 등을 실행함으로서 얼굴·신체를 표현하는 업무 수행

🎖 미용사(일반)

- 개요 : 분야별로 세분화 및 전문화 되고 있는 세계적인 추세에 맞추어 미용의 업무 중 헤어미용을 수행할 수 있는 미용분야 전문인력을 양성하여 국민의 보건과 건강을 보호하기 위하여 자격제도를 제정
- 수행직무 : 아름다운 헤어스타일 연출 등을 위하여 헤어 및 두피에 적절한 관리법과 기기 및 제품을 사용하여 일반미용을 수행

구성 및 특징

단원별로 놓치지 말아야 할 핵심 개념들을 간단명료하게 요약하여 짧은 시간에 이해, 암기, 복습이 가능하도록 하였으며, 시험대비의 시작뿐만 아니라 끝까지 활용할 수 있습니다.

기존의 출제된 기출문제를 복원한 CBT 기출복원문제와 섬세한 해설을 함께 확인하며 필기시험의 유형을 제대로 파악할 수 있도록 총 8회분을 수록하였습니다.

실제 CBT 필기시험과 유사한 형태의 실전모의고사를 통해 실제로 시험을 마주하더라도 문제없이 시험에 응시할 수 있도록 총 7회분을 수록하였습니다.

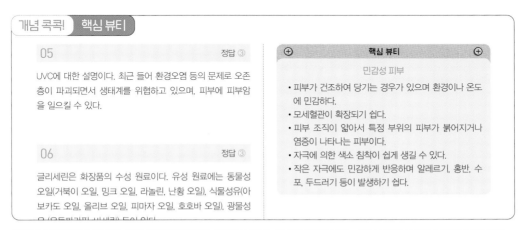

단원별 핵심요약 이외에도 CBT 기출복원문제와 실전모의고사 문제의 바탕이 되는 핵심 개념을 골라 이해를 돕기 위한 설명을 덧붙인 '핵심 뷰티'로 더욱 섬세한 해설을 확인할 수 있습니다.

목 차

Study Plan

영역		학습예상일	학습일	학습시간
단원별 핵심요약	제1막 피부미용이론			
	제2막 해부생리학			
	제3막 피부미용 기기학			
	제4막 화장품학			
	제5막 공중위생관리학			
CBT 기출복원문제	1회			
	2회			
	3회			
	4회			
	5회			
	6회			
	7회			
	8회			
실전모의고사	1회			
	2회			
	3회			
	4회			
	5회			
	6회			
	7회			

피부미용사 필기

Esthetician

제 **1** 장

단원별
핵심요약

ESTHETICIAN

제 **1** 막

피부미용이론

| 1 | **피부미용개론** | |

1. 피부미용의 개념

(1) 피부미용의 정의

① 두발을 제외한 안면 및 전신 피부의 모든 기능을 정상적으로 유지시키기 위하여 화장품, 피부미용기기, 매뉴얼테크닉(마사지)을 적용하여 피부를 건강하고 아름답게 유지하고 개선시키는 것을 말한다.

② 피부미용은 과학적 지식을 바탕으로 다양한 미용적인 관리를 행하므로 하나의 과학이라고 할 수 있으며 미의 본질을 다룬다는 의미에서 하나의 예술이라고도 볼 수 있다.

(2) 피부미용의 목적

① 노화예방을 통하여 건강하고 아름다운 피부를 유지한다.

② 심리적, 정신적 안정을 통해 피부를 건강한 상태로 유지시킨다.

③ 질환적 피부를 제외한 피부를 관리를 통해 개선시킨다.

④ **피부관리의 시술단계** : 클렌징 → 피부분석 → 딥클렌징 → 매뉴얼테크닉 → 팩 → 마무리

(3) 피부미용의 영역

① **기능적 영역** : 관리(보호)적 피부미용, 장식적 피부미용, 심리적 피부미용

② **실제적 영역** : 안면 관리, 전신 관리, 문제성 피부 관리, 눈썹 정리, 발 관리, 제모, 매니큐어 · 페디큐어, 메이크업

2. 피부미용의 역사

(1) 서양의 피부미용 역사

① 이집트시대

　㉠ 장식의 욕구보다는 종교의식에서 시작했다.

　㉡ 미라를 보존하기 위해 방부제와 화장 기법을 개발해 사용한 것이 미용의 시작이다.

　㉢ 향유를 사용해 피부 손질을 했으며, 올리브유, 꿀, 우유, 계란, 진흙 등을 피부미용 재료로 사용했다.

　㉣ 클레오파트라의 진흙목욕법, 나귀우유목욕법 등이 유명하다.

② 그리스시대

　㉠ 건강한 신체에 건강한 정신이 깃든다고 믿었다.

　㉡ 식이요법(식사량 조절), 목욕, 운동, 마사지 등을 통해 신체를 관리했다.

③ 로마시대

　㉠ 향수, 오일, 화장이 생활의 필수로 자리 잡았다.

　㉡ 스팀목욕법과 한증목욕법, 냉수욕, 약물목욕 등 목욕 문화가 발달했다.

　㉢ 과일산을 이용한 피부 관리 즉 오늘날 AHA를 이용한 피부미용법의 시초이다.

④ 중세

　㉠ 아랍인들에 의해 약초스팀미용법이 최초로 개발되었다.

　㉡ 현재 아로마 요법의 기초가 된 약초스팀미용법의 재료로는 보리수꽃, 사르비아, 로즈마리 등을 사용했다.

⑤ 르네상스시대

　㉠ 피부미용이 문예부흥과 함께 다시 유행했다.

　㉡ 목욕 습관, 목욕탕 시설이 없어 몸의 악취를 제거하기 위해 사용하기 시작한 향수는 프랑스를 향수의 본거지로 만들었다.

　㉢ 알코올이 발명되어 화장수와 향수 제조에 사용했다.

⑥ 바로크 · 로코코시대

　㉠ 화려한 치장이 유행(남성들은 백색 머리분으로 머리를 장식)했다.

　㉡ 흉터를 감추기 위한 뷰티패치가 유행했다.

　㉢ 클렌징 크림이 개발되었다.

⑦ 근대

　㉠ 위생과 청결을 중시하여 비누의 사용이 보편화 되었다.

　㉡ 특수 계층의 전유물이던 크림이나 로션 등의 화장품이 일반인들에게 보편화되었다.

(2) 우리나라의 피부미용 역사

① **상고시대** : 단군신화에서 쑥과 마늘을 먹고 인간이 되었다. 쑥과 마늘이 미백용 미용 재료로 사용되었다.

② **삼국시대**

　㉠ **신라** : 비누, 향수, 백분 등과 같은 화장품이 전래되어 제조되고 사용되었다. 불교문화의 영향으로 향을 많이 사용했다. 목욕 문화의 발달로 비누와 입욕제가 발달하였다.

　㉡ **백제** : 연지를 바르지 않고 엷고 은은하며 우아한 화장을 하였다. 일본에 화장품 제조기술과 화장기술을 전하여 주었다.

　㉢ **고구려** : 연지화장을 하였고 눈썹화장을 강조하였다.

③ **통일신라** : 다양한 방법으로 화장품을 가공하였다. 화장품 제조 기술이 발달하였다.

④ **고려시대**

　㉠ 남녀가 한 개울에서 한데 어울려 전신 목욕을 한 내용이 고려도경에 기록되어 있다.

　㉡ 면약이라는 안면용 화장품을 피부보호제로 사용하였으며 지금의 영양크림으로 발전했다.

　㉢ 향료를 담은 주머니인 향낭을 허리춤에 차고 다녔다.

　㉣ 현대의 크림과 에멀션의 중간 형태인 면약이 개발되었다.

⑤ **조선시대**

　㉠ 화장품과 향낭이 상류층과 기생들에 의해 사용되었다.

　㉡ 조선시대에는 고려시대의 사치와 퇴폐풍조에 대한 반작용으로 근검절약을 강조하였다.

　㉢ 화장수가 개발되었고 화장품을 만들어 판매했다.

　㉣ 갑오경장 이후 일본으로부터 '화장', '화장품'이란 용어가 들어왔다.

⑥ **20세기 이후**

　㉠ 일본으로부터 많은 화장품이 유입되었다.

　㉡ 1920년대에는 유럽(프랑스)에서 수입하게 되었다.

　㉢ 1916년 서울에서 가내수공업으로 박가분이 제조되었다.

　㉣ 1922년에 박가분의 공정 과정을 더 발전시켜 정식으로 제조 허가를 받았다.

　㉤ 그 후 동동구리므가 판매되었고 1950년에는 가정에서도 수세미와 오이 증류수로 화장수를 만들어 사용하였다.

2 피부미용 작업장 위생관리

1. 작업장 위생관리

(1) 피부미용 작업장 위생관리

① 피부미용실 작업장 위생관리

㉠ 쾌적하고 아늑한 작업장이 되어야 한다.

㉡ 환풍이 잘되어 공기 순환이 이루어져야 한다.

㉢ 상담실과 작업장은 구분되어 있어야 한다.

㉣ 화장품 정리대는 청결하고 위생적으로 준비되어 있어야 한다.

㉤ 고객용 베드는 위생적으로 준비되어 있어야 한다.

㉥ 기기, 기구, 도구는 사용 전후 철저하게 소독이 되어 있어야 한다.

㉦ 작업장의 조명도는 75룩스 이상을 유지해야 한다.

㉧ **피부미용 작업장 위생관리 작업장 준비물** : 정리대, 베드, 의자, 웨건, 손 소독제, 소독제, 물

3 피부미용 비품 위생관리

1. 재료 및 도구 위생관리

(1) 비품 소독 분류 방법

① **타월 · 터번** : 끓은 물에 삶아야 한다.

② **도구나 용기** : 살균 소독기 또는 소독제로 깨끗이 닦아야 한다.

③ **기기 및 기구** : 유효 기간이 지나지 않은 소독제를 이용하여 퍼프에 적셔 닦아 준다.

(2) 피부미용 비품 위생관리하기 작업 준비물

타월(대 타월, 중 타월, 소 타월), 고객 가운(속 가운, 겉 가운), 관리사 가운, 터번, 거즈, 화장 솜, 붓, 스파츌라, 볼(해면볼, 고무볼, 유리볼), 해면, 알코올, 슬리퍼(고객용 신발), 마스크, 면봉, 화장품, 휴지, 쓰레기통, 제모 도구 일절

(3) 피부미용 비품 위생관리 실시

① 위생관리 지침에 따라 작업자와 협의하여 준비 · 수행한다. 사용한 비품과 사용하지 않은 비품을 구분할 수 있어야 한다.

② 적절한 소독 방법으로 작업실 내부의 부품을 소독하여 보관한다.

③ 소독제에 대한 유효 기간을 점검한다. 모든 소독용 제품은 유효 기간을 확인해야 한다.

④ 피부미용 시 사용하는 비품을 정리 · 정돈한다. 사용 종류에 따른 비품을 정리할 수 있어야 한다.

4 직원위생관리

1. 관리사 용모 위생관리

(1) 피부미용사의 위생관리

① 구취나 체취가 나지 않도록 청결함을 유지해야 한다.

② 피부미용사는 관리 전후 수시로 손을 씻어서 청결하게 유지해야 한다.

③ 관리 전후 비누나 뿌리는 알코올이나, 알코올 솜으로 손을 소독한다.

④ 관리 중 전화를 받거나 다른 물건(자신의 머리카락 포함)을 만지는 경우 반드시 소독을 하고 다시 관리한다.

⑤ 손톱은 짧고 끝이 매끄럽게 정돈되어야 하고 색깔 있는 네일 에나멜을 바르지 않는다.

⑥ 피부미용사는 복장, 언어, 표정 등 청결하고 단정한 이미지를 유지하도록 해야 한다.

⑦ 편안한 흰색 신발을 착용을 권장하며 소리가 나지 않게 유의해야 한다.

⑧ 긴 머리는 단정하게 묶어 올리고, 자연스러운 화장을 한다.

⑨ 관리 중 목걸이, 반지와 팔찌 등의 장신구는 착용하지 않는다.

5	피부분석 및 상담	

1. 피부상태 파악

(1) 피부유형 분석 방법

① **문진** : 질문을 통하여 고객의 피부를 분석한다.

② **견진** : 눈으로 직접 보고 고객의 피부를 분석한다.

③ **촉진** : 손으로 직접 만지거나 눌러서 고객의 피부를 분석한다. 유·수분정도, 각질화 상태, 탄력성 등을 판별한다.

④ **기기 판독법** : 우드램프, 확대경, 피부분석기, 유·수분 측정기, pH 측정기 등의 기기를 이용하여 고객의 피부를 분석한다.

⑤ **패치 테스트** : 화장품에 의한 알레르기 반응을 확인하기 위해 일정 시간 테스트용 패치를 붙여 민감도를 분석한다.

2. 피부유형분석

(1) 정상 피부

① **특징** : 유·수분의 균형이 잘 잡혀있다. 피부결이 부드럽다. 모공이 작다. 주름이 형성되지 않는다.

② **목적** : 계절 및 나이에 맞는 적절한 화장품을 선택한다.

③ **적용 화장품** : 영양과 수분 크림, 유연 화장수

(2) 건성 피부

① **특징** : 피부가 얇고, 피부결이 섬세해보인다. 세안 후 피부가 당기며 화장이 잘 뜬다. 유·수분의 균형이 정상적이지 못하다.

② **목적** : 보습기능 활성화가 목적이다.

③ **적용 화장품** : 영양·보습 성분이 있는 오일이나 에센스, 무알코올성 토너, 유분기가 있는 클렌저 등

(3) 지성 피부

① **특징** : 모공이 크고 여드름이 잘 생긴다. 피지분비가 왕성하다. 정상피부보다 두껍다. 화장이 쉽게 지워진다. 블랙헤드가 생성되기 쉽다.

② **목적** : 피지제거 및 세정이 주 목적이다.

③ **적용 화장품** : 유분이 적은 영양크림 등

(4) 민감성 피부

① **특징** : 외부자극에 쉽게 붉어진다. 어떤 물질에 대해 큰 반응을 일으킨다.
② **목적** : 진정 및 쿨링효과가 주 목적이다.
③ **적용 화장품** : 저자극성 성분 화장품 등

(5) 복합성 피부

① **특징** : T존은 피지 분비가 많아 모공이 넓고 거칠다. U존은 피지 분비가 적어 모공이 작다. 코 주위에 블랙 헤드가 많다.
② **목적** : T존은 피지 조절을 하고 U존은 유 · 수분 조절을 통해 pH 정상화가 주 목적이다.
③ **적용 화장품** : T존은 피지 조절을 하고 U존은 보습효과가 있는 화장수 등

(6) 노화 피부

① **특징** : 미세하거나 선명한 주름, 원활하지 못한 피지 분비, 건조하고 탄력이 떨어지는 피부 등이 있다.
② **목적** : 피부 노화를 자극으로부터 피부 보호, 주름을 완화하고 새로운 세포 형성 촉진이 주 목적이다.
③ **적용 화장품** : 유 · 수분과 영양을 충분히 함유한 화장품 및 자외선 차단제 등

(7) 여드름 피부

① **특징** : 다양한 원인에 의해 피지가 많이 생기며, 모공 입구의 폐쇄로 피지 배출이 잘 되지 않는다.
② **목적** : 피지 분비 조절을 통해 피부 트러블 감소가 주 목적이다.
③ **적용 화장품** : 유분이 적은 화장품 등

3. 피부유형별 관리계획

(1) 프로그램 계획 시 유의할 점

① 피부관리에 중요한 식품 · 영양에 관한 조언을 한다.
② 지나친 강요는 하지 않는다.
③ 고객에게 심리적 부담을 주지 않는다.

④ 고객에게 신뢰감을 줄 수 있는 정직한 태도로 대한다.

⑤ 방문 횟수를 강요하지 않는다.

(2) 피부관리 계획 수행 순서

상담 테이블로 고객을 모신다. → 피부 분석을 실시한다. → 상담 결과 차트를 테이블에 펴놓는다. → 피부 상담 노트와 차트에 결과를 설명한다. → 전문 지식 관련 조언을 한다. → 홈 케어 관리 방법 및 제품을 선별하여 설명한다. → 방문 횟수를 설명한다. → 관리 계획을 작성한다.

| 6 | 클렌징 |

1. 피부유형별 클렌징 제품 활용

(1) 씻어내는 타입(계면활성제형)

① **비누** : 알칼리성으로 피부 표면의 pH를 상승시킨다. 탈수·탈지가 강하여 피부를 건조하게 만든다.

② **클렌징 폼** : 비누보다 자극이 적은 세안용이다. 보습성분을 함유하여 피부당김과 자극을 제거한다.

(2) 닦아내는 타입(용제형)

① **클렌징 크림** : 친유성 크림상태 제품이다. 메이크업 세정력이 뛰어나다. 유성성분이 많다. 이중세안을 해야 한다. 중성과 건성피부에 적합하다.

② **클렌징 로션** : 친수성의 로션상태이다. 클렌징 크림보다는 세정력이 약하다. 이중 세안이 필요 없다. 모든 피부에 적합하다.

③ **클렌징 오일** : 물에 용해가 잘되는 수용성 오일이다. 짙은 화장·눈과 입술의 메이크업 제거용으로 적합하다. 건성·노화·수분부족 지성피부 및 민감한 피부에 적합하다.

④ **클렌징 젤** : 오일 성분이 전혀 함유되지 않은 제품이다. 세정력이 우수하고 이중세안이 필요 없다. 지성·여드름·알레르기성 피부에 적합하다.

⑤ **클렌징 워터** : 세정용 화장수의 일종이다. 가벼운 화장을 지우거나 피부를 닦아낼 때 사용한다. 눈·입술·메이크업 제거용으로 사용한다.

(3) 피부유형에 알맞은 클렌징 제품 선택

크림 타입	유성 성분이 많고 짙은 화장을 하는 사람에게 적합하며 정상 피부나 건성 피부에 적합하다.
로션 타입	친수성의 타입으로 세정력은 조금 떨어지지만 자극이 적어 민감성 피부나 노화된 피부, 건성 피부에 적합하다.
젤 타입	세정력이 우수하며 손놀림이 용이하고 물로 세안할 수 있어 자극이 적다. 지성 피부나 여드름 피부에 적합하다.
파우더 타입	지방과 단백질을 분해하는 효소 성분으로서 민감성 피부에도 사용이 가능하다.
오일 타입	수분이 부족한 피부에 좋고 건성 피부나 예민한 피부에도 좋다.
폼 클렌징	수성 세안제로 거품을 낸 후 그 거품으로 세안하는 타입으로 모든 피부에 좋다. 손바닥에 약간의 물을 섞어서 거품을 낸다.
워터 타입	끈적임이 없고 건성 피부에 알맞다.
티슈 타입	클렌징 성분을 물티슈에 적신 것으로 휴대하기에 편리하다.
리무버	포인트 메이크업 클렌징제로 쓰인다.

2. 클렌징 테크닉 적용

(1) 클렌징을 하는 테크닉 방법

클렌징을 하는 테크닉은 매뉴얼테크닉하는 동작과 구별되어야 한다. 주로 '쓸어서 펴바르기'나 '밀착하여 펴바르기' 테크닉을 사용한다.

(2) 클렌징의 단계

① 1차(포인트 메이크업 클렌징) : 눈과 입술부위의 메이크업을 전용리무버를 이용하여 부드럽게 클렌징한다. 입술 화장은 바깥쪽에서 안쪽으로 닦아준다.

② 2차(안면 클렌징) : 근육결의 방향으로 시술한다. 동작은 근육이 처지지 않도록 하고, 일정한 속도와 리듬감을 유지한다.

③ 3차(화장수 도포) : 각질층에 수분을 공급하고 피부를 약산성으로 회복할 수 있게 도와준다.

7	딥클렌징

1. 피부유형별 딥클렌징 제품 활용

(1) 딥클렌징의 종류

① **효소(Enzyme)** : 효소가 주성분으로 크림 타입과 파우더 타입이 있으나, 주로 파우더 타입을 많이 사용한다. 각질 분해 능력이 탁월하고 표피층에만 작용함으로써 피부의 부작용도 유발하지 않는다. 물과 희석하여 35~45℃의 온도와 70%의 습도에서 가장 활발하며, 효소 사용 시 시간, 온도, 습도를 적절히 조절해야 한다. 모든 피부에 사용 가능하다.

② **스크럽(Scrub)** : 미세한 알갱이가 들어 있는 제품으로 각질과 모공 관리에 사용한다. 피부에 바른 후 손에 물을 적셔 가볍게 문지른 다음 닦아 낸다. 화농성 여드름, 모세 혈관 확장 피부, 민감성 피부는 사용을 금한다.

③ **AHA(AlpHa hydroxy acid)** : 복합 과일산으로 과도한 죽은 각질 세포를 녹여 감소시키는 성분으로 글리콜릭산이 대표적이며 주로 얼굴에 사용한다. 피부미용 분야에서는 10% 이하의 아하(AHA)를 이용하여 각질 관리를 한다. 아하는 각질 용해 효과뿐만 아니라 피부 보습과 세포 재생효과도 가지고 있다. 모든 피부에 사용 가능하나 예민한 피부의 경우 주의를 요한다.

④ **고마쥐(Gommage)** : 전분 성분인 셀룰로오즈가 기본 원료이며 복합 동·식물성 각질 분해 효소도 함유하고 있다. 도포 후 어느 정도 건조되면 피부의 근육 결 방향으로 밀어내며 모세 혈관 확장 피부나 화농성 여드름 피부는 사용을 금한다.

⑤ **후리마돌(Frimator)** : 피부에 자극이 없는 부드러운 천연모의 브러시를 선택하여 각기 다른 속도로 회전시키며 피부 표면에 붙어 있는 먼지와 노폐물을 제거하며 회전하는 브러싱은 테크닉과 각질 제거에 효과적이다.

⑥ **전기 세정(DIsincrustation)** : 직류 전류의 음극(−)을 연결하여 모공 세정용 디스인크러스테이션 앰플을 침투시켜 피지를 녹이고 모공의 각질과 노폐물을 제거하는 관리이다.

⑦ **스티머(Steamer)** : 초미립자의 수증기가 분무되어 모공을 열어 주고 혈액 순환을 도와 적당한 수분을 공급하여 신진대사를 촉진하며 테크닉을 하는 동안 죽은 각질이 부드럽게 제거된다.

2. 딥클렌징 제품별 테크닉 적용

(1) 물리적 딥클렌징

① 물리적인 자극을 통해 노화된 각질을 제거하는 방법이다.

② 스크럽제, 고마쥐제, 손, 기기 등을 이용하여 노화 각질을 물리적으로 제거한다.

③ 민감성 피부, 염증성 여드름피부, 모세혈관확장 피부 등에는 피한다.

(2) 화학적 딥클렌징

① AHA, BHA, 레틴산 등과 같은 화학적으로 합성된 유효 성분을 이용하여 각질을 제거하는 방법이다.

② 표피의 하층까지 클렌징 할 수 있다. 액체 상태의 산으로 알맞은 농도로 사용한다.

(3) 생물학적(효소적) 딥클렌징

① 단백질을 분해하는 효소가 촉매로 작용하여 죽은 각질을 제거한다.

② 효소로는 파파인(파파야), 브로말린(파인애플), 펩신, 트립신 등의 성분을 사용한다.

③ 피부에 도포한 후 시간 온도 습도가 적절하게 맞아야만 효과를 볼 수 있다.

④ 특별한 자극이 없어 예민피부, 여드름피부, 모세혈관확장피부, 염증성피부 등에 효과적이다.

(4) 딥클렌징 작업 시 주의 사항

① **효소** : 스팀의 온도는 적당해야 한다. 스팀이 너무 뜨거우면 위험하므로 약 30cm 정도 거리를 두고 분사한다. 적절한 온도와 습도, 시간을 지킨다.

② **스크럽** : 자극적으로 강하게 문지르지 않는다. 예민한 부위는 더 예민해질 수 있다.

③ **후리마돌** : 피부에 자극이 없는 부드러운 천연모의 브러시를 선택하여 미리 손등에 회전 속도를 테스트한다.

④ **AHA** : 10% 미만의 농도를 사용하며 시간을 엄수한다. 닦아 낼 때 반드시 냉습포를 사용한다.

⑤ **BHA** : 주성분은 살리실산으로 각질층의 과각화된 각질을 제거하고 모낭 내 지방을 녹이는 성분이다. 피부를 부드럽게 하여 AHA에 비해 자극이 약하고 색소 침착이나 잔주름을 감소시키는 데도 유용하다.

8	피부유형별 화장품 도포

1. 피부유형별 영양물질 선택 및 도포

(1) 피부유형별 특징

① **건성 피부** : 수분 함량이 적고 유분이 부족하여 건조함이 느껴지는 피부이다. 피부 결은 비교적 곱고 얇으나 윤기가 없고 각질이 일어나 거칠어 보인다. 지속적으로 유 · 수분을 적용하는 것이 좋다.

② **정상 피부** : 유 · 수분 밸런스가 맞아서 건조함이 느껴지지 않고 피부 표면이 항상 촉촉하고 윤기가 나는 피부이다. 유 · 수분 영양 성분을 적용하는 것이 좋다.

③ **지성 피부** : 피부 표면이 매끄럽지 못하고 귤껍질처럼 두꺼우며, 피지 분비량이 많아 번들거리고 모공이 넓고 각질층이 두껍다. 또한 안색이 칙칙하며 수분이 부족하다. 피지 조절 및 피부 정화 작용 제품 적용하는 것이 좋다.

④ **복합성 피부** : 이마, 코, 턱 등 T-Zone 부위가 지성이며, 볼 부위의 U-Zone이 건성으로 두 가지 이상의 타입인 피부를 말한다. 피부 진정 및 보습 제품을 적용하는 것이 좋다.

⑤ **노화 피부** : 피지 분비가 줄어들어 피부가 건조하고 수분이 부족하여 피부가 거칠어지고 주름이 많이 생긴다.

⑥ **예민 피부** : 홍반, 충혈, 염증 등의 피부 증세가 쉽게 나타나며 화장품의 색소나 향료에 민감한 반응을 보인다.

(2) 영양물질 도포 및 흡수 방법

① 손으로 발라서 흡수시키는 방법이 있다.

② 적외선을 조사해 흡수시키는 방법이 있다.

③ 기기를 이용하여 흡수시키는 방법이 있다.

  ㉠ **고주파를 이용한 방법** : 영양물질을 도자(electrode)로 문질러서 흡수시킨다.

  ㉡ **이온 영동법** : 비타민 C 등 수용성 영양물질을 갈바닉 기기의 이온 영동법을 이용해 도자나 핀셋으로 문질러 흡수시킨다.

(3) 영양물질의 종류

① **보습 · 탄력** : 콜라겐, 엘라스틴, 펩타이드, 히알루론산, 세라마이드, 스쿠알렌, 글리세린, 레시틴, 소르비톨, 부틸렌글라이콜 등이 있다.

② **미백** : 비타민 C, 알부틴, 감초 추출물, 닥나무 추출물, 아스코빌글루코사이드, 나이아신아마이

제 1 장

단원별 핵심이론

드, 알파 – 비사볼올, 에칠아스코빌에텔 등이 있다.

③ **진정** : 카모마일, 알란토인, 위치하젤, 프로폴리스, 아줄렌, 알로에, 감초 추출물, 당귀 추출물, 아보카도오일 등이 있다.

④ **세포 재생** : 로열젤리, EGF(세포 생성 인자) 아데노신, 알란토인, 병풀 추출물, 엘라스틴 등이 있다.

⑤ **정화** : 캄파, 썰파, 클레이, 살리실산, 티트리 등이 있다.

9	매뉴얼테크닉

1. 피부유형별 매뉴얼테크닉 선택 및 적용

(1) 매뉴얼테크닉의 효과

① 생활 환경에서 오는 스트레스에 지친 피부를 회복시킨다.

② 신진대사를 촉진시키고 피부의 기능을 회복시킨다.

③ 긴장감 있고 안정감 있는 피부 상태를 만든다.

④ 피부를 촉촉하며 윤기 있고 건강하게 유지시킨다.

(2) 매뉴얼테크닉 기본 동작

① **쓸어서 펴바르기(쓰다듬기, effleurage)**

ㄱ **방법** : 손바닥을 이용하여 피부 표면을 쓰다듬는 동작으로 피부 표면에 모세 혈관을 확장시켜 혈액을 피부 표면에 많이 흐르게 하며 신경을 알맞게 자극한다. 매뉴얼테크닉의 처음과 마무리 단계에 쓰인다.

ㄴ **효과** : 피부 진정 및 림프 배액을 촉진하고 노화된 각질을 제거하는 세정 효과와 켈로이드 생성을 억제하는 효과가 있다.

② **밀착하여 펴바르기(문지르기, friction)**

ㄱ **방법** : 쓰다듬기보다 조금 더 깊은 조직에 효과가 있으며 주름이 생기기 쉬운 부위에 주로 많이 쓰인다. 손가락의 첫 마디 부분을 이용하여 나선을 그리듯 움직이는 동작으로 주로 중지(세 번째 손가락), 약지(네 번째 손가락)를 많이 쓴다.

ㄴ **효과** : 조직의 혈액을 촉진하고 결체 조직을 강화시켜 탄력을 주고 모공의 피지를 배출하는 효과가 있다.

③ 어루만져 펴바르기(반죽하기, petrissage)

㉠ **방법** : 근육을 쥐고 손가락 전체를 이용하여 반죽하듯이 주물러 부드럽게 하는 방법이다.

㉡ **효과** : 근육의 혈액을 촉진하고 노폐물을 제거하며 근육 피로와 통증을 완화하는 효과가 있다.

④ 토닥토닥 펴바르기(두드리기, tapotement)

㉠ **방법** : 얼굴 부위에 따라 두드리기 강도를 결정한다. 손가락을 이용하여 빠른 동작으로 리듬감 있게 두드린다. 영양을 고루 흡수시키기 위해서 가볍게 두드린다.

㉡ **효과** : 근육 위축과 지방 과잉 축적을 방지하고 신진대사를 촉진시켜 신경 조직 기능을 활성화 시키는 효과가 있다.

⑤ 떨며 펴바르기(흔들어 주기, vibration)

㉠ **방법** : 손끝이나 손 전체로 얼굴을 진동시킨다.

㉡ **효과** : 근육을 이완시키고 결체 조직 탄력을 증진시켜 림프와 혈액 순환을 촉진하는 효과가 있다.

(3) 매뉴얼테크닉 적용 시 피부유형별 제품 선택

① **오일** : 건성 피부, 노화 피부

② **크림** : 정상 피부, 건성 피부, 노화 피부

③ **로션** : 예민 피부, 민감 피부

④ **젤** : 지성 피부

2. 매뉴얼테크닉 방법

(1) 매뉴얼테크닉의 시술방법

① 피부관리사의 자세는 발을 어깨넓이 정도로 벌리고 손목에 힘을 **뺀다**.

② 손동작은 머뭇거리지 않도록 하며, 손목이나 손가락의 움직임은 유연하게 한다.

③ 힘의 세기와 배분을 조절한다.

④ 알맞은 속도와 리듬감을 주며 시술한다.

⑤ 고객과의 대화는 삼가며 손톱은 짧고 청결하게 한다.

⑥ 시술자의 손은 고객의 피부 온도에 맞추어 따뜻하게 한다.

⑦ 피부 타입과 상태에 따라 동작을 조절한다.

10 팩·마스크

1. 얼굴 피부유형별 팩 · 마스크 종류 및 특징

(1) 팩 · 마스크의 종류 및 특징

① 필 오프 타입(Peel-off type)

㉠ 젤리상 : 투명 또는 반투명 젤리상으로 도포 · 건조 후 투명한 피막을 형성하며 피막을 제거하면 보습, 유연, 청정 효과가 있다.

㉡ 페이스트상 : 분말, 유분, 보습제를 비교적 많이 배합할 수 있기 때문에 건조 후 피막을 형성하고 제거 후에는 촉촉함을 부여한다.

② 굳은 후 떨어지는 타입 : 분말상으로 석고 팩이라 불리며, 석고 성분인 황산 칼슘의 수화열에 열감을 부여하는 제품이다.

③ 씻어 내는 타입(Wash-off) : 크림 타입, 거품 타입, 젤 타입, 클레이 타입 등의 다양한 종류가 있으며 팩제를 바른 뒤 일정한 시간이 지난 후 물로 씻어 준다.

④ 시트 타입(Sheet type) : 영양물질을 건조시킨 시트 타입으로 유효 성분이 흡수된 후 제거하는 방법이다. 자극이 적고 영양 공급과 보습 효과가 뛰어나며 피부에 탄력을 증진시킨다. 사용이 간편한 형태의 마스크로 화장수나 에센스를 침적시킨 부직포 타입도 있다.

⑤ 웜 마스크(Warm Mask) : 마스크 자체가 피부에 미치는 효과보다는 피부 표면을 따뜻하게 보온해 줌으로써 얼굴에 바른 제품의 흡수를 높여 피부의 기능을 활성화하는 데 도움을 준다. 피부미용실에서 주로 사용하는 웜 마스크는 석고와 파라핀 두 종류가 있다.

(2) 팩 제품 성상에 따른 종류 및 특징

① 크림상 : 건성 노화 피부에 적합하며 영양, 보습, 진정에 효과적이다(보통 O/W유화타입의 크림상 제제).

② 점토상 : 피지 흡착 효과가 뛰어나고 안색 정화 효과가 있어 피지 분비 조절이 필요한 여드름 피부와 지성 피부에 효과적이다(일명 클레이 팩이라 불린다).

③ 젤리상 : 자극이 적으며 보습, 진정 효과가 있어서 예민성 피부에 효과적이다(수용성 고분자를 이용한 제품).

④ 파우더상 : 여러 용도에 맞는 다양한 재료로 구성되어 있으며 증류수, 앰플, 젤을 섞어서 사용한다.

⑤ 점액상 : 피부 진정, 수분 공급과 혈액 순환에 효과적이다(모든 피부 사용 가능).

⑥ 에어로졸상 : 기포 발생으로 기화열이 생겨 청량감을 부여한다.

⑦ 왁스상 : 왁스의 온도와 밀봉 요법을 이용하여 영양물질 침투를 촉진시키며 피부의 탄력성과 보습력을 증진시킨다(건성 피부, 노화 피부 적합).

11	제모

1. 팔, 다리, 겨드랑이 제모 제품 및 도구 준비

(1) 핀셋

① 눈썹 수정 시나 왁스 제모 후 남은 털을 제거할 때 사용하는 방법이다.

② 털이 자라난 방향으로 제거한다.

③ 제모 전에 온습포로 모공을 열어주고 뽑은 후에는 화장수로 진정ㆍ살균을 실시한다.

④ 지속적으로 실시하면 피부가 늘어질 수 있고 모공에 색소침착이 나타날 수 있다.

(2) 면도기

① 짧은 시간에 손쉽게 할 수 있다.

② 피부의 일정 높이에서 털의 모간을 제거한다.

③ 털의 성장 방향과 반대로 제거한다.

④ 제거 후 감염 우려가 있으므로 항염물질이 함유된 크림이나 연고를 발라준다.

⑤ 장기적으로 실시할 경우 털이 굵어지고 거세지는 단점이 있다.

(3) 왁스

① 광범위한 부위를 짧은 시간에 효과적으로 제거할 수 있다.

② 왁스를 이용해 모근으로부터 털을 제거한다.

③ 피부 관리실에서 가장 많이 이용하는 방법이다.

④ 왁스 제모의 부적용 : 정맥류, 혈액순환 장애, 당뇨병 환자, 과민한 피부, 화상이나 상처가 있는 피부

⑤ 제모를 위한 왁스의 종류로는 소프트 왁스, 하드 왁스, 콜드 왁스가 있다.

2. 팔, 다리, 겨드랑이 제모 테크닉 적용 및 주의사항

(1) 팔 · 다리 제모하기(예시)

① 워머기의 전원을 켜고 40~45℃ 온도로 소프트 왁스를 준비해 둔다.

② 유 · 수분 제거제를 도포하여 부드럽게 러빙하여 유분 및 각질을 제거한다.

③ 소독 성분이 포함되어 있는 스킨을 적신 화장 솜으로 소독하면서 털이 난 방향을 체크한다.

④ 우드 스파츌라로 적당량의 왁스를 덜어 털이 난 방향으로 45~90도 각도로 얇고 균일하게 도포한다.

⑤ 하퇴부는 무릎 쪽으로부터 발목 방향으로, 대퇴부도 윗부분에서부터 아랫부분으로 각 길이를 이등분 정도 나누어 재어 가며 수행한다(팔의 경우 하완부 전체 제모 후 상완부 전체를 제모한다).

⑥ 무릎 부위는 세워 놓고, 종아리는 엎드리게 한 후 발뒤꿈치를 세우게 하고 수행한다.

⑦ 털이 난 반대 방향으로 반드시 45도 각도로 스트립을 제거한 후 제모한 부위를 재빨리 눌러 통증을 완화시켜 준다(피부미용사의 한 손은 반대 방향으로 피부를 당겨 준다).

(2) 겨드랑이 제모하기(예시)

① 워머기의 전원을 켜고 37~42℃ 온도로 소프트 왁스를 준비해 둔다.

② 유 · 수분 제거제를 도포하여 부드럽게 러빙하여 유분 및 각질을 제거한다.

③ 소독 성분이 포함되어 있는 스킨을 적신 화장 솜으로 소독하면서 털이 난 방향을 체크한다.

④ 체모의 성장 방향과 반대 방향으로 도포하고, 다시 한 번 성장 방향으로 동전 두께정도로 도포하면서 가장자리가 깔끔하고 고르게 되도록 왁스를 도포한다.

⑤ 왁스를 가볍게 눌러 피부에 밀착시킨 다음 만졌을 때 왁스의 온도감이 느껴지지 않고 굳어지면, 쉽게 제거하기 위해 끝부분을 피부에서 조금 떼어 둔다.

⑥ 겨드랑이는 민감하므로 털이 여러 방향으로 나 있는 경우에는 세 군데 이상의 작은 부분으로 나누어 제거하고, 털이 대체로 일정한 방향으로 나 있는 경우에는 한꺼번에 제거한다.

⑦ 굳은 하드 왁스를 모발 성장 방향과 반대 방향으로 45도 각도로 순차적으로 텐션을 주면서 제거한다.

(3) 제모 후 주의사항

① 제모 부위는 빨갛게 달아오르거나 가려울 수 있으나 손으로 긁지 않는다.

② 제모 후 24시간 이내에는 세균 감염 방지와 피부의 자극을 예방하기 위해 반신욕, 사우나, 수영장, 실내 태닝, 일광욕 등을 하지 않는다.

③ 제모 후 24시간 이내 탈취제나 데오드란트, 향기 나는 제품을 사용하지 않는다.

④ 제모 후 3일 이내에는 스크럽이나 필링제를 사용하지 않는다.

⑤ 제모 부위를 자극하지 않도록 몸에 끼는 옷도 가급적 삼간다.

⑥ 제모 당일은 차가운 물이나 미온수로 씻는다.

⑦ 제모 후 인그로운 헤어(Ingrown hair)를 방지하기 위해 보습제를 꾸준히 사용한다.

12	신체 각부위(팔, 다리 등) 관리

1. 신체 각부위(팔, 다리 등) 상태 파악 및 매뉴얼테크닉 적용

(1) 복부관리

① 복부관리의 효과 : 혈액순환이 잘 이루어진다. 장기운동이 원활해진다. 처진 피부가 탄력을 얻는다. 복부의 긴장을 완화하고 따뜻해진다. 피부에 보습을 준다.

② 부적용 대상 : 임산부, 접촉성 피부염, 아토피 피부인 사람, 내장 질환이 있는 사람, 생리 중인 사람

③ 복부관리에 필요한 화장품의 종류 : 셀룰라이트 완화 제품, 혈액순환 제품, 보습 제품

(2) 가슴관리

① 가슴관리에 사용되는 대표적인 화장품 성분

㉠ 히알루론산(Hyaruronic acid) : 보습제. 세포간 공간에서 수분 유지

㉡ 엘라스틴(Elastin) : 표면 보호제. 피부 유연성과 감촉 증가 및 피부 긴장 개선

㉢ 태반 추출물(Placenta extract) : 보습제. 피부 유연과 주름 완화 및 세포 재생 효과

(3) 손, 팔 관리

① 손, 팔 관리가 피부에 미치는 효과 : 각질세포를 제거한다. 림프 배농을 촉진시킨다. 신진 대사를 원활하게 해준다. 피부가 처지는 것을 방지한다.

② 손, 팔 관리가 근육에 미치는 효과 : 근육의 노폐물을 제거하여 피부를 맑게 한다. 주름을 완화시켜준다. 피로한 근육을 회복시켜준다.

(4) 발, 다리 관리

① 발, 다리관리의 개념 : 발과 다리의 형태는 물론 균형을 파악하여 매뉴얼테크닉과 도구를 활용하여 피로해진 발, 다리를 회복시키고 순환을 시키는 작업이다.

② 발, 다리관리의 부적용 대상 : 정맥류 증상이 있는 사람, 염증성 열이 나는 사람, 염증성 부종이 있는 사람, 뼈가 약한 사람, 암 환자, 수술 직후의 환자, 접촉성 피부 질환을 앓는 사람

(5) 둔부관리

① **둔부관리의 목적** : 생활 습관에서 오는 둔부의 불균형을 잡아 준다. 피부에 보습 효과를 준다. 근육의 피로를 풀어 준다. 처짐을 방지한다. 둔부의 혈액 순환을 증가시켜 염증 예방과 색소 침착을 예방한다.

② **둔부의 부적용 대상** : 임산부, 염증성 열이 있는 사람, 암 환자, 접촉성 피부 질환을 앓고 있는 사람

(6) 몸매 피부미용기기 활용

① **G5** : 물리적인 진동 자극으로 뭉친 근육 이완과 신진 대사, 혈액 순환 촉진에 사용된다.

② **고주파** : 심부열을 발산하여 피부에 영양물질을 흡수시키며 근육 이완, 지방 분해, 신진대사 촉진에 사용된다.

③ **초음파** : 음파 에너지로써 미세 진동을 일으켜 영양물질 흡수와 세포 활성, 노폐물 제거에 도움이 된다.

④ **저주파** : 전기 자극으로 근육을 직접적으로 운동시켜 신진 대사와 세포 활성화에 큰 작용을 하며, 셀룰라이트 및 탄력 강화에 도움이 된다.

⑤ **흡입기** : 압력에 의해 흡입과 배출을 하는 미용 기구로써 림프 순환, 노폐물 제거, 혈액순환에 도움을 준다.

⑥ **중·저주파** : 몸매에 사용하는 미세 전류 미용기기로써 지방 분해, 영양물질 침투에 사용된다.

| 13 | 얼굴관리 마무리 | |

1. 얼굴관리 후 피부정리 · 정돈

(1) 얼굴관리 마무리 개념

피부관리에 가장 마지막 단계로서 피부의 pH를 조절하고 피부 정돈과 피부 상태에 따라 화장품을 선별하여 영양 상태의 물질을 흡수시킨 후 자외선 차단제로 마무리하는 능력이다.

(2) 피부유형에 따른 기초화장품의 선택

① **정상 피부 타입** : 대부분의 화장품 사용이 가능하다.
② **지성 피부 타입** : 젤 타입의 기초화장품이 적합하다.
③ **건성 피부 타입** : 크림과 로션 타입의 기초화장품이 적합하다.
④ **민감성 피부 타입** : 젤 타입과 오일 타입의 기초화장품이 적합하다.
⑤ **복합성 피부 타입** : 부위별 피부 유형에 맞는 화장품이 적합하다.

(3) 기초화장품의 종류

토닉(유연 화장수, 수렴 화장수), 에센스나 세럼, 데이 크림(낮에 바르는 영양 크림), 나이트 크림(밤에 바르는 영양 크림), 아이 크림(눈 주위에 바르는 영양 크림), 자외선 크림(자외선을 차단시키는 로션이나 크림)

(4) 위생과 소독

① 과정마다 손 소독을 철저히 실시한다.
② 헤어라인에 잔여물을 묻지 않도록 한다.
③ 제품 사용 시 스파츌라를 사용한다.
④ 정리대를 청결하게 준비해야 한다.

14	몸매파악	

1. 몸매상태 파악 및 특징 분류

(1) 몸매분석의 정의

선천적 몸매와 후천적으로 잘못된 습관에 의하여 만들어진 현재의 몸을 문진, 견진, 촉진을 통하여 부위별로 문제점을 파악하고 몸매의 균형을 분석하는 것을 말한다.

(2) 몸매분석 방법

① **문진법** : 질문을 통하여 자료를 수집하는 방법으로 선천적 · 유전적인 몸매인지, 생활 습관에 의한 몸매의 변화인지를 구분하는 데 이용된다.

② **견진법** : 육안으로 직접 보거나 기기를 이용하여 판별하는 방법으로 몸매의 상하 또는 좌우의 대칭 정도로 몸매 균형을 분석한다(등고선 촬영을 통한 몸매분석).

③ **촉진법** : 직접 만져 보거나 기구를 이용하여 집어 봄으로써 몸매 상태를 판별하는 방법으로 몸매 피부의 조직과 탄력도, 두께, 압통 유무, 근육과 지방의 정도 등을 분석한다.

④ **기기와 기구 및 도구를 이용한 측정법** : 체성분 분석기를 이용하여 몸매 부위별 근육과 지방의 정도를 파악하거나, 캘리퍼(Skin-fold caliper)를 이용하여 피하 지방의 정도를 파악한다.

(3) 체형의 분류

① **외배엽형(EctomorpH)** : 팔다리가 얇고 길며, 지방량이 적다. 흔히 마른 사람을 의미한다.

② **중배엽형(MesomorpH)** : 큰 뼈와 단단한 몸통, 낮은 지방량, 넓은 어깨를 가진 체형이다.

③ **내배엽형(EndomorpH)** : 넓은 허리, 큰 골격, 지방량이 많다. 흔히 뚱뚱한 사람을 의미한다.

| 15 | 몸매분석카드 작성 | |

1. 몸매 분석표 작성

(1) 수행 순서

① 고객과 상담을 통해서 생활 습관, 생활 환경, 라이프 스타일 등을 자세히 묻고 체크하여 고객관리카드 작성을 한다.

② 상담이 끝난 후 고객을 가운으로 갈아입힌다.

③ 고객이 편안한 자세로 서게 한 후 앞, 뒤, 옆면을 보고 몸매분석표에 상태를 체크한다.

④ 몸매 부위의 사이즈를 측정한다.

⑤ 고객을 편안하게 베드에 눕힌다.

⑥ 몸매 부위별 문제점을 촉진과 견진으로 파악한 후 근육량, 지방, 튼살 등을 체크한다.

⑦ 몸매를 분석한 결과를 보고 부위별 체형 관리 계획을 작성한다.

⑧ 몸매분석 프로그램이 작성되면 다음 단계로 들어가기 위해서 가운을 벗고 타월로 몸 부위를 가려 준다.

16	몸매클렌징

1. 몸매부위별 클렌징 제품 활용 및 테크닉 적용

(1) 몸매클렌징의 개념

피부 자체의 분비물을 지우는 피부미용의 가장 기본이 되는 시작 단계이며 중요한 기초 단계이다. 피부유형에 맞는 제품을 선택하여 쓸어서 펴바르기, 밀착하여 펴바르기의 테크닉을 활용하여 닦아 내는 시작 단계의 작업이다.

(2) 몸매클렌징을 하는 테크닉

① 클렌징을 하는 테크닉은 마사지 동작과 구별해야 한다.
② 클렌징 테크닉은 손바닥 전체를 사용하여 강하게 문지르지 말고 피부 표면을 가볍고 신속한 동작으로 한다.

(3) 몸매클렌징 종류에 따른 적합한 피부유형

① 크림 타입 : 유성 성분이 많고 정상, 건성 피부에 적합하다.
② 로션 타입 : 친수성의 타입이며, 세정력은 조금 떨어지고 자극이 적어 민감, 노화, 건성 피부에 적합하다.
③ 젤 타입 : 세정력이 우수하고 손놀림이 용이하며 자극이 적고 지성, 여드름 피부에 적합하다.
④ 파우더 타입 : 지방과 단백질을 분해하는 효소 성분으로 민감 피부에도 사용이 가능하다.
⑤ 오일 타입 : 수분이 부족한 피부에 좋고 건성, 예민 피부에도 좋다.
⑥ 워터 타입 : 끈적임이 없고 건성 피부에 알맞다.
⑦ 티슈 타입 : 클렌징 성분을 물티슈에 적신 것으로 휴대용으로 좋다.

17	몸매딥클렌징

1. 몸매딥클렌징 제품 선택 및 테크닉 활용

(1) 몸매딥클렌징의 개념

피부미용에 있어서 가장 중요하게 생각해야 할 단계이다. 1차 클렌징으로 지워지지 않는 모공 속 먼지나 노폐물, 땀 등 죽은 각질을 제품 또는 기기를 활용하여 닦아 내는 과정으로 다음 단계 유효 물질의 흡수를 높이는 작업이다.

(2) 몸매딥클렌징의 방법 및 적용

① **화학적 방법** : 효소, 전기 세정, AHA(AlpHa Hydroxy Acid)
② **물리적 방법** : 스티머(Steamer), 후리마돌(Frimator), 고마쥐(Gommage), 스크럽(Scrub)

(3) 몸매딥클렌징 시 주의사항

① **효소** : 스팀이 너무 뜨거우면 안 되며 약 30cm 정도 거리를 두고 분사시킨다(온도, 습도, 시간을 맞춰야한다).
② **스크럽** : 자극적으로 강하게 문지르지 않는다. 예민한 부위는 더 예민해질 수 있다.
③ **후리마돌** : 피부에 자극이 없는 부드러운 천연 털의 브러시를 선택하여 미리 손등에 회전 속도를 테스트한다.

18	몸매 팩·마스크

1. 몸매 피부유형별 팩 · 마스크 종류 및 특징

(1) 몸매관리에 많이 쓰이는 팩 · 마스크 종류

① **신체후면관리** : 보습 팩, 림프 순환, 혈액 순환 팩
② **복부관리** : 셀룰라이트, 보습, 림프 배농, 탄력
③ **손, 발관리** : 보습, 림프 배농, 혈액 순환
④ **발, 다리관리** : 부종, 보습, 림프 배농, 혈액 순환, 탄력

⑤ **가슴관리** : 탄력, 보습, 림프 배농

2. 몸매 팩 · 마스크 적용 및 제거

(1) 안전 · 유의 사항

① 몸매 팩 · 마스크 수행 전 기본 물품이나 기자재 등 고객이 불쾌감을 느끼지 않도록 위생관리 점검을 철저히 하고 청결 유지에 주의한다.

② 몸매 팩 · 마스크 수행 시 노출로 인해 고객이 불편함을 느끼지 않도록 유의하며, 타월 등으로 잘 감싸 준다.

③ 터번 착용 시 고객의 귀가 접히지 않도록 주의하면서 머리카락을 감싼다.

④ 화장품은 스파츌라를 이용하여 덜어 내고 뚜껑을 닫아 화장품의 오염을 막는다.

⑤ 관리 전후 관리사는 손을 깨끗이 씻거나 소독하여 고객에게 오염으로 인한 감염이 일어나지 않도록 안전에 유의한다.

⑥ 팩 · 마스크의 적용 시간은 약 15분~30분 정도로 둔다.

⑦ 팩의 효능과 느낌을 긍정적으로 고객에게 전달한다.

⑧ 천연 팩을 사용할 경우 변질의 우려가 있어 사용 직전에 바로 만들어 사용한다.

⑨ 팩 제거 시에는 잔여물이 남지 않도록 깨끗이 제거한다.

⑩ 예민한 피부는 사전에 사용한 제품에 대한 패치 테스트를 실시한다.

19	몸매관리 마무리

1. 몸매관리 후 피부정리 · 정돈

(1) 몸매관리 마무리의 정의

부위별 몸매관리가 끝난 후 토닉으로 pH를 조절하는 단계이다. 피부 부위별 유형에 따른 기초화장품을 선택하여 바르고 가벼운 동작으로 부위에 맞는 이완 동작으로 마무리하는 작업이다.

(2) 마무리 기초화장품의 종류

① **토닉** : 피부의 pH를 정상화

② **로션 · 크림, 오일** : 피부의 유 · 수분 밸런스 정상화

③ **자외선 차단제** : 자외선으로부터 피부 보호

(3) 몸매관리 마무리 화장품의 사용 목적

① 셀룰라이트를 완화
② 정체된 피부의 순환을 완화하여 몸매를 정상화
③ 피부의 림프 흐름 활성화
④ 보습력 유지 및 강화

20	피부미용 특수관리

1. 림프의 이해 및 피부상태 파악

(1) 림프의 정의

림프 관리(Lymph drainage)는 림프절을 가볍게 쓰다듬는 매뉴얼테크닉 방법 중 하나로, 림프절을 심장 방향으로 가볍게 쓰다듬어 림프관을 이완시키고 림프액 배출을 촉진시켜서 노폐물 배출을 돕고 조직의 영양 대사를 원활하게 해 준다.

(2) 림프 관리의 이해

① **림프 관리의 효과** : 림프 순환을 촉진시켜 면역 기능을 높여 준다. 노폐물을 제거하여 피부 부종을 완화시킨다. 얼굴 및 신체 부종으로 인한 통증을 개선시킨다. 과도하게 긴장된 근육을 이완시킨다. 가볍고 부드러운 기법으로 고객에게 심리적 안정감을 준다. 부종, 정맥류 다리, 염증, 여드름, 셀룰라이트 등에 적용하면 효과적이다.
② **림프 관리 적용 피부** : 염증성 여드름 피부, 민감하고 예민한 피부, 모세 혈관 확장 피부, 문제성 지성 피부, 홍반 피부, 셀룰라이트가 많은 피부, 부종이 있는 피부, 수술 후 상처 회복이 필요한 피부, 임산부(복부관리는 피하고, 다리 쪽은 부종이 생기므로 림프 관리가 필요하다)

2. 림프관리 적용 및 주의사항

(1) 림프관리의 기본 동작

① **정지 상태 원동작(Stationary circle)** : 손가락 끝이나 손바닥 전체를 이용하여 림프 순환 배출 방향

으로 가벼운 압으로 쓸어 주는 동작으로 림프절이 모여 있는 곳에 시행하거나 얼굴과 목에 적용되는 동작이다.

② **펌프 기법(Pump technique)** : 손가락 끝에는 힘을 주지 않으며 손가락의 안쪽과 바닥을 이용하여 손목을 위로 움직이는 동작으로 팔과 다리에 많이 적용하는 동작이다.

③ **퍼올리기 기법(Scoop technique)** : 손바닥을 펴고 손등이 아래로 향하게 하여 위쪽으로 올리면서 압을 주며, 손가락에는 힘을 주지 않고 엄지를 제외한 네 손가락을 가지런히 하여 압을 주면서 손목의 회전과 함께 위로 쓸어 올리듯이 하는 동작으로. 팔과 다리에 적용하는 동작이다.

④ **회전 기법(Rotary technique)** : 손가락 전체를 인체의 평평한 부분에 댄 후 피부를 약간 신장시키듯이 늘려서 손바닥 전체를 피부에 밀착시키고 옆으로 회전하는 동작으로 평평한 부위에 적용되는 동작이다.

(2) 림프 관리 시 유의 사항

① **손 압력** : 각 손동작은 피부에서 손이 떨어지지 않아야 하며 움직이는 힘은 30~40mm/Hg 정도의 압력을 유지하여 일정하게 압을 가한다. 가장 이상적인 압력은 33mm/Hg(깃털 무게 정도의 압력, 10원짜리 동전을 피부에 올려놓은 압력)이다.

② **흐름 방향** : 모든 림프 순환의 방향은 주변 림프절이지만 최종적으로 심장 방향으로 이루어지며, 배꼽을 기준으로 상복부는 액와 방향으로 하복부는 서혜부 방향으로 적용한다.

③ **리듬과 주기** : 각 동작은 1~5초의 간격으로 한 자리에서 5~7회 이상을 반복하며 가볍고 부드럽게 서서히 압을 가하고 서서히 빼는 동작을 일정하게 시행한다.

④ **관리 기간** : 림프 관리의 효과를 위해서는 주 2회 총 10회 이상으로 한 달 이상 6개월 정도의 지속적인 관리가 필요하다.

⑤ **관리 시간** : 1회 관리 시간은 한 부위를 실시하는 경우 최소 20~30분 정도이며 여러 부위를 할 경우는 한 시간 이상 적용한다.

3. 눈썹형태 정리 및 진정관리

(1) 눈썹 정리를 위한 3가지 가이드라인

① **눈썹머리(눈썹 시작점)** : 콧방울을 수직으로 올려 만나는 곳에 위치

② **눈썹산(눈썹 아치)** : 고객에게 정면을 응시하게 한 후 눈동자의 중심에 맞춰 콧방울과 이어진 지점

③ **눈썹꼬리(눈썹 끝나는 점)** : 콧방울과 눈 끝을 지나는 45도 각도 지점

(2) 눈썹 정리 시 주의사항

① 눈썹 숱이 많고 길면 눈썹 정리용 브러시를 이용하여 눈썹 수정용 가위로 자른 다음 눈썹 정리를 한다.

② 고객의 취향을 고려하여 얼굴 형태에 맞게 눈썹 형태를 제시해 주고 정리한다.

③ 눈썹산이나 눈썹 윗부분을 지나치게 정리하지 않는다.

④ 눈썹 밑부분을 중심으로 눈두덩이 부위는 깨끗하게 정리한다.

⑤ 눈썹이 자라는 방향으로 눈썹을 제거한다.

⑥ 눈썹 정리용 도구는 반드시 소독하여 사용한다.

⑦ **눈썹 정리 시 고려해야 할 사항** : 얼굴 모양, 고객의 요구, 눈의 위치, 나이, 눈썹 형태, 유행의 흐름

⑧ **눈썹 정리 시 부적용 대상** : 과민성 또는 알레르기성 피부를 지닌 사람, 눈에 질병(결막염, 다래끼, 안검염 등)이 있는 사람, 눈 주위의 염증이나 부어오른 피부를 지닌 사람, 눈 주위의 상처나 멍이 있는 사람

4. 눈썹 염색

(1) 눈썹 염색 시 주의 사항

① 염색 시 반드시 패치 테스트(Patch test)를 실시한다.

② 눈가 전용 화장품에 대한 알레르기나 민감성 여부를 확인한다.

③ 감염이나 염증은 없는지 살핀다.

④ 염색 부위 주변은 화장품 잔여물이 남지 않도록 깨끗하게 클렌징한 후 실시한다.

⑤ 신경이 예민한 고객의 경우 눈을 깜빡거리거나 움직여 염색약이 안구에 들어가거나 염색이 제대로 이루어지지 않을 수 있으므로 관리에 주의한다.

⑥ **부적용 대상** : 눈 전용 화장품에 알레르기나 민감한 반응이 있는 사람, 민감성 피부를 지닌 사람, 눈가 염증이나 감염이 있는 사람, 눈 주위 상처나 찰과상이 있는 사람, 건선이나 습진 같은 피부 질환을 지닌 사람, 패치 테스트 양성 반응을 보인 사람

(2) 눈썹 염색약

① **염색약의 성분**

ㄱ **제1액** : 미네랄오일(Mineral oil), 세틸알코올(Cetyl alcohol), 라놀린(lanolin), 파라핀왁스(Paraffin wax), 페닐렌디아민(Phenylenediamine) 등

ㄴ **제2액** : 세틸알코올(Cetyl alcohol), 과산화 수소(Hydrogen peroxide), 나트륨(Sodium), 물(Water) 등

② 염색약의 비율과 염색 시간

   ㉠ 염색약의 비율은 제1액:제2액 = 1:1로 한다.
   ㉡ 속눈썹은 5~7분 정도 염색을 하고, 눈썹은 2~3분 정도 염색을 한다.

5. 스톤 테라피

(1) 온스톤 효과

① 신체를 편안하게 해 주어 스트레스 해소에 도움이 되고, 림프의 흐름을 원활하게 하여 노폐물 배출을 촉진시킨다.
② 매끈하고 탄력 있는 피부를 만들어 준다.
③ 신체의 긴장된 신경과 뭉쳐 있는 근육을 이완시켜 근육의 긴장을 없애 준다.
④ 온열 작용에 의한 모세 혈관 확장으로 혈액 순환을 촉진한다.
⑤ 혈액 순환을 상승시켜 셀룰라이트 및 체지방 감소에 도움을 준다.

(2) 냉스톤 효과

① 염증(Inflammation) 감소에 도움을 준다.
② 조직의 온도를 낮춰 줌으로써 근육의 통증과 근육 경련을 감소시킨다.
③ 인체 조직의 가벼운 외상과 근육 부상에 회복을 돕는다.

(3) 스톤 소독

① 온스톤과 냉스톤은 중성 세제를 푼 따뜻한 물에 담가 먼지 등의 불순물을 제거한다. 트리트먼트가 끝날 때마다 알코올을 이용하여 오일기를 먼저 제거한다.
② 세제를 충분히 씻어 낸 후 부드러운 타월로 물기를 제거한다. 헹굴 때는 반드시 찬물을 사용하고, 주 1회 정도 세척한다.
③ 물기가 제거된 스톤은 에너지 재충전을 위해 태양이나 달빛 아래에서 건조한다.

6. 관리부위별 스톤의 크기 및 특징

(1) 온스톤의 구성

① Grandfather stone(할아버지 스톤) : 1개, 천골 부위에 배열
② Grandmother stone(할머니 스톤) : 1개, 복부에 배열
③ Pillow stone(베개 스톤) : 1개, 반듯이 누운 자세에서 목을 받쳐 줌.

④ Hand stone(손 스톤) : 2개, 고객의 손에 쥐어줌.

⑤ Point stone(포인트 스톤) : 4개, 자극점과 심부 조직관리 시 사용

⑥ Third eye stone(제3안 스톤) : 1개, 이마의 눈썹과 눈썹 사이 인당에 배열

⑦ Large stone(라지 스톤) : 10개, 척추 레이아웃(4개)과 전면 차크라 레이아웃(6개)에 배열

⑧ Medium stone(미디엄 스톤) : 12개, 등, 상지, 하지관리 시 사용

⑨ Small stone(스몰 스톤) : 12개, 척추 레이아웃 시 배열

⑩ Facial stone(얼굴 스톤) : 2개, 얼굴관리 시 사용

⑪ Toe stone(발가락 스톤) : 8개, 발가락 사이사이에 배열

(2) 냉스톤의 구성

① Grandfather stone(할아버지 스톤) : 1개, 천골 부위 또는 복부에 배열

② Pillow stone(베개 스톤) : 1개, 반듯이 누운 자세에서 목을 받쳐 줌.

③ Point stone(포인트 스톤) : 6개, 자극점과 심부 조직관리 시 사용

④ Large stone(라지 스톤) : 2개, 넓은 근육 Effleurage 관리 시 사용

⑤ Medium stone(미디엄 스톤) : 6개, 버드테크닉과 Effleurage 관리 시 사용

⑥ Small stone(스몰 스톤) : 4개, 엎드린 자세에서 경추에 적용

7. 피부부위별 스톤관리 및 주의사항

(1) 고객관리를 위한 스톤 테라피 기법

① 글라이딩(Gliding) : 스톤의 매끄럽고 평평한 부위를 이용하여 근육 부위를 미끄러지듯이 가볍고 부드럽게 하는 동작이다.

② 플러싱(Flushing) : 스톤의 가장자리 부분으로 인체의 말초 신경을 향하여 다림질하듯이 하는 동작이다.

③ 엣징(Edging) : 스톤의 모서리로 근육을 따라 깊숙이 문질러 주는 동작으로 딥티슈 관리(Deep tissue massage)에 매우 효율적이다.

④ 탭핑(Tapping) : 두 개의 스톤을 이용하여 미리 올려 둔 스톤을 다른 스톤으로 가볍게 두드려 주는 동작이다.

(2) 스톤 테라피 시 유의 사항

① 관리 전 화상에 주의하여 스톤의 온도를 반드시 체크한다.

② 효과적인 관리를 위해 스톤의 온도를 일정하게 유지한다.

③ 냉스톤(대리석)의 경우 쉽게 깨어지므로 탭핑(Tapping)은 삼간다.

④ 서혜부에는 절대 냉스톤을 사용하지 않는다.

⑤ 척추와 전면 차크라 레이아웃 시 고객의 몸을 살펴보면서 스톤을 배열한다.

⑥ 사용한 온스톤은 비누 거품에 씻은 후 흐르는 물에 씻어 낸다.

⑦ 사용한 냉스톤은 소독용 알코올로 닦은 후 보관한다.

⑧ 냉스톤은 절대 소금과 섞이면 안 된다.

⑨ 스톤은 월 1회 이상 에너지 재충전을 위해 햇볕과 달빛에 노출시킨다.

21 고객 마무리 관리

1. 상담 후 고객관리카드 정리

(1) 관리 후 상담 시 질문 내용

① 피부관리 중 고객 불편 사항 유무에 대한 파악

② 관리 후 피부상태 변화에 대한 객관적 변화 문진

③ 고객 만족도 조사

④ 추가적인 관리에 대한 제안

⑤ 다음 관리 계획과 관리 시간 예약

(2) 관리 후 상담 시 조언 내용

① 홈 케어의 중요성에 대한 조언

② 고객이 선택한 홈 케어 제품에 대한 사용 방법 조언

③ 음식 및 기호 식품, 수면 등의 식생활 습관 조언

(3) 관리 후 상담의 중요성

관리 후 상담이 중요한 것은 고객의 욕구가 얼마만큼 충족되었는지에 따라 고객이 계속하여 관리를 받을 것인지 결정하기 때문이다. 피부관리실을 첫 방문하여 받은 관리가 만족스러웠다면 고객은 밝은 인상으로 관리 후 상담에 임할 것이다.

(4) 상담 후 고객관리카드작성의 중요성

① 관리 후 피부의 변화를 적을 수 있다.

② 고객의 만족도를 적을 수 있다.

③ 유지 고객인지를 파악할 수 있다.

④ 예약 관리의 스케줄을 미리 정할 수 있다.

2. 고객유지 및 관리

(1) 고객관리의 중요성

① 효과적인 고객관리는 반복 구매율의 증가를 만들어 낸다.

② 매출 증대라는 경제적인 효과를 만들어 낸다.

③ 입소문의 효과가 있다.

④ 고객 만족도를 통한 충성 고객(단골) 유치 등 부가적인 효과를 얻을 수 있다.

(2) 고객 일정에 따른 스케줄 관리의 중요성

① 시간을 활용할 수 있다.

② 예약 시간을 사전에 확인할 수 있다.

③ 고객이 원하는 프로그램에 대한 만족도를 높일 수 있다.

3. 홈케어 조언

(1) 홈 케어 조언 내용

① 생활 환경 및 습관

② 제품에 대한 선별 및 사용법

③ 세안법

④ 운동 생리, 영양 등

(2) 정상 피부의 홈 케어 조언

① 아침

㉠ 세안 시 클렌저를 사용하지 않고 미지근한 물로 세안

㉡ 토너 사용 후 눈 주변에 젤 타입의 아이 제품 도포

㉢ 보습용 에센스를 얼굴 및 목 전체에 도포

ㄹ 보습 크림을 얼굴 및 목 전체에 도포한 후 자외선 차단제로 마무리

② 저녁

ㄱ 세안 시 젤 클렌저로 피부 불순물 제거

ㄴ 주 1회 도포형 효소 클렌저를 이용하여 각질 정리

ㄷ 토너 사용 후 눈 주변에 아이 크림 도포

ㄹ 보습용 에센스를 얼굴 및 목 전체에 도포

ㅁ 보습 크림을 얼굴 및 목 전체에 도포

(3) 지성 피부의 홈 케어 조언

① 아침

ㄱ 세안 시 젤 타입의 클렌징으로 세안

ㄴ 수렴 화장수로 피지와 모공에 긴장감 부여

ㄷ 알로에 젤, 피지 조절 크림으로 적절한 수분 공급

ㄹ 자외선 차단제로 마무리하여 피부 손상 방지

② 저녁

ㄱ 세안 시 폼 클렌징으로 세안

ㄴ 수렴 화장수와 수분 크림을 얼굴 및 목 전체에 도포

(4) 건성 피부의 홈 케어 조언

① 아침

ㄱ 세안 시 미지근한 물로 가벼운 물 세안

ㄴ 건성 피부용 스킨 로션 + 보습 및 보호 크림 + 자외선 차단제

② 저녁 : 보습 효과가 뛰어난 에센스 및 크림을 얼굴 및 목 전체에 도포

22	피부와 부속기관	

1. 피부

(1) 피부의 정의

① 신체의 표면을 덮고 있는 조직이며 중량은 체중의 약 16% 정도이다.

② 물리 · 화학적인 외부 환경으로부터 신체를 보호해 준다.

③ 피부는 수분 70%, 단백질 27%, 지방 2%, 무기질(미네랄) 0.5% 등으로 구성되어 있다.

(2) 표피

① 피부의 가장 상층부이다. 신경과 혈관이 없다. 기저층부터 각질층까지 5층으로 구성되어 있다. 외부의 세균, 유해 물질, 그리고 자외선으로부터 피부를 보호해 준다.

② 표피의 구조

ㄱ 각질층 : 납작한 무핵의 죽은 세포층이다.

ㄴ 투명층 : 무색, 무핵의 편평한 세포로 구성되어 있다. 주로 손바닥과 발바닥에 존재한다.

ㄷ 과립층 : 표피세포가 퇴화되어 각질화가 시작된다. 수분 증발을 억제하고 이물질 침투를 막는다.

ㄹ 유극층 : 표피에서 가장 두꺼운 층으로 피부 손상을 복구할 수 있다. 면역기능을 담당하는 랑게르한스세포가 존재한다.

ㅁ 기저층 : 표피의 가장 아래층이며 단층의 유핵 세포이다. 진피와 경계를 이루며 피부의 수분 증발을 막아준다. 세포분열을 통해 새로운 세포가 생성된다. 기저층 세포가 상처를 입으면 세포 재생이 어려워지고 흉터가 남는다.

③ 표피층의 구성 세포

ㄱ 각질형성세포 : 케라틴 단백질을 만드는 역할을 하므로 각질형성세포라 한다.

ㄴ 멜라닌 형성 세포 : 자외선을 흡수, 또는 산란시켜 피부를 보호한다. 멜라닌 색소를 생성한다.

ㄷ 랑게르한스 세포 : 대부분 유극층에 존재한다. 주로 피부의 면역에 관여한다.

ㄹ 머켈세포(촉각세포) : 손바닥, 발바닥, 입술 등 모발이 없는 피부에서 주로 발견된다.

(3) 진피

① 특징 : 표피와 피하지방층 사이에 위치하고, 피부의 90% 이상을 차지한다. 많은 혈관과 선경이 존재한다. 모낭, 피지선, 한선의 주된 부분이 존재한다.

② 진피의 구조

ㄱ 유두층(유두진피) : 피부의 팽창과 탄력에 관여한다. 표피에 영양소와 산소를 공급한다.

ㄴ 망상층(망상진피) : 진피층의 80%를 차지하며, 피하조직과 연결된다. 세포 성분과 세포간 물질로 이루어져 있다.

③ 진피의 구성 물질

ㄱ 교원섬유(콜라겐) : 피부에 장력을 제공한다. 노화가 진행되면서 교원섬유 세포의 감소와 손상이 피부 탄력성을 잃게 함으로써 피부 주름의 원인이 된다.

ⓛ **탄력섬유(엘라스틴)** : 섬유아세포로부터 생성되며, 피부에 탄력성과 신축성을 부여해 준다.

ⓒ **기질** : 진피의 결합섬유 사이를 채우고 있는 물질이다. 많은 양의 수분을 보유하고 있다.

(4) 피하조직

① 포도송이 모양으로 지방 조직이 대부분을 차지하며 피부의 가장 아래층에 위치한다.

② 느슨한 그물 모양으로 결합 조직이 지방을 저장하며, 열 손실을 막아 체온을 보호·유지한다.

③ 외부의 압력이나 충격을 흡수하고 신체 내부의 손상을 막아 신경이나 혈관 등 내부 기관을 보호한다.

2. 피부부속기관

(1) 한선(땀샘)

① **정의**

ⓐ 진피와 피하지방의 경계부에 위치한다.

ⓑ 땀을 만들어 피부 표면의 한관을 통해 분비하는 기능을 한다.

ⓒ 땀의 분비를 통해 체온을 조절하고 각질층을 부드럽게 해준다.

ⓓ 체온을 조절한다. 수분과 노폐물을 배출한다. 약산성의 지방막을 형성한다.

② **종류** : 에크린 한선(소한선), 아포크린

(2) 피지선

① **특징** : 진피의 망상층에 위치한다. 모낭선에 연결되며, 피부 표면의 모공을 통해 피지를 배출한다. 손·발바닥을 제외한 전선에 존재한다.

② **기능** : 피부와 모발에 윤기를 제공한다. 피부의 수분 증발을 막아 체온을 유지시킨다. 살균과 보호작용을 한다. 배설작용을 한다.

(3) 모발

① **특징** : 경단백질인 케라틴(70%)이 주성분이다. 피부 보호기능, 장식기능 등이 있다.

② **구조** : 모간(피부 표면에 돌출되어 있는 부분), 모근(모간을 제외하고 피부 속에 들어 있는 부분), 입모근(모근에 붙어있는 근육)

③ **모발의 성장주기**

ⓐ **성장기** : 모근세포의 세포분열 및 증식작용으로 모발의 성장이 왕성한 단계이다. 머리카락은

3~5년, 눈썹은 3~5개월이다.

ⓒ **퇴행기** : 세포분열이 정지되고 성장이 멈추는 시기이다.

ⓒ **휴지기** : 모발의 성장이 멈추고 가벼운 자극에 의해 쉽게 탈모가 되는 단계이다.

ⓔ **발생기** : 휴지기에 들어갈 모발이 새로 생장하는 모발에 의해 자연탈모 되는 단계이다.

(4) 손톱 · 발톱

① **특징** : 손가락, 발가락을 보호해 주기 위해 케라틴 단백질(95%)로 이루어진 피부의 부속기관이다. 한선과 모낭이 없고, 7~10% 정도의 수분을 포함하고 있다.

② **건강한 손톱의 조건** : 조상에 강하게 부착되어 있다. 단단하고 탄력이 있으며 둥근 아치를 형성한다. 매끄럽고 광택이 나며 반투명의 핑크빛을 띤다.

| 23 | 피부와 영양 | |

1. 피부와 영양

(1) 3대 영양소

① **탄수화물**

ⓐ 1g당 4kcal의 에너지를 발생시킨다.

ⓑ 지방과 단백질을 만드는 주원료이며, 세포의 구성 물질이기도 하다.

ⓒ 과잉시 글리코겐 형태로 간에 저장된다.

② **지방**

ⓐ 주요 에너지 공급원으로 1g당 9kcal의 에너지를 생산한다.

ⓑ 장기 보호 및 피부 건강 유지 및 재생을 돕는다.

ⓒ 세포막 및 체구성 성분을 형성한다.

ⓔ 정상적인 체온 유지를 도와준다.

ⓜ 피부 탄력 및 저항력을 증진시킨다.

③ **단백질**

ⓐ 에너지 공급원으로 1g당 4kcal의 에너지를 생산한다.

ⓑ 단백질의 가장 적은 기본 단위는 아미노산이다.

ⓒ 피부, 모발, 근육 등 신체 조직의 주성분이다.

　　ⓔ pH 평형 유지, 효소와 호르몬 합성, 면역세포와 항체를 형성한다.

(2) 비타민

　　① **수용성 비타민** : 물에 용해되는 성질을 가진 비타민이다. 체내에 축적되지 않는다. 매일, 수일 내
　　로 섭취되어야 하고 결핍 시 증상이 빨리 나타난다.
　　② **지용성 비타민** : 지방에 용해되는 성질을 가진 비타민이다. 과잉 시 체내에 축적된다.

제 1 장
단원별 핵심요약

(3) 무기질

종류	특징
인(P)	세포의 핵산과 세포막을 구성하며, 체액의 pH를 조절한다.
칼슘(Ca)	• 신경전달에 관여하며, 근육의 수축 · 이완을 조절한다. • 1일 약 600g 정도 필요하다. • 결핍 시 골격, 치아, 손톱, 머리털이 약해진다.
마그네슘(Mg)	• pH 균형을 유지한다. • 근육 활성을 조절한다. • 삼투압을 조절한다.
나트륨(Na)	• 혈액과 피부 사이에 수분 균형을 유지시키며, pH의 균형을 유지시킨다. • 소화액 분비를 조절한다. • 삼투압을 조절한다. • 근육의 탄력성을 유지시켜 준다.
칼륨(K)	• pH 균형 유지, 삼투압 조절, 근육 이완에 작용한다. • 혈압 저하, 노폐물 배설 촉진에 작용한다.
철분(Fe)	• 헤모글로빈 구성 성분이다. • 산소와 결합해 조직 중에 산소를 운반한다. • 부족하면 빈혈이 일어난다.
요오드(I)	• 갑상선 호르몬인 티록신의 구성 성분이다. • 기초대사율 조절, 모세혈관 활동 촉진, 단백질 생성에 작용한다.
아연(Zn)	• 인슐린 합성에 필요하다. • 염증 억제, 남성호르몬의 생성을 촉진한다. • 결핍 시 손톱 성장 장애, 면역기능 저하, 탈모가 일어난다.

24 피부장애와 질환

1. 피부장애와 질환의 증상

(1) 원발진과 속발진

① 원발진 : 피부 질환의 초기에 나타나는 증상으로 반점, 홍반, 수포, 팽진, 구진, 농포, 결절, 낭종, 종양, 비립종, 한관종 등이 있다.

② 속발진 : 초기 원발진에 이어 2차적으로 다른 요인에 의해 나타나는 증상으로 미란, 인설, 가피, 태선화, 찰과상, 균열, 궤양, 위축, 반흔 등이 있다.

(2) 물리적 요인에 의한 질환

① 화상

㉠ 제1도 화상 : 보통 60.0℃ 정도의 열에 의해 발생하며, 며칠 안에 증세는 없어진다.

㉡ 제2도 화상 : 크고 작은 수포가 형성된다.

㉢ 제3도 화상 : 국소는 괴사에 빠지고, 회백색 또는 흑갈색의 덴 딱지로 덮인다.

㉣ 제4도 화상 : 화상 입은 부위 조직이 탄화되어 검게 변한 경우이다.

② 한진 : 땀구멍 또는 땀샘관의 폐쇄로 인하여 땀이 밖으로 나오지 못하고 땀관에 괴면 그 내압으로 땀관벽이 터져서 표피나 진피 속으로 스며 나오는 현상이다.

③ 동상 : 한랭에 귀, 코, 볼, 손가락, 발가락 등의 피부가 노출되어 세포가 질식 상태에 빠지는 현상으로 조직이 얼게 되면 창백하고 통증도 느끼지 못하게 된다.

(3) 감염성 피부질환크림, 클렌징폼, 클렌징로션, 클렌징

① 세균성 피부질환 : 농가진, 종기, 봉소염 등

② 바이러스성 피부질환 : 대상포진, 사마귀, 수두, 홍역 등

③ 진균성 피부질환 : 칸디다증, 무좀, 어루러기 등

(4) 기계적 손상에 의한 피부질환

① 굳은살 : 굳은살은 기계적 자극(압박, 마찰), 온열 자극(열, 한냉), 화학적 자극(산, 알칼리) 등에 의해서 발생한다.

② 티눈 : 손과 발 등의 피부가 지속적으로 기계적인 자극을 받아 나타나는 각질층의 증식현상으로 중심핵을 가지고 있으며, 통증이 있다.

③ **욕창** : 반복적인 압박이 뼈의 돌출부에 가해짐으로써 혈액순환이 잘 안 되어 조직이 죽어 발생한 궤양이다.

(5) 기타 피부질환

아토피 피부염, 주사, 한관종, 비립종, 하지정맥류, 흉터 등

25	피부와 광선·피부면역·피부노화

1. 피부와 광선

(1) 자외선

① **장점** : 살균 및 소독효과가 있다. 비타민 D를 형성한다. 구루병을 예방하고 면역력을 강화시킨다. 혈관 및 림프의 순환을 자극하여 선진대사를 활성화한다.
② **단점** : 피부의 홍반반응이나 일광화상, 색소침착 등 피부 장애를 일으킨다. 피부 지질의 세포막을 손상시킨다. 피부 광노화 및 피부암을 유발한다.

(2) 적외선

① **특징** : 800~220,000nm의 장파장이다. 태양광선의 56%를 차지한다.
② **효과**
　㉠ 피부에 해를 주지 않으며, 체온을 상승시키지 않고 열감을 준다.
　㉡ 침투력이 강하여 피부조직 깊숙이 영향을 미친다.
　㉢ 근육조직을 이완시키고, 혈액순환과 신진대사를 촉진시킨다.
　㉣ 면역력 증강과 지방 축적 및 셀룰라이트 예방 관리에 효과적이다.
　㉤ 통증 완화 및 진정효과가 있다.

2. 피부면역

(1) 특이성 면역

① **B림프구** : 체액성 면역, 특정 면역체에 대해 면역글로불린이라는 항체 생성
② **T림프구** : 세포성 면역, 혈액 내 림프구의 70~80% 차지, 세포 대 세포의 접촉을 통해 직접 항원

을 공격

(2) 비특이성 면역

① **정의** : 천부적인 것으로 모든 병원체에 대해 비선택적으로 반응한다.
② **종류**
　㉠ **신체적 방어** : 피부(외부 침입자로부터 인체 보호), 호흡기(기침, 재채기를 통한 세균 분사)
　㉡ **화학적 방어** : 입, 코, 목구멍, 위의 점액질 등
　㉢ **식균작용** : 1차(혈액과 백혈구), 2차(림프절, 몽우리)

3. 피부노화

(1) 내인성 노화

① 표피외 진피의 두께가 얇아지고, 각질층의 비율이 높아진다.
② 피부 탄력성 저하, 주름 생성, 노인성 반점 등의 현상이 나타난다.
③ 세포의 재생 주기 지연으로 상처의 회복이 느리다.
④ 모공이 벌어지고, 한선의 수가 70% 정도로 감소한다.
⑤ 랑게르한스세포 수 감소로 피부 면역력이 떨어진다.
⑥ 멜라닌세포의 감소로 자외선에 대한 방어력이 저하된다.

(2) 외인성 노화

① 태양광선 등 외부 환경의 노출에 의한 노화이다.
② 주로 자외선 B에 의해 일어나며, 자외선 A에 장시간 노출할 경우에도 일어난다.
③ 각질층이 두꺼워지고 피부 탄력이 없어진다.
④ 피부가 악건성화 또는 민감화된다.
⑤ 색소침착과 모세혈관확장이 일어난다.
⑥ 얼굴, 가슴, 두부, 손 등에 노화반점, 주근깨 등의 색소침착이 생긴다.

제2막 해부생리학

1	세포와 조직

1. 세포

(1) 세포의 정의

① 모든 생명체의 구조적 · 기능적 기본 단위이다.

② 독립적으로 생명을 유지하는 최소 단위이다.

③ RNA, DNA에 의해 유전정보를 조절하여 단백질을 합성한다.

(2) 세포의 구성

① **세포막**

㉠ 세포를 둘러싸고 있는 이중막이다.

㉡ 주성분인 단백질, 지질, 그리고 탄수화물로 구성되어 있다.

㉢ 세포 내의 물질들을 보호하며 세포의 형태를 유지한다.

㉣ 세포 내 · 외 환경의 경계에 의한 물질의 선택적 투과성으로 물질이동을 조절한다.

② **세포질**

㉠ 세포막과 핵 사이에 있는 원형질, 세포의 기질을 말한다.

㉡ 세포의 성장에 필요한 물질을 포함하고 있다.

㉢ 세포질에는 미토콘드리아, 엽록체, 액포, 소포체, 리보솜, 골지체, 리소좀, 중심체 등의 기관이 있다.

③ **핵**

㉠ 적혈구를 제외하고 거의 모든 세포에 존재한다.

㉡ 유전정보를 바탕으로 생명 활동을 조절한다.

㉢ 세포의 대사, 단백질 합성, 성장 및 분열을 조절한다.

(3) 조직

① 상피조직

ㄱ 몸의 외표면이나 체강 및 위·장과 같은 내장성 기관의 내면을 싸고 있는 세포조직이다.

ㄴ 혈관이 존재하지 않으며, 상피조직 밑에는 결합조직이 존재한다.

ㄷ 보호, 흡수, 분비, 배설, 수송 등의 기능을 한다.

ㄹ 편평상피, 입방상피, 원주상피, 이행상피 등이 있다.

② 결합조직

ㄱ 동물에 있어 조직 사이를 결합하여 기관을 형성하는 조직이다.

ㄴ 세포간 물질이 풍부하고 재생능력이 우수하다.

ㄷ 조직과 기관을 연결하고 몸을 지탱하는 역할 및 혈액세포 생산, 지방 저장기능을 한다.

ㄹ 연골조직, 골조직, 혈액 및 림프, 건, 인대 등이다.

③ 근육조직

ㄱ 몸의 근육이나 내장기관을 형성하는 조직이다.

ㄴ 가늘고 긴 근세포로 이루어져 있다.

④ 신경조직

ㄱ 신체의 내·외적 신호를 종합해 일정한 곳으로 보내는 기능을 수행한다.

ㄴ 뉴런(신경세포)과 이를 지탱하는 신경교세포로 구성된다.

---

2 | 뼈대(골격)·근육계통

1. 근·골격 계통

(1) 근육

① 위치에 따른 분류

ㄱ 골격근 : 골격이나 피부에 부착되어 있는 근육이다. 가로무늬가 뚜렷한 횡문근, 수의근이다. 운동신경의 지배, 제열 생산, 자세 유지 등의 기능이 있다.

ㄴ 심장근 : 심장을 싸고 있는 두꺼운 근육이다. 심근을 수축시켜 혈액을 전신으로 내보낸다. 횡문근, 불수의근이다.

ㄷ 내장근 : 내장(장기)를 싸고 있는 근육과 혈관을 싸고 있는 근육이다. 평활근, 불수의근, 자율신경의 지배를 받는다.

② 모양에 따른 분류

　㉠ 민무늬근(평활근) : 가로무늬가 없는 근으로 척추동물의 심장근 이외의 내장근은 모두 민무늬근이다. 운동이 활발하지 않은 부분에 발달되며 쉽게 피로를 느끼지 않는 성질을 가진 불수의 근이다.

　㉡ 가로무늬근(횡문근) : 골격근 및 심근과 같이 근섬유에 가로무늬가 있는 근육이다. 횡문근이라고도 한다.

③ 신경의 지배에 따른 분류

　㉠ 수의근 : 의지에 따라 움직이는 근육으로 골격근이 이에 속한다.

　㉡ 불수의근 : 의지대로 움직일 수 없고, 자율신경에 의해 조절되는 근육으로 심장근, 내장근이 이에 속한다.

(2) 골의 구성

① 골막 : 뼈의 바깥면을 덮는 두꺼운 결합조직층이다. 신진대사와 성장이 이루어진다. 뼈의 보호, 뼈의 영양, 뼈의 성장, 골절 시 재생 등의 기능이 있다.

② 골조직 : 뼈의 단단한 부분을 이루는 실질조직이다. 치밀골(뼈의 표면), 해면골(뼈의 중심부)로 구성되어 있다.

③ 골수강 : 뼈 사이의 공간을 채우고 있는 부드러운 조직이다. 대부분의 적혈구와 백혈구가 여기서 만들어진다. 적색골수(적혈구, 백혈구, 혈소판을 생산)와 황색골수(백혈구 생산)로 나뉜다.

3　신경계통

1. 신경 조직

(1) 중추신경계 구성

① 뇌 : 대뇌, 간뇌, 소뇌, 중간뇌, 다리뇌, 숨뇌로 구성되어 있다.

② 척수 : 척추 내에 존재하는 중추신경의 일부분으로 감각과 운동신경을 모두 포함한다. 뇌와 말초신경 사이에서 감각 전달의 통로역할을 한다. 척수의 전각에는 운동신경세포가, 후각에는 감각신경세포가 분포한다.

(2) 말초신경계

① **체성신경계** : 의식적인 활동을 담당한다. 골격근의 수의적인 운동 및 감각기의 감각을 지배한다. 뇌신경 12쌍, 척수신경 31쌍으로 구성되어 있다.

② **자율신경계** : 주로 내장기관을 무의식적으로 제어하는 역할을 맡고 있는 신경계이다.

③ 불수의근으로 심장근, 평활근에 존재한다.

④ 심박수 조절, 호흡, 순환, 흡수, 대사, 배설, 생식 등의 활동에 대해 무의식적, 반사적으로 조절한다.

⑤ 교감신경과 부교감신경으로 분류되며, 같은 장기에서 길항작용을 한다.

4	순환계통

1. 순환계

(1) 혈액의 기능

① **물질의 운반기능** : 산소, 이산화탄소, 영양분, 노폐물, 호르몬, 열 등을 운반한다.

② **조절기능(항상성 유지)** : 조직세포들의 일정한 수분 유지, 체액의 pH, 체온 등을 조절한다.

③ **식균작용(보호작용)** : 방어(혈장의 항제) 및 식균작용(백혈구)을 한다.

④ **지혈작용(혈액응고 기능)** : 혈액의 응고를 통해 신체를 보호한다.

(2) 심장

① **우심방** : 심장의 오른쪽 위에 위치하며, 온몸을 돌고 돌아온 정맥피를 받는 곳이다.

② **우심실** : 심장의 오른쪽 전하부에 위치하며, 우심방에서 온 혈액을 폐로 보낸다.

③ **좌심방** : 심장의 왼쪽 하부에 위치하며, 폐에서 가스교환 된 동맥혈이 폐정맥을 따라 좌심방으로 들어온다.

④ **좌심실** : 심장의 왼쪽 전부에 위치하며, 좌심방에서 들어온 혈액을 대동맥을 통해 전신으로 내보낸다.

⑤ **판막** : 각 심방과 심실 사이에는 판막에 의해 교통, 역류를 방지한다.

⑥ **체순환** : 좌심실 → 동맥 → 모세혈관 → 정맥 → 우심방

⑦ **폐순환** : 우심실 → 폐동맥 → 폐 → 모세혈관 → 폐정맥 → 좌심방

(3) 림프 순환계의 기능

① **체액순환** : 혈액에서 유출된 액체(림프)를 순환시켜 혈류의 일부로 되돌린다.

② **면역기능(항원반응)** : 림프절에서 만들어진 백혈구 등의 면역세포가 림프계를 순환하며 몸을 방어한다.

③ **운반기능** : 장에서 흡수한 지방성분들의 운반통로 역할을 한다.

5	소화기계통·생식기계통

1. 소화기계

(1) 소화기관의 종류와 특징

① **구강** : 저작기능, 침샘(타액)의 분비

② **인두** : 구강과 식도 사이에 위치한다. 연하작용으로 음식물이 식도를 거쳐 위로 들어간다.

③ **식도** : 평활근의 연속적인 연동운동으로 음식물을 밀어낸다.

④ **위** : 저장 · 분해 및 흡수작용을 한다. 펩신과 염산(위산)을 분비한다. 위산은 소화작용과 살균작용을 한다.

⑤ **소장** : 주름과 융모를 통해 영양분을 흡수한다. 연동운동, 분절운동, 진자운동 등이 있다.

⑥ **대장** : 맹장, 결장, 직장으로 이루어져 있다. 수분을 흡수하고, 직장으로 보낸다.

⑦ **간** : 담즙을 분비하여 십이지장으로 보낸다. 해독작용으로 체내에 들어온 유해 물질을 해독한다. 탄수화물(글리코겐 형태로) 및 비타민을 저장한다. 이화작용에 의해 체열 및 에너지를 생산한다.

⑧ **췌장** : 췌장액을 분비하여 십이지장에 들어온 음식물을 중화시킨다. 인슐린(insulin), 글루카곤(glucagon) 분비를 통해 혈당량을 조절한다. 탄수화물 분해효소인 아밀라아제, 단백질 분해효소인 트립신, 지방 분해효소인 리파아제를 분비 한다.

2. 생식기 계통

(1) 남자 생식기의 구조

① **음경** : 정액 및 소변 배출 통로이다. 요도 해면체 및 음경 해면체로 구성되어 있다.

② **음낭** : 정소, 부정소 및 정관의 일부를 감싸는 얇은 평활근 주머니이다. 고환 내 온도 조절 및 고환을 보호한다.

③ **고환** : 정자 및 성호르몬(테스토스테론)을 생산한다. 체온보다 3~5℃ 낮다.

④ **부고환** : 고환 내의 관과 연결되는 가는 관으로 정자를 수송한다. 미성숙 정자를 저장해 성숙을 촉진한다.

⑤ **정관** : 정자의 통로로서의 요도이다.

⑥ **전립선** : 밤 모양의 구조로 방광 바로 아래 위치한다. 정액 분비(60%), 연한 알칼리성 점액을 분비한다. 정자운동 촉진 및 보호작용을 한다.

⑦ **정액** : 남자의 생식기에서 배출되는 액체로 pH 7.5의 알칼리성 물질이다. 프로스타글란딘을 함유한다.

(2) 여자 생식기의 구조

① **질** : 입구에서 자궁 입구까지의 관으로 출산 시 분만 통로이다.

② **자궁** : 착상된 수정란을 보호한다. 임신 시 태아가 발육하는 곳이다.

③ **난관** : 나팔 모양으로 길이가 10cm의 1쌍의 관이다. 난자를 자궁으로 보내는 역할을 한다. 불임 절제 시술 부위이다.

④ **난소** : 골반 양측에 있는 1쌍의 기관으로 난자를 생산하여 배란시킨다. 여성 호르몬인 에스트로겐과 프로게스테론을 분비한다.

제 3 막 피부미용 기기학

1 피부미용기기 및 기구

1. 압력 이용 피부미용기구 활용 및 주의사항

(1) 진공 흡입기의 효과

① 지방이나 모공의 피지, 노폐물을 제거한다.

② 림프순환을 촉진하여 노폐물의 배출을 촉진시킨다.

③ 피부를 자극하여 피지선의 기능을 활성화시킨다.

④ 마사지 효과가 있어 혈액 순환으로 인해 셀룰라이트와 체지방을 감소시키는 효과가 있다.

⑤ 얼굴과 전신에 모두 사용한다.

⑥ 신진대사를 촉진시킨다.

(2) 진공 흡입기 사용 시 주의사항

① 한 부위에 오래 사용하면 멍이 생길 수 있으므로 주의한다.

② 벤토즈(Ventouse)의 재질이 유리인 경우 깨지지 않도록 주의하며 세척과 소독을 철저히 하며 벤토즈(Ventouse)에 금이 있는 경우 고객에게 상처를 줄 수 있으니 항상 점검한다.

③ 벤토즈(Ventouse)의 흡입력은 얼굴은 10%, 전신은 20%를 기준으로 하여 피부 상태에 따라 조절한다.

④ 림프절로 얼굴 굴곡에 따라 컵을 움직이고 컵을 떼어 올리기 전에 손가락을 떼어 압력을 낮춘다.

⑤ 갈바닉 기기 관리 후에는 진공 흡입(Vaccum suction)을 사용하지 않는다.

⑥ 사용하기 전에 피부에 크림이나 오일을 도포하여 벤토즈(Ventouse)의 부드러운 이동을 유도하고 피부 자극을 최소화한다.

⑦ 농포성 여드름 피부를 관리할 때는 감염의 위험이 있으므로 석션을 사용할 수 없다.

⑧ 관리 부위에 맞는 크기의 벤토즈(Ventouse)를 선택한다.

⑨ 벤토즈(Ventouse)로 피부 조직을 들어 올려야 하며(sucking) 피부 조직을 누르면(Pressure) 안

된다.

⑩ 한 부위를 3번 정도 겹쳐서 관리한다.

2. 열 이용 피부미용기구 활용 및 주의사항

(1) 스티머(Steamer), 베이퍼라이저(Vaporizer) 피부미용 적용 시 효과

① 노화된 각질을 제거하는데 용이하다.

② 테크닉, 팩제, 각질제거제를 사용할 때 함께 사용하면 효과가 증대된다.

③ 습윤 작용으로 피부보습이 증가된다.

④ 신진대사와 혈액순환을 활성화 시킨다.

(2) 증기욕(사우나)의 효과

① 체온이 상승하여 신진대사와 혈액 순환을 촉진시킨다.

② 각질 연화 작용으로 모공에 쌓여 있는 지방과 노폐물이 배출된다.

③ 온열 효과로 모공 확장이 되며 물질의 흡수 효과를 높여 준다.

④ 근육 내 젖산이 증가되는 것을 예방한다.

⑤ 습윤 작용으로 피부 보습이 증가된다.

(3) 증기욕(사우나) 사용 시 주의 사항

① 온도와 증기열에 따라 혈액 순환이 촉진되어 고객이 어지러움을 느낄 수 있으니 처음부터 사우나의 온도가 높지 않도록 주의하며 사우나의 온도계와 습도계를 준비하여 미리 온도와 습도를 체크한다.

② 사우나 시 고객의 머리 아래 어깨에 타월을 감싸 사우나 스팀이 새어 나오지 않도록 한다.

③ 몸의 온도가 높아져 탈수와 탈진이 올 수 있으니 관리 도중 수분 공급을 한다.

④ 사우나에서 나오면 10분 이상 휴식을 취한 후 움직이도록 한다.

⑤ 휴식 시 타월이나 가운으로 체온이 내려가지 않도록 감싼다.

(4) 왁스 워머

왁스워머에 제모용 왁스를 넣고 왁스의 녹는 온도에 따라 온도 단계를 설정하여 녹여서 사용한다.

3. 물리적인 힘 이용 피부미용기구의 활용 및 주의사항

(1) 바이브레이터(Vibrator)의 효과

① 매뉴얼 테크닉과 같은 혈액 순환 및 신진대사를 촉진한다.

② 근육 이완 및 근육통에 효과적이며 전신관리에 많이 이용된다.

③ 핸드마사지보다 짧은 시간에 근육 이완 효과를 줄 수 있다.

④ 매뉴얼 테라피와 같은 효과를 줄 수 있으며 관리사의 피로가 적다.

⑤ 체격이 큰 남성 고객 관리 시 관리사의 피로를 줄이며 할 수 있다.

(2) 바이브레이터(Vibrator) 사용 시 주의 사항

① 관리하고자 하는 부위를 클렌징한다.

② 관리하는 부위만 제외하고 다른 부위는 노출을 하지 않는다.

③ 고객에게 알맞은 압력을 조절하여 멍이 들지 않게 한다.

④ 어깨에 메거나 옆구리에 끼어 떨어뜨리지 않도록 안정감 있게 사용한다.

⑤ 옆구리 부위와 신장 부위는 약하게 하거나 피하는 것이 좋다.

⑥ 너무 마른 복부는 아예 하지 않는 것이 좋다.

⑦ 헤드를 바꾸고자 할 때는 스위치를 끈 상태에서 고객의 몸 위에서 교체하지 않고 베드 옆에서 교체한다.

⑧ 각각의 헤드가 스웨디쉬 매뉴얼 테크닉(Swedish manual technique)의 어떤 동작에 해당하는지를 알고 선택하여 관리한다.

⑨ 심장 방향으로 헤드를 이동한다.

(3) 후리마돌(Frimatol)의 효과

① 죽은 각질 제거로 피부 톤을 맑게 한다.

② 모공 속 피지를 제거한다.

③ 혈액 순환과 림프 순환을 촉진시킨다.

(4) 후리마돌(Frimatol) 사용 시 주의 사항

① 관리 중 브러시를 교체할 때는 전원을 끈 상태에서 교체한다.

② 머리카락이 흘러내린 경우는 브러시와 엉키지 않도록 주의한다.

③ 브러시가 피부 표면에 직각이 되도록 한다.

④ 브러시로 얼굴을 눌러 사용하면 안 되고 한곳에 머물러 두지 않는다.

⑤ 브러시는 젖어 있는 상태에서 사용한다.

⑥ 피부에 목적에 맞는 제품을 발라서 사용한다.

⑦ 후리마돌은 오래하면 자극이 되므로 5분 이상 하지 않는다.

4. 색채 · 빛 · 온도 이용 피부미용기구 활용 및 주의사항

(1) 컬러(Color)테라피의 원리

전자기 스펙트럼 상에 나타나는 광선 중 눈으로 관찰이 가능한 가시광선의 파장, 빛의 세기, 색깔에 의한 효과를 적절히 선택하여 피부 관리의 효과를 얻을 수 있도록 고안된 기기이다. 각각의 색상이 인체에 다양한 효과를 주며 부작용이나 감염의 위험이 없으며 인체의 적용 부위에 맞는 컬러를 선택하여 일정 시간 동안 조사한다.

(2) 컬러(Color)테라피의 주의 사항

① 고객의 몸에 부착된 모든 금속류는 제거한다.

② 가시광선을 적용하고자 하는 부위를 클렌징한 후 무알코올을 이용하여 피부를 정돈한다.

③ 케이블 연결 상태를 점검한다.

④ 빛의 강도는 피부 상태 부위에 따라 조정한다.

⑤ 관리 부위의 최대 효과를 위해서 빛을 나선형 또는 직선 방향으로 움직이며 사용한다.

⑥ 컬러(Color)테라피의 효과를 보기 위해 1주일에 2회 이상 관리하며 1회 조사 시간은 10~20분 정도가 적당하다.

⑦ 컬러(Color)테라피 시 기구 주변의 공간이 어두워야 컬러(Color)테라피 효과를 얻을 수 있다.

(3) 우드램프(Wood's lamp) 의 효과

피부의 피지, 여드름, 색소 침착, 염증, 민감 상태가 다양한 색상으로 나타나 자세한 피부 분석이 가능하다.

(4) 우드램프(Wood's lamp) 사용 시 주의 사항

① 반짝이는 하얀 형광색으로 보이는 부분은 먼지나 메이크업 잔여물이므로 깨끗하게 클렌징을 하고 화장 솜 등이 남아 있지 않도록 하여 사용한다.

② 고객의 눈을 보호하기 위해 아이 패드를 올린 후 피부 분석을 실시한다.

③ 빛이 완전히 차단되어야 자세하고 정확한 피부 진단이 가능하므로 주위를 어둡게 하여 사용한다.

④ 우드램프(Wood's lamp)의 등이 피부에 직접 닿지 않도록 한다.

⑤ UV는 색소 침착의 원인이 되므로 오랫동안 관찰하지 않는다.

⑥ 관리사와 고객은 빛이 나오는 부위를 직접적으로 쳐다보지 않는다.

⑦ 플라스틱 제품을 장기간 넣어 두면 변색 우려가 있다.

(5) 확대경(Magnifying Glass)의 효과

① 육안으로 판독하기 힘든 피부 문제와 표면 상태를 자세히 관찰할 수 있다.

② 잔주름, 색소 침착, 모공 상태, 작은 결점 등을 관찰할 수 있다.

③ 화이트헤드, 블랙헤드를 비롯한 피지 압출 시 사용한다.

(6) 확대경(Magnifying Glass) 사용 시 주의 사항

① 고객의 눈을 보호하기 위해 아이 패드를 올린 후 사용한다.

② 사용 전 조임 부분이 헐거울 수 있으므로 확인한 후 사용하며 고객이 다치지 않도록 주의한다.

③ 확대경에 부착된 조명이 고객의 얼굴에 바로 비치지 않도록 스위치를 끈 후 이동한다.

(7) 적외선 램프(Infrared lamp)의 효과

① 피부 조직의 열이 발생하여 혈액 순환과 신진대사 활동이 증가한다.

② 땀과 피지의 분비를 활발해져 노폐물이 원활해진다.

③ 근육의 이완과 통증이 완화된다.

④ 유효 성분의 흡수를 도와준다.

(8) 적외선 램프(Infrared lamp) 사용 시 주의 사항

① 고객의 피부 민감도에 따라서 램프의 거리와 시간을 반드시 조절하여 사용한다.

② 피부 감각이 없거나 둔한 경우는 주의한다.

③ 적외선 사용 시 주의 사항 및 적외선 램프를 고객에게 접촉하지 않도록 설명한다.

④ 적외선 램프가 뜨겁거나 강하면 사용 도중 알려 주도록 설명한다.

⑤ 얼굴관리 사용 시 반드시 눈과 입술은 젖은 화장 솜을 덮어 보호하도록 한다.

⑥ 적외선 램프 사용 도중 홍반, 부어오름 등이 있으면 즉시 중단한다.

⑦ 적외선 사용 시에는 90도 각도를 유지하며 조사한다.

5. 물 이용 피부미용기구 활용 및 주의사항

(1) 스티머(Steamer), 베이퍼라이저(Vaporizer) 사용 시 주의 사항

① 고객의 얼굴에 화상을 입히지 않도록 주의한다.

② 모세 혈관 확장 피부, 민감 피부, 당뇨환자 등은 사용을 주의한다.

③ 스티머와 고객의 얼굴 사이 거리를 30~50cm로 유지한다.

④ 오존이 있는 스티머는 반드시 고객의 눈에 젖은 화장 솜을 올려 준 후 턱 아래에서 이마 쪽으로 향하도록 증기를 쏘여 준다.

⑤ 고객의 편안함을 항상 고려한다.

⑥ 물통 세척 시 세제는 고장의 원인이 되므로 사용하지 않는다.

⑦ 에어컨, 선풍기, 환기 장치가 증기의 방향에 영향을 주지 않도록 방향을 고려하여 사용한다.

(2) 스프레이 분무기(Spray)의 효과

① 피부의 산성막 형성을 빠르게 하고 미세 입자가 분무되어 건조한 피부에 보습 효과와 얼굴에 청량감을 부여하기도 하며 피부의 세정 작용을 높여 준다.

② 피지 압출 후 모공의 세척과 압출 부위의 소독 효과가 있으며, 스프레이에 지성 피부 전용 화장수를 넣어 분무하면 감염의 우려도 없다.

(3) 스프레이 분무기(Spray) 사용 시 주의 사항

① 눈, 코, 입에 들어가지 않도록 주의해 분무한다.

② 분무를 원하지 않는 부위 가슴, 어깨, 귀 등은 타월이나 티슈로 가려 준 후 사용 내용물이 흐르지 않게 주의한다.

③ 스프레이의 내용물을 희석할 경우에는 입자가 섞이지 않도록 증류수를 사용한다.

(4) 족욕기의 효과

① 발과 다리의 혈액 순환 증가와 신진대사 활성화로 노폐물 배출이 촉진된다.

② 발과 다리의 근육 이완, 통증 완화 및 무릎 관절의 유연성이 증가된다.

③ 발과 다리의 부종이 감소된다.

(5) 족욕기 사용 시 주의 사항

① 물의 온도가 처음부터 높아 고객이 불편하지 않도록 주의한다.

② 버블 사용 시 물을 족욕기의 80% 이상 채우지 않는다.

③ 발에 열이 나거나 운동 후 족욕 시 물의 온도를 높지 않게 한다.

6. 직류 · 교류를 이용한 피부미용기기

(1) 갈바닉 기기

① 매우 낮은 전압의 갈바닉 직류를 이용한다.

② 같은 극끼리 밀어내고, 다른 극끼리 끌어당기는 성질을 이용한 기기이다.

③ 극에 따라 서로 다른 효과를 보인다.

④ **양극(+)** : 산성반응, 산성물질 침투, 신경안정 및 피부진정, 혈관 · 모공 · 한선 수축, 혈액공급 감소, 피부조직 강화, 이온영동법(이온토포레스트)

⑤ **음극(−)** : 알칼리성 반응, 알칼리성물질 침투, 신경자극 및 피부 활성화, 혈관 · 모공 · 한선 확장, 혈액공급 증가, 피부조직의 연화, 전기세정법(아나포레스트)

(2) 고주파 기기

① 테슬라 전류(교류)를 사용한다.

② 10만 헤르츠 이상의 고주파를 사용한다.

③ 고주파는 파동 주기가 짧아 근육에 수축을 일으키지 않고 열을 발생시킨다.

④ **효과** : 노폐물 배출 촉진, 내분비선 분비 촉진, 살균, 소독 효과, 혈액순환촉진, 피부 재생력 향상, 여드름 치료 등

제4막 화장품학

| 1 | 화장품학개론 |

1. 화장품 기초

(1) 화장품의 4대 요건

① **안전성** : 피부 자극, 알레르기, 감작성, 경구독성, 이물질 혼입 등이 없어야 한다.

② **안정성** : 사용 기간 중 변질, 변색, 변취, 미생물 오염 등이 없어야 한다.

③ **사용성** : 피부 친화성, 촉촉함, 부드러움 등이 있어야 한다.

④ **유효성** : 보습효과, 노화 억제, 자외선 방어효과, 세정효과 등이 있어야 한다.

(2) 화장품의 분류

분류		주요 제품
피부용	기초화장품	• 세정 : 세안크림, 클렌징폼, 클렌징로션, 클렌징오일 등 • 정돈 : 화장수, 팩, 마사지 크림 등 • 보호 : 로션, 영양크림, 에센스
	색조화장품	베이스메이크업, 파운데이션, 파우더, 포인트메이크업
	바디화장품	목욕용 화장품, 핸드케어, 풋케어, 제모제 등
	기능성화장품	안티에이징 제품, 에센스, 미백크림, 선크림, 선오일
모발용		샴푸, 린스, 트리트먼트, 컨디셔너, 정발제, 염모제 등
에센셜(아로마) 오일 및 캐리어 오일		호호바 오일, 아보카도 오일 등
방향용		퍼퓸, 오데퍼퓸, 오데토일렛, 오데코롱, 샤워코롱

2	화장품제조	

1. 화장품의 원료

(1) 원료의 분류

① **수용성 원료** : 물, 에탄올, 글리세린

② **천연 유성 원료**

　㉠ **동물성 오일** : 거북이 오일, 밍크 오일, 라놀린, 난황 오일, 스쿠알란

　㉡ **식물성 오일** : 아보카도 오일, 올리브 오일, 피마자 오일, 호호바 오일, 동백유, 살구씨 오일, 월견초유

　㉢ **왁스** : 밀납, 라놀린, 카르나우바 왁스, 칸데릴라 왁스

③ **합성 유성 원료** : 광물성 오일, 고급지방산(스테아르산, 팔미트산, 라우릭산), 고급알코올(세틸알코올, 스테아릴 알코올)

④ **계면활성제**

　㉠ **정의** : 두 물질 사이의 경계면이 잘 섞이도록 도와주는 물질로, 표면장력을 감소시키는 역할을 한다.

　㉡ **종류**

분류	사용 목적	주요 제품
양이온성	• 활성제의 주체가 양이온이 되는 것이다. • 살균, 소독작용이 크다. • 유연효과, 정전기 발생 억제효과가 있다.	헤어 린스, 헤어 트리트먼트
음이온성	• 활성제의 주체가 음이온이 되는 것이다. • 세정력과 기포 형성작용이 우수하다. • 탈지력이 강해 피부가 거칠어진다.	샴푸, 비누, 면도용 거품크림, 클렌징 폼
양쪽성	• 양이온성과 음이온성을 동시에 가진다. • 세정력과 피부에 대한 안정성이 좋다.	베이비 제품, 저자극성 샴푸, 클렌저 제품
비이온성	• 이온화되지 않는 계면활성제이다. • 피부 자극이 적어 기초화장품에 가장 많이 사용된다.	화장수의 가용화제, 크림의 유화제, 클렌징 크림의 세정제, 분산제 등의 제품

⑤ **보습제**

　㉠ **기능** : 피부의 건조를 막아 피부를 부드럽고 촉촉하게 한다. 피부의 각질층에는 천연보습인자(NMF)가 존재한다. 노화피부는 보습 성분이 쇠퇴한 것이다.

　㉡ **종류** : 천연보습인자(아미노산, 젖산, 요소, 지방산 등), 고분자 보습제(히알루론산염 등), 폴

리올(글리세린 등)

⑥ 방부제

　　㉠ 정의 : 세균 발생과 성장에 의한 화장품의 변질을 방지하기 위해 첨가하는 물질이다.

　　㉡ 종류 : 파라벤류, 페녹시에탄올 등

⑦ 색소 : 염료(수용성 염료, 유용성 염료), 안료(무기 안료, 유기 안료)

2. 화장품의 기술

(1) 화장품의 제조기술

① 가용화

　　㉠ 정의 : 물에 소량의 오일 성분이 계면활성제에 의해 투명하게 용해되어 있는 상태

　　㉡ 종류 : 화장수, 에센스, 향수, 헤어토닉 등

② 유화(에멀전)

　　㉠ 정의 : 물에 오일 성분이 계면활성제에 의해 우윳빛으로 섞여있는 상태

　　㉡ 종류

　　　　• O/W 에멀전 : 물에 오일이 분산되어 있는 형태(보습로션, 클렌징 크림 등)

　　　　• W/O 에멀전 : 오일에 물이 분산되어 있는 형태(영양크림, 선크림 등)

　　　　• W/O/W 에멀전 : 분산되어 있는 입자 자체가 에멀전을 형성하고 있는 상태

③ 분산

　　㉠ 정의 : 물 또는 오일에 미세한 고체입자가 계면활성제(분산제)에 의해 혼합된 상태의 제품으로, 이때 사용되는 계면활성제를 분산제라고 한다.

　　㉡ 종류 : 마스카라, 파운데이션, 아이라이너, 아이섀도, 립스틱 등

3 　 화장품의 종류와 기능

1. 화장품의 종류와 기능 및 활용

(1) 기초 화장품

① 세안용 화장품

　　㉠ 정의 : 피부의 노폐물 및 화장품의 잔여물 제거

ⓛ 종류 : 클렌징 폼, 페이셜 스크럽, 클렌징 크림, 클렌징 로션, 클렌징 워터, 클렌징 젤

② 피부 정돈용 화장품

   ㉠ 화장수 : 피부의 pH 밸런스 조절 작용, 피부 진정 또는 쿨링 작용, 유연 화장수, 수렴 화장수(각 질층 보습, 모공 수축 및 피부결 정돈, 발한과 피지분비 억제, 지성피부나 여드름피부에 좋음)

   ㉡ 팩

- 필오프 타입(Peel Off Type) : 팩을 바른 후 건조된 피막을 떼어내는 타입이다. 피막 제거 시 오염물과 각질을 제거한다.
- 워시오프 타입(Wash Off Type) : 팩을 바른 다음 20~30분 후 물이나 해면으로 닦아내는 타입이다.
- 티슈오프 타입(Tissue Off Type) : 티슈로 닦아내는 형태이다. 보습 효과가 좋고 사용감이 부드러워 민감성 피부에 효과적이다.
- 시트 타입(Sheet Type) : 일정 시간 붙였다가 떼어내는 타입으로 건성 · 노화 · 예민피부에 적합하다.

③ 피부 보호용 화장품

   ㉠ 로션 : 화장수와 크림의 중간 형태로 피부 보습 및 유연기능 등을 부여할 목적으로 사용한다.

   ㉡ 크림 : 물과 오일이 서로 혼합된 유화물의 일종으로 세안 후 씻겨나간 천연보호막을 보충해 주고 외부 자극으로부터 피부를 보호한다. 혈행을 촉진시키고, 세정, 자외선 방어 등에 효과가 있다.

   ㉢ 에센스 : 피부 흡수가 빠르고 사용감이 가볍다. 보습작용, 노화 억제 성분을 고농축으로 함유하고 있다.

(2) 메이크업 화장품

① 베이스 메이크업

   ㉠ 메이크업 베이스 : 피지막을 형성하는 피부를 보호한다. 피부색을 고르게 보이도록 해준다. 색소가 피부에 침착되는 것을 방지 한다.

   ㉡ 파운데이션 : 화장의 지속성을 높여준다. 기미, 주근깨 등의 결점을 커버하고, 피부에 광택 · 탄력 · 투명감을 부여한다. 건조한 외부 환경으로부터 피부를 보호하며, 자외선 차단효과가 있다.

   ㉢ 파우더 : 피부색을 정돈하고 화사하게 표현해 주며, 메이크업 지속력을 높여준다. 땀이나 피지의 분비를 억제하고 피부가 번들거리는 것을 방지한다.

② 포인트 메이크업

   ㉠ 립스틱 : 입술에 색채감을 주어 입술을 아름답게 표현해줌으로써 화장의 매력을 높인다. 입술

　　　의 건조를 막고 자외선으로부터 보호해 준다.

　　ⓛ **블러셔** : 얼굴의 결점을 은폐하고 입체감을 표현하여 밝고 건강하게 보이게 한다.

　　ⓒ **아이라이너** : 속눈썹을 뚜렷하게 하여 눈의 윤곽을 강조한다. 눈이 커 보이고 생동감이 있게
　　　만들어 준다.

　　ⓔ **마스카라** : 속눈썹을 길게 컬링하거나 볼륨감을 주어 표정을 풍부하고 매력적으로 만들어 준다.

　　ⓜ **아이섀도** : 눈꺼풀에 명암과 색채감을 주어 아름다운 눈매를 연출한다.

(3) 모발 화장품

　　① **세정용** : 헤어 샴푸, 헤어 린스

　　② **정발용** : 헤어 오일, 포마드, 헤어 크림, 헤어 로션, 세트 로션, 헤어 무스, 헤어 스프레이, 헤어
　　　젤, 헤어 리퀴드

　　③ **트리트먼트** : 헤어 트리트먼트, 헤어 팩, 헤어 코트

　　④ **기타 모발 화장품** : 헤어 토닉, 염모제, 퍼머넌트웨이브 로션, 헤어 스트레이트, 헤어 블리치

(4) 바디 관리 화장품

　　① **클렌징 제품** : 전신의 피부를 세정하기 위해 사용하는 제품으로 비누, 바디 샴푸, 버블바스 등이
　　　있다.

　　② **각질제거제** : 전신의 피부에 대한 노화된 각질을 제거하기 위한 제품으로 바디 스크럽, 바디 솔트
　　　등이 있다.

　　③ **트리트먼트 제품** : 전신의 피부를 세정한 후 피부 표면을 보호하고 수분의 함유량을 조절해 주는
　　　제품으로 바디 로션, 바디 오일, 바디 크림 등이 있다.

　　④ **슬리밍 제품** : 피부를 매끄럽게 하고 혈액순환 및 노폐물 배출을 도와주는 제품으로 마사지크림,
　　　바스트크림, 지방 분해크림 등의 제품이 있다.

　　⑤ **체취 방지제** : 몸의 냄새를 제거하고 예방하기 위한 제품으로 데오도란트 로션, 데오도란트 스틱,
　　　데오도란트 스프레이 등이 있다.

　　⑥ **자외선 태닝 제품** : 자외선을 이용해 피부를 건강하고 아름답게 만드는 제품으로 선탠오일, 선탠
　　　젤, 선탠로션 등이 있다.

(5) 네일용 화장품

　　① **네일 에나멜** : 견고한 피막을 형성해 손톱을 보호하고 손톱을 전체적으로 아름답게 만들기 위한
　　　제품이다.

② **베이스코트** : 손톱 표면을 보호하고 다음에 칠할 네일 에나멜의 밀착성을 좋게 하는 제품으로 니트로셀루로오즈를 적게 배합한다.

③ **탑코트** : 네일 에나멜의 피막 위에 덧발라서 광택이나 내구성을 좋게 하는 제품으로 니트로셀루로오즈를 많게 배합한다.

④ **에나멜 리무버** : 네일 에나멜의 피막을 용해하여 제거하는 것으로 니트로셀루로오즈 등의 피막 형성제를 녹이는 용제로 구성되어 있다.

(6) 방향용 화장품(향수)

① **향의 농도에 따른 분류**

유형	향료 함유율(부향률)	지속 시간	특징
퍼퓸	15~30%	6~7시간	• 일반적으로 말하는 향수로 완성도가 가장 높다. • 향을 오래 지속시키고 싶을 때 사용한다.
오데퍼퓸	9~12%	5~6시간	퍼퓸보다 강도가 낮아 부담이 덜하다.
오데토일렛	6~8%	3~5시간	퍼퓸보다 캐주얼하게 사용할 수 있다.
오데코롱	3~5%	1~2시간	가벼운 감각의 향으로 향을 처음 접하는 사람들에게 적합하다.
샤워코롱	1~3%	1시간	• 목욕이나 샤워 후에 사용한다. • 방향용 화장품이 이에 속한다.

② **향수의 발산 속도에 따른 분류**

㉠ **탑노트(Top note)** : 휘발성이 강하여 1시간 이내에 증발하는 향취로 뚜껑을 열었을 때 맨 먼저 느껴지는 향이다.

㉡ **미들노트(Middle note)** : 알코올이 지나간 다음 느껴지는 메인 향으로 평균 3~6시간 정도 향을 유지한다.

㉢ **베이스노트(Base note)** : 마지막까지 은은하게 느껴지는 향이다. 휘발성이 낮은 향료로 비등점이 높고 지속력이 강하다.

(7) 에센셜(아로마) 오일 및 캐리어 오일

① **에센셜 오일**

㉠ **사용 방법** : 흡입법, 입욕법, 습포법, 마사지법

㉡ **사용 시 주의사항** : 서늘하거나 직사광선이 들지 않는 곳에 보관한다. 눈 부위에 원액이 닿지 않도록 한다. 갈색병에 보관하고 뚜껑은 반드시 닫아 놓는다.

② 주요 캐리어 오일

종류	특징
포도씨 오일	• 포도씨에서 추출한 오일로 리놀레산을 70% 정도 함유하고 있어 퍼짐성이 좋다. • 여드름, 지성피부에 효과적이다.
호호바 오일	• 호호바 열매에서 추출한 액제 왁스로 안정성이 높아 장기간 보존이 가능하고 끈적이지 않아 사용감이 좋다. • 건성 · 지성 · 여드름피부에 효과적이다.
스위트아몬드 오일	• 비타민 A, 비타민 B_2, 비타민 B_6, 비타민 E, 올레인산 및 리놀레산으로 구성되어 유아부터 노인까지 누구나 사용 가능한 화장품에 이용된다. • 건성피부에 좋고, 유분이 많으나 끈적이지 않고 산패가 잘 안 된다.
아보카도 오일	피부 재생효과, 보습 유지, 상처 치유의 효과가 있으며 건조 · 노화피부, 주름피부, 습진피부에 좋다.
올리브 오일	가려움 억제, 피부 진정효과가 뛰어나 건성피부와 민감한 피부에 좋다.

(8) 기능성 화장품

① **미백 화장품** : 피부에 멜라닌 색소가 침착하는 것을 방지하여 기미, 주근깨 등의 생성을 억제함으로써 피부의 미백에 도움을 주는 기능을 가진 화장품이다. 성분으로는 알부틴, 코직산, 비타민C, 닥나무추출물, 감초추출물, 하이드로퀴논 등이 있다.

② **주름 개선 화장품** : 피부에 탄력을 주어 주름 완화 및 개선기능을 하는 화장품이다. 성분으로는 레티놀, 아데노신, 레티닐팔미테이트 등이 있다.

③ **자외선 관련 화장품**

　㉠ **자외선 산란제** : 무기물질을 이용한 물리적 산란작용으로 자외선의 침투를 막는다. 피부에 자극을 주지 않으나 백탁현상이나 메이크업이 밀릴 수 있다. 성분으로는 티타늄디옥사이드(이산화티타늄), 징크옥사이드(산화아연)가 있다.

　㉡ **자외선 흡수제** : 유기물질을 이용한 화학적 방법으로 자외선을 흡수하고 소멸한다. 사용감이 우수하나 피부에 자극을 줄 수 있다. 성분으로는 옥틸디메칠 파바, 옥틸메톡시 신나메이트가 있다.

　㉢ **SPF(자외선 차단지수)**

　　• 자외선에 의한 피부 홍반을 측정하는 것으로 엄밀히 말하면 자외선-B(UV-B) 방어효과를 나타 내는 지수라고 볼 수 있다.

　　• $SPF = \dfrac{\text{자외선 차단 제품을 사용했을 때의 MED}}{\text{자외선 차단 제품을 사용하지 않았을 때의 MED}}$

　　(MED=홍반을 일으키는 자외선의 최소량)

제 5 막 공중위생관리학

1	공중보건

1. 공중보건 기초

공중보건의 3대 요소	공중보건학의 목적
• 수명연장 • 감염병 예방 • 건강과 능률의 향상	• 질병 예방 • 수명 연장 • 신체적 · 정신적 건강 증진

2. 질병관리

(1) 질병 발생의 3가지 요인

① 숙주적 요인

생물학적 요인	선천적 요인	성별, 연령, 유전 등
	후천적 요인	영양상태
사회적 요인	경제적 요인	직업, 거주환경, 작업환경
	생활양식	흡연, 음주, 운동

② 병인적 요인

   ㉠ **생물학적 병인** : 세균, 곰팡이, 기생충, 바이러스 등

   ㉡ **물리적 병인** : 열, 햇빛, 온도 등

   ㉢ **화학적 병인** : 농약, 화학약품 등

   ㉣ **정신적 병인** : 스트레스, 노이로제 등

③ **환경적 요인** : 기상, 계절, 매개물, 사회환경, 경제적 수준 등

3. 가족 및 노인보건

(1) 가족계획

① **의미** : 우생학적으로 우수하고 건강한 자녀 출산을 위한 출산계획
② **내용** : 초산연령 조절, 출산횟수 조절, 출산간격 조절, 출산기간 조절

(2) 노인보건

① **노령화의 4대 문제** : 빈곤문제, 건강문제, 무위문제(역할 상실), 고독 및 소외문제
② **보건교육 방법** : 개별접촉을 통한 교육

4. 환경보건

(1) 환경위생의 정의

인간의 신체 발육, 건강 및 생존에 유해한 영향을 미치거나 미칠 가능성이 있는 인간의 물리적 생활 환경에 있어서의 모든 요소를 통제하는 것이다.

(2) 기후

① **기후의 3대 요소** : 기온, 기습, 기류
② **4대 온열인자** : 기온, 기습, 기류, 복사열

5. 식품위생과 영양

(1) 보건 영양의 정의

인간 집단을 대상으로 건강을 유지하고 증진시키는 것을 목표로 하는 것

(2) 국민 영양의 목표

① 국민 건강상태의 향상과 질병 예방을 도모
② 어린이 및 임신, 수유부의 영양 관리
③ 비만증의 관리
④ 노인 집단의 영양 관리

6. 보건행정

(1) 정의

공중보건의 목적을 달성하기 위해 공중보건의 원리를 적용하여 행정조직을 통해 행하는 일련의 과정

(2) 보건행정의 특성

① 공공이익을 위한 공공성과 사회성을 지닌다.

② 적극적인 서비스를 하는 봉사행정이다.

③ 지역사회 주민을 교육하거나 자발적인 참여를 유도함으로써 목적을 달성한다.

④ **보건행정의 범위** : 보건관계 기록의 보존, 대중에 대한 보건교육, 환경위생, 감염병 관리, 모자보건, 의료 및 보건간호

2	소독

1. 소독의 정의 및 분류

(1) 용어 정의

① **소독** : 감염병의 감염을 방지할 목적으로 병원성 미생물(병원체)을 죽이거나 병원성을 약화시키는 것을 말한다.

② **멸균** : 모든 병원성 미생물에 강한 살균력을 작용시켜 병원균, 비병원균, 아포 등을 완전 사멸시켜 무균 상태로 만드는 것을 말한다.

③ **방부** : 병원 미생물의 발육과 작용을 제거 또는 정지시켜 부패나 발효를 방지하는 것이다.

④ **살균** : 생활력을 가지고 있는 미생물을 여러 가지 물리 · 화학적 작용에 의해 급속히 사멸한다.

⑤ **소독력 비교** : 멸균 > 살균 > 소독 > 방부

(2) 물리적 소독법

① **건열멸균법** : 화염멸균법, 소각법, 건열멸균법

② **습열멸균법** : 자비(열탕)소독법, 간헐멸균법, 증기멸균법, 고압증기 멸균법, 저온살균법, 초고온살균법

③ **여과멸균법**

④ **무가열멸균법** : 일광소독법, 자외선멸균법, 방사선살균법, 초음파멸균법

(3) 화학적 소독법

소독이나 멸균을 위해 화학제를 사용하는 방법이다. 주로 사용하는 소독제로는 에탄올, 포르말린, 승홍, 표백분, 과산화수소, 역성비누, 오존, 염소 가스 등이 있다. 특허 소독제의 효력을 평가하기 위해서는 석탄산을 기준으로 한 석탄산계수를 사용한다.

2. 미생물 총론

(1) 미생물

① **정의** : 육안으로 보이지 않는 0.1㎛ 이하의 미세한 생물체의 총칭
② **분류**
    ㉠ **원핵생물** : 핵이 없고 세포의 구조가 간단하며 유사분열하지 않는다.
    ㉡ **진핵생물** : 핵이 있는 고도로 진화된 구조의 세포이며 유사분열한다.
③ **구성** : 세포벽, 세포막, 세포질, 핵, 아포(포자), 편모로 구성

3. 병원성 미생물

(1) 병원성 미생물

① **의미** : 인체 내에서 병적인 반응을 일으키며 증식하는 미생물
② **종류** : 세균, 바이러스, 리케차, 진균 등

(2) 비병원성 미생물

① **의미** : 인체 내에서 병적인 반응을 일으키지 않는 미생물
② **종류** : 발효균, 효모균, 곰팡이균, 유산균 등

(3) 병원성 미생물의 종류

① **세균** : 구균, 간균, 나선균
② **바이러스** : 가장 작은 크기의 미생물
③ **리케차** : 주로 진핵생물체의 세포 내에 기생
④ **진균** : 무좀, 백선 등의 피부병 유발
⑤ **미생물의 생장에 영향을 미치는 요인** : 온도, 산소, 수소이온농도(pH)

4. 소독방법

(1) 미용기구의 소독방법

① **시술용 테이블, 가위** : 70% 에탄올로 깨끗이 닦는다.

② **니퍼, 랩가위, 메탈 푸셔** : 70% 에탄올에 20분간 담갔다가 흐르는 물에 헹구고 마른 수건으로 닦은 후 자외선 소독기에 보관하면서 사용

③ **핑거볼, 타월** : 1회용을 사용하거나 소독 후 사용

④ **가운** : 사용 후 세탁 및 일광 소독 후 사용

⑤ 시술 전후 시술자와 고객의 손을 70% 알코올로 소독

⑥ 바닥에 떨어진 도구는 반드시 소독 후 사용한다.

5. 분야별 위생 · 소독

(1) 실내 위생 및 소독

① 샴푸대, 세탁장, 싱크대 등 따뜻하고 습기 찬 장소에서는 그람음성균 박테리아의 오염원이 될 수 있다.

② 로션, 크림, 트리트먼트제 등이 색깔 변화, 냄새, 곰팡이 등으로 인해 안전하지 않으면 시간을 끌지 말고 즉시 버린다.

③ 냉 · 난방기기도 오염원이 될 수 있으므로 정기적으로 필터를 교환한다.

④ 가습기, 제습기도 오히려 오염원이 될 수 있으므로 물통 등을 깨끗하게 청소한다.

⑤ 문의 손잡이, 의자, 헤어 드라이어, 시술 침대 등 모두가 감염원이 될 수 있다.

3	공중위생관리법규(법, 시행령, 시행규칙)

1. 목적 및 정의

(1) 목적

공중이 이용하는 영업의 위생관리 등에 관한 사항을 규정함으로써 위생수준을 향상시켜 국민의 건강증진에 기여

(2) 정의

① **공중위생영업** : 다수인을 대상으로 위생관리서비스를 제공하는 영업으로서 숙박업 · 목욕장업 · 이용업 · 미용업 · 세탁업 · 건물위생관리업을 말한다.

② **공중이용시설** : 다수인이 이용함으로써 이용자의 건강 및 공중위생에 영향을 미칠 수 있는 건축물 또는 시설로서 대통령령이 정하는 것

③ **이용업** : 손님의 머리카락 또는 수염을 깎거나 다듬는 등의 방법으로 손님의 용모를 단정하게 하는 영업

④ **미용업** : 손님의 얼굴 · 머리 · 피부 등을 손질하여 손님의 외모를 아름답게 꾸미는 영업

⑤ **건물위생관리업** : 공중이 이용하는 건축물 · 시설물 등의 청결유지와 실내공기정화를 위한 청소 등을 대행하는 영업

2. 영업의 신고 및 폐업

(1) 영업신고

① 공중위생영업의 종류별로 보건복지부령이 정하는 시설 및 설비를 갖추고 시장 · 군수 · 구청장(자치구 구청장에 한함)에게 신고

② **첨부서류** : 영업시설 및 설비개요서, 교육필증, 면허증

(2) 폐업신고

폐업한 날부터 20일 이내에 시장 · 군수 · 구청장에게 신고

3. 영업자준수사항 · 면허 취소 사유

(1) 미용업 영업자의 준수사항(보건복지부령)

① 의료기구와 의약품을 사용하지 않는 순수한 화장 또는 피부미용을 할 것

② 미용기구는 소독을 한 기구와 소독을 하지 않은 기구로 분리하여 보관할 것

③ 면도기는 1회용 면도날만을 손님 1인에 한하여 사용할 것

④ 영업소 내부에 미용업 신고증 및 개설자의 면허증 원본을 게시할 것

⑤ 피부미용을 위해 의약품 또는 의료기기를 사용하지 말 것

⑥ 점빼기 · 귓볼뚫기 · 쌍꺼풀수술 · 문신 · 박피술 등의 의료행위를 하지 말 것

⑦ 영업장 안의 조명도는 75룩스 이상이 되도록 유지

⑧ 영업소 내부에 최종지불요금표를 게시 또는 부착

(2) 면허 취소 사유

① 공중위생관리법 또는 공중위생관리법의 규정에 의한 명령을 위반한 때
② 금치산자, 약물 중독자, 정신질환자(전문의가 미용사로서 적합하다고 인정하는 사람은 예외)
③ 공중의 위생에 영향을 미칠 수 있는 감염병환자로서 결핵 환자(비감염성 제외)

4. 공중위생관리법규

위반행위	행정처분기준			
	1차 위반	2차 위반	3차 위반	4차 이상 위반
영업신고를 하지 않은 경우	영업장 폐쇄명령			
시설 및 설비기준을 위반한 경우	개선명령	영업정지 15일	영업정지 1월	영업장 폐쇄명령
신고를 하지 않고 영업소의 명칭 및 상호, 미용업 업종간 변경을 하였거나 영업장 면적의 3분의 1 이상을 변경한 경우	경고 또는 개선명령	영업정지 15일	영업정지 1월	영업장 폐쇄명령
신고를 하지 않고 영업소의 소재지를 변경한 경우	영업정지 1월	영업정지 2월	영업장 폐쇄명령	
지위승계신고를 하지 않은 경우	경고	영업정지 10일	영업정지 1월	영업장 폐쇄명령
소독을 한 기구와 소독을 하지 않은 기구를 각각 다른 용기에 넣어 보관하지 않거나 1회용 면도날을 2인 이상의 손님에게 사용한 경우	경고	영업정지 5일	영업정지 10일	영업장 폐쇄명령
피부미용을 위하여 의약품 또는 의료기기를 사용한 경우	영업정지 2월	영업정지 3월	영업장 폐쇄명령	
점빼기·귓볼뚫기·쌍꺼풀수술·문신·박피술 그 밖에 이와 유사한 의료행위를 한 경우	영업정지 2월	영업정지 3월	영업장 폐쇄명령	
미용업 신고증 및 면허증 원본을 게시하지 않거나 업소 내 조명도를 준수하지 않은 경우	경고 또는 개선명령	영업정지 5일	영업정지 10일	영업장 폐쇄명령
개별 미용서비스의 최종 지급가격 및 전체 미용서비스의 총액에 관한 내역서를 이용자에게 미리 제공하지 않은 경우	경고	영업정지 5일	영업정지 10일	영업정지 1월
카메라나 기계장치를 설치한 경우	영업정지 1월	영업정지 2월	영업장 폐쇄명령	

면허증을 다른 사람에게 대여한 경우	면허정지 3월	면허정지 6월	면허취소	
영업소 외의 장소에서 미용 업무를 한 경우	영업정지 1월	영업정지 2월	영업장 폐쇄명령	
보고를 하지 않거나 거짓으로 보고한 경우 또는 관계 공무원의 출입, 검사 또는 공중위생영업 장부 또는 서류의 열람을 거부·방해하거나 기피한 경우	영업정지 10일	영업정지 20일	영업정지 1월	영업장 폐쇄명령
개선명령을 이행하지 않은 경우	경고	영업정지 10일	영업정지 1월	영업장 폐쇄명령
손님에게 성매매알선 등 행위 또는 음란행위를 하게 하거나 이를 알선 또는 제공한 경우(영업소)	영업정지 3월	영업장 폐쇄명령		
손님에게 성매매알선 등 행위 또는 음란행위를 하게 하거나 이를 알선 또는 제공한 경우(미용사)	면허정지 3월	면허취소		
손님에게 도박 그 밖에 사행행위를 하게 한 경우	영업정지 1월	영업정지 2월	영업장 폐쇄명령	
음란한 물건을 관람·열람하게 하거나 진열 또는 보관한 경우	경고	영업정지 15일	영업정지 1월	영업장 폐쇄명령
무자격안마사로 하여금 안마사의 업무에 관한 행위를 하게 한 경우	영업정지 1월	영업정지 2월	영업장 폐쇄명령	
영업정지처분을 받고도 그 영업정지 기간에 영업을 한 경우	영업장 폐쇄명령			
공중위생영업자가 정당한 사유 없이 6개월 이상 계속 휴업하는 경우	영업장 폐쇄명령			
공중위생영업자가 관할 세무서장에게 폐업신고를 하거나 관할 세무서장이 사업자 등록을 말소한 경우	영업장 폐쇄명령			

ESTHETICIAN

제 2 장

CBT
기출복원문제

CBT 기출복원문제   제1회

01 이 · 미용업 영업소에서 손님에게 성매매알선 등 행위 또는 음란행위를 하게 하거나 이를 알선 또는 제공한 때의 영업소에 대한 1차 위반 시 행정처분기준은?

① 영업장 폐쇄명령
② 영업정지 2월
③ 면허취소
④ 영업정지 3월

 ④

구분	1차위반	2차위반
영업소	영업정지 3월	영업장폐쇄명령
미용사(업주)	면허정지 3월	면허취소

핵심 뷰티

성매매알선등의 행위에 대한 행정처분

02 과산화수소에 대한 설명으로 옳지 않은 것은?

① 발생기 산소가 강력한 산화력을 나타낸다.
② 표백, 탈취, 살균 등의 작용이 있다.
③ 발포작용에 의해 상처의 표면을 소독한다.
④ 침투성과 지속성이 우수하다.

 ④

과산화수소는 침투성과 지속성이 약하다.

03 브러싱 머신의 사용에 관한 설명으로 틀린 것은?

① 브러싱은 피부에 부드러운 마찰을 주므로 혈액순환을 촉진시키는 효과가 있다.
② 건성 및 민감성 피부의 경우는 회전속도를 느리게 해서 사용하는 것이 좋다.
③ 농포성 여드름 피부에는 사용하지 않아야 한다.
④ 모세혈관 확장피부는 석고 재질의 브러싱이 권장된다.

 ④

모세혈관 확장피부는 브러싱 머신의 사용을 금해야 한다.

04 소화기관에 대한 설명 중 틀린 것은?

① 위는 강알칼리의 위액을 분비한다.
② 이자(췌장)는 당 대사호르몬의 내분비선이다.
③ 소장은 영양분을 소화 · 흡수한다.
④ 대장은 수분을 흡수하는 역할을 한다.

 ①

위액은 강산성액이다.

05 일반적인 화장품의 피부 흡수에 관한 설명으로 옳은 것은?

① 수분이 많을수록 피부흡수율이 높다.
② 크림류 < 로션류 < 화장수류 순으로 피부흡수력이 높다.
③ 동물성오일 < 식물성오일 < 광물성오일 순으로 피부흡수력이 높다.
④ 분자량이 적을수록 피부흡수율이 좋다.

 ④

화장품의 피부흡수율은 제형에 따라 달라진다. 식물성오일 < 동물성오일 < 광물성오일 순으로 피부흡수력이 높다.

06 우리나라 피부미용의 역사 중 백분, 비누, 향수 등과 같은 화장품이 처음 수입되었던 시기는?

① 고려시대
② 통일신라시대
③ 삼국시대
④ 개화기(조선시대)

 ③

비누, 향수, 백분 등과 같은 화장품이 전래되어 제조되고 사용되었던 시기는 삼국시대이다. 삼국시대에는 불교문화의 영향으로 향을 많이 사용했다. 목욕 문화의 발달로 비누와 입욕제가 발달하였다.

07 이·미용사의 면허는 누가 취소할 수 있는가?

① 대통령
② 시·도지사
③ 보건복지부장관
④ 시장·군수·구청장

 ④

시장·군수·구청장이 이·미용사의 면허를 취소할 수 있다.

08 상피조직의 신진대사에 관여하며 각화 정상화 및 피부재생을 돕고 노화방지에 효과가 있는 비타민은?

① 비타민 C
② 비타민 E
③ 비타민 A
④ 비타민 K

 ③

비타민 A는 건강한 피부, 시력, 성장 및 재생에 필수적인 영양소로서 다양한 주요 기능을 수행한다.
① 비타민 C : 항산화 작용 등
② 비타민 E : 피부노화 방지 등
④ 비타민 K : 혈액 응고

제 **2** 장

CBT 기출복원문제

09 눈으로 판별하기 어려운 피부의 심층 상태 및 문제점을 명확하게 분별할 수 있는 특수 자외선을 이용한 기기는?

① 확대경
② 홍반 측정기
③ 적외선 램프
④ 우드램프

 ④

우드램프는 파장 365nm 이상의 자외선과 가시광선을 방출하는 등이다. 어두운 상태에서 사용되며 관찰하고자 하는 피부 부위와 6~20cm 떨어져 관찰한다. 육안으로 보기 어려운 피지, 민감도, 모공의 크기, 트러블, 색소 침착 상태를 파악할 수 있다.

> ⊕ **핵심 뷰티** ⊕
>
> **우드램프의 효과**
> 피부의 피지, 여드름, 색소 침착, 염증, 민감 상태가 다양한 색상으로 나타나 자세한 피부 분석이 가능하다.

10 다음 중 심장과 관련된 내용이 아닌 것은?

① 평활근이다.
② 불수의근이다.
③ 자동성이 있다.
④ 자율신경계의 지배를 받는다.

 ①

심장은 횡문근, 즉 가로무늬근이다. 평활근은 근육 중에서 가로무늬가 없는 근을 말한다.

11 다음 중 노폐물과 독소 및 과도한 체액의 배출을 원활하게 하는 효과에 가장 적합한 관리 방법은?

① 지압
② 인디안 헤드 마사지
③ 림프 드레니지
④ 반사 요법

 ③

림프 드레니지에 대한 설명이다.

12 안면관리 시 제품의 도포 순서로 가장 바르게 연결된 것은?

① 앰플 → 로션 → 에센스 → 크림
② 크림 → 에센스 → 앰플 → 로션
③ 에센스 → 로션 → 앰플 → 크림
④ 앰플 → 에센스 → 로션 → 크림

 ④

앰플 → 에센스 → 로션 → 크림의 순서가 제품의 도포 순서로 가장 바르다.

13 다음 중 갈바닉의 양극의 효과는?

① 피부 유연화
② 진정
③ 알칼리성 반응
④ 각질 제거

 ②

신경안정 및 피부 진정의 효과가 있다.

14 자비소독법 시 일반적으로 사용하는 물의 온도와 시간은?

① 150℃에서 15분간
② 135℃에서 20분간
③ 100℃에서 20분간
④ 80℃에서 30분간

 ③

자비소독법은 끓는 물에 100℃에서 20~30분간 완전히 잠기게 한다.

⊕ **핵심 뷰티** ⊕
자비소독법 보조제
탄산나트륨, 붕산, 크레졸액, 석탄산

15 이·미용업소의 위생관리 의무를 지키지 아니한 자의 과태료 기준은?

① 300만원 이하
② 200만원 이하
③ 500만원 이하
④ 100만원 이하

 ②

위생관리 의무를 지키지 아니한 자는 과태료 200만원 이하가 부과된다.

16 자력으로 의료문제를 해결할 수 없는 생활무능력자 및 저소득층을 대상으로 공적으로 의료를 보장하는 제도는?

① 의료보험
② 의료보호
③ 실업보험
④ 연금보험

 ②

의료보호는 생활유지의 능력이 없거나 생활이 어려운 자의 의료에 관한 욕구를 충족시키기 위해 마련한 제도이다.
① **의료보험** : 사고와 질병으로부터 국민들이 건강과 생활을 보장하기 위해 그 비용을 국가가 부담하고 관리하기 위한 제도를 말한다.
③ **실업보험** : 사회보험의 한 형태로서 노동능력이 있고 노동하려는 의사가 있음에도 불구하고 적당한 직업을 얻지 못하여 생활의 위협을 받는 자에게 생활을 보장해 주는 보험이다.
④ **연금보험** : 피보험자의 종신 또는 일정한 기간 동안 해마다 일정 금액을 지불할 것을 약속하는 생명 보험이다.

17 피부노화를 억제하는 성분으로 가장 거리가 먼 것은?

① 베타 – 카로틴

② 왁스

③ 비타민 E

④ 비타민 C

정답 ②

왁스는 피부노화를 억제하는 성분으로 가장 거리가 멀다.

18 미생물의 발육과 그 작용을 제거하거나 정지시켜 음식물의 부패나 발효를 방지하는 것은?

① 방부

② 소독

③ 살균

④ 살충

정답 ①

방부는 물질이 썩거나 삭아서 변질되는 것을 막는 것을 말한다. 건조, 냉장, 밀폐, 소금 절임, 훈제, 가열 따위의 방법이 있다.

19 다음 중 엔자임 필링이 적합하지 않은 피부는?

① 각질이 두껍고 피부 표면이 건조하여 당기는 피부

② 비립종을 가진 피부

③ 개방면포, 닫힌면포를 가지고 있는 지성 피부

④ 자외선에 의해 홍반된 피부

정답 ④

자외선에 의해 홍반된 피부, 모세혈관확장피부, 민감한 피부 등에는 딥클렌징을 피한다.

20 다음 중 가위를 끓이거나 증기소독한 후 처리방법으로 가장 적합하지 않은 것은?

① 소독 후 수분을 잘 닦아낸다.

② 자외선 소독기에 넣어 보관한다.

③ 수분제거 후 엷게 기름칠을 한다.

④ 소독 후 탄산나트륨을 발라둔다.

정답 ④

소독 후 탄산나트륨을 발라두는 것은 처리방법으로 적합하지 않다.

21 건전한 영업질서를 위하여 공중위생영업자가 준수하여야 할 사항을 위반한 자에 대한 벌칙규정은?

① 3월 이하의 징역 또는 300만원 이하의 벌금
② 6월 이하의 징역 또는 500만원 이하의 벌금
③ 300만원 이하의 벌금
④ 1년 이하의 징역 또는 1천만원 이하의 벌금

 ②

건전한 영업질서를 위하여 공중위생영업자가 준수하여야 할 사항을 위반한 자에 대한 벌칙은 6월 이하의 징역 또는 500만원 이하의 벌금에 처한다.

22 표피의 가장 바깥층으로 각질이 되어 탈락하는 피부층은?

① 각질층
② 기저층
③ 투명층
④ 과립층

 ①

표피의 가장 바깥층으로 각질이 되어 탈락하는 피부층은 각질층이다.

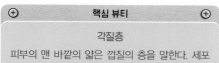

⊕ **핵심 뷰티** ⊕

각질층

피부의 맨 바깥의 얇은 껍질의 층을 말한다. 세포는 편평, 투명하고 각질화되어 있다. 내부조직의 수분의 증발을 막고 보호하는 기능을 한다.

23 염소 소독의 장점이 아닌 것은?

① 잔류효과가 크다.
② 조작이 간편하다.
③ 냄새가 없다.
④ 소독력이 강하다.

 ③

염소 소독은 냄새는 자극적이다.

24 피지가 과다한 분비에 의한 피부염으로 지성피부인 사람에게서 잘 발생하는 피부병변은?

① 지루성 피부염
② 습진
③ 사마귀
④ 무좀

 ①

지루성 피부염은 머리, 이마, 겨드랑이 등 피지의 분비가 많은 부위에 잘 발생하는 만성 염증성 피부 질환이다.

제 **2** 장

CBT 기출복원문제

25 다음 중 조혈 기능이 이루어지는 것은?

① 골수
② 지방
③ 심장
④ 혈관

 ①

골수는 사람 뼈에서 혈구를 생성하는 기관이며 적혈구, 백혈구, 혈소판과 같은 혈액세포를 만드는 조직이다.

26 크레졸은 물에 잘 녹지 않는 난용제이다. 용제로 어떤 것을 사용해야 하는가?

① 약산성
② 알칼리
③ 강산성
④ 중성

 ②

크레졸은 물에 잘 녹지 않고 알칼리에 녹으므로 용제로 알칼리를 사용해야 한다.

27 미용사에게 금지되지 않는 업무는 무엇인가?

① 얼굴의 손질 및 화장을 행하는 업무
② 의료기기를 사용하는 피부관리 업무
③ 의약품을 사용하는 눈썹손질 업무
④ 의약품을 사용하는 제모

 ①

미용사는 의료기기나 의약품을 사용할 수 없다.

28 인체에 질병을 일으키는 병원체 중 대체로 살아 있는 세포에만 증식하고 크기가 가장 작아 전자 현미경으로만 관찰할 수 있는 것은?

① 구균
② 간균
③ 바이러스
④ 원생동물

 ③

바이러스는 단백질과 핵산으로 이뤄진 생물과 무생물 중간 형태의 미생물로, 스스로 물질대사를 할 수 없다.

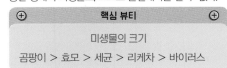

⊕ **핵심 뷰티** ⊕

미생물의 크기
곰팡이 > 효모 > 세균 > 리케차 > 바이러스

29 미용기구 소독 방법 중 화학적 소독 방법이 아닌 것은?

① 증기 소독
② 석탄산 소독
③ 에탄올 소독
④ 크레졸 소독

 ①

증기 소독은 가열 소독법으로 물리적 소독법이다.

> **핵심 뷰티**
>
> **물리적 소독법**
> 여과 및 건조, 열을 이용하는 방법과 표면장력, 삼투압, 일광과 방사선, 음파 등을 이용하는 방법이 있다.

30 공중위생관리법에 규정된 사항으로 옳은 것은?(단 예외 사항은 제외한다)

① 일정한 수련 과정을 거친 자는 면허가 없어도 이용 또는 미용업무에 종사할 수 있다.
② 이·미용사의 업무범위에 관하여 필요한 사항은 보건복지부령으로 정한다.
③ 이·미용사의 면허를 가진 자가 아니어도 이·미용업을 개설할 수 있다.
④ 미용사(일반)의 업무범위에는 파마, 아이론, 면도, 머리피부 손질, 피부미용 등이 포함된다.

 ②

①, ③ 이용사 또는 미용사의 면허를 받은 자만이 이용업 또는 미용업을 개설하거나 그 업무에 종사할 수 있다.
④ 아이론, 면도는 이용사의 업무범위이며, 피부미용은 미용업(피부)의 업무범위이다.

31 화장품의 원료로서 알코올의 작용에 대한 설명으로 틀린 것은?

① 다른 물질과 혼합해서 그것을 녹이는 성질이 있다.
② 소독작용이 있어 화장수, 양모제 등에 사용된다.
③ 흡수작용이 강하기 때문에 건조의 목적으로 사용한다.
④ 피부에 자극을 줄 수도 있다.

 ③

알코올은 흡수작용이 강한 것이 아니라 휘발성이 강하다.

32 신경계 중 중추신경계에 해당되는 것은?

① 뇌
② 뇌신경
③ 척수신경
④ 교감신경

 ①

②, ③ 말초신경계 중 체성신경계에 해당된다.
④ 말초신경계 중 자율신경계에 해당된다.

33 이 · 미용업 종사자가 사용하는 소독제로 가장 적절한 것은?

① 크레졸수
② 역성비누
③ 세안용 비누
④ 과산화수소

 ②

역성비누액은 손소독, 과일, 야채, 식기 등에 사용된다.

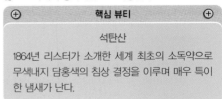

핵심 뷰티

역성비누

• 과일, 야채, 식기 소독 시에는 0.01~0.02%를 사용한다.
• 손 소독은 10% 용액을 200~400배 희석하여 사용한다.

34 인체를 이루는 기본 조직이 아닌 것은?

① 결합조직
② 신경조직
③ 상피조직
④ 피부조직

 ④

상피조직, 결합조직, 근육조직, 신경조직이 인체를 이루는 기본조직이다.

35 유리제품의 소독 방법으로 옳은 것은?

① 찬물에 넣고 75℃까지 가열한다.
② 끓는 물에 넣고 10분간 가열한다.
③ 끓는 물에 넣고 5분간 가열한다.
④ 건열 멸균기에 넣고 소독한다.

 ④

초자 기구, 금속 제품, 분비물, 유리 기구, 주삿바늘, 자기류 등에 건열 멸균법을 이용한다.

36 소독약제의 살균력 시험의 기준이 되는 것은?

① 생석회
② 석탄산
③ 크레졸
④ 승홍수

 ②

석탄산은 조직에 독성이 있어서 인체에는 잘 사용되지 않고 소독제의 평가기준으로 사용된다.

핵심 뷰티

석탄산

1864년 리스터가 소개한 세계 최초의 소독약으로 무색내지 담홍색의 침상 결정을 이루며 매우 특이한 냄새가 난다.

37 땀의 분비로 인한 세균 증식과 냄새를 억제하기 위한 화장품은?

① 바디로션
② 샤워코롱
③ 데오도란트
④ 향균파우더

 ③

데오도란트는 방취제 · 탈취제, 혹은 비위를 상하게 하는 좋지 않은 냄새를 없애는 것으로 불쾌한 체취의 분비나 발산을 방지하기 위하여 쓰이는 화장료이다.

38 환자가 보균자의 분뇨 또는 음식물이나 식수, 개달물을 매개로 하여 경구감염 되는 감염병은?

① 장티푸스, 세균성 이질
② 뇌염, 공수병
③ 유행성이하선염, 결핵
④ 유행성이하선염, 간염

 ①

장티푸스와 세균성 이질에 대한 내용이다. 개달물이란 공기, 토양, 물, 우유, 음식물 등을 제외한 환자가 쓰던 모든 무생물로 책, 완구, 손수건, 안경 등이 있다.
② 뇌염은 모기, 공수병은 개가 매개하는 감염병이다.
③ 유행성이하선염과 결핵은 호흡기를 통해 감염되는 감염병이다.

39 피하지방층의 기능에 해당하지 않는 것은?

① 체온 조절
② 세포분열
③ 완충작용
④ 에너지 저장

 ②

표피의 기저층에서 이루어지는 것이 세포분열이다.

> ⊕ **핵심 뷰티** ⊕
>
> **피하지방층**
> 피하지방층은 진피와 근막 사이에 위치하며 주로 지방 세포로 구성된다. 영양분의 저장 및 지방 합성, 열의 차단, 충격 흡수 등의 역할을 담당한다.

40 고주파기에 대한 설명으로 옳은 것은?

① 미세한 진동을 이용하여 지방을 분해한다.
② 조직의 온도를 높여 제품의 흡수율을 높인다.
③ 근육과 신경에 자극을 주어 통증을 완화한다.
④ 전기적 자극을 가하여 셀룰라이트와 지방 연소를 촉진한다.

 ②

열을 이용한 기기인 고주파기는 혈류량을 증가시키고 조직 온도 상승의 기능을 수행한다.

41 세안 후 이마, 볼 부위가 당기며, 잔주름이
많고 화장이 잘 들뜨는 피부유형은?

① 복합성 피부
② 건성 피부
③ 노화 피부
④ 민감 피부

 정답 ②

건성 피부에 대한 내용이다.

42 이 · 미용 영업을 개설할 수 있는 자의 자격
은?

① 자기 자금이 있을 때
② 이 · 미용의 면허증이 있을 때
③ 이 · 미용의 자격이 있을 때
④ 영업소 내에 시설을 완비하였을 때

 정답 ②

이 · 미용의 면허증이 있을 때 영업을 개설할 수 있다.

43 피부 관리에서 팩 사용 효과가 아닌 것은?

① 수분 및 영양 공급
② 각질 제거
③ 치유 작용
④ 피부 청정 작용

 정답 ③

치유 작용은 의료의 영역이므로 피부 관리의 영역은 아
니다.

44 석고마스크를 사용하기에 가장 거리가 먼 것
은?

① 정상 피부
② 건성 피부
③ 노화 피부
④ 여드름이 있는 민감한 피부

 정답 ④

석고 마스크는 열이 발생하기 때문에 민감성, 여드름, 모
세혈관 확장 피부 등에는 피하는 것이 좋다.

45 몸매 딥클렌징의 효율성을 증진하는 방법으로 가장 거리가 먼 것은?

① 피부 유형에 맞는 제품을 선택한다.
② 제품의 사용 방법을 정확히 준수한다.
③ 잔여물이 남지 않도록 청결하게 닦아져야 한다.
④ 민감한 피부는 온습포를 선택하여 사용한다.

 ④

민감한 피부는 냉습포를 사용하는 것이 좋다.

46 이 · 미용사가 면허증 재교부 신청을 할 수 없는 경우는?

① 면허증을 잃어버린 때
② 면허증 기재사항의 변경이 있는 때
③ 면허증이 못 쓰게 된 때
④ 면허증이 더러운 때

 ④

면허증 재교부 신청을 할 수 있는 경우는 신고증 분실 또는 훼손 시, 신고인의 성명이나 생년월일이 변경된 때이다.

47 림프 드레니지를 금해야 하는 증상에 속하지 않는 것은?

① 심부전증
② 혈전증
③ 켈로이드증
④ 급성염증

 ③

켈로이드는 진피내 섬유성조직이 과성장하여 결절형태로 튀어나오는 현상으로 흉터가 아물면서 우둘두둘하게 솟아오르는 것이다. 림프 드레니지를 적용할 수 있다.

48 다음의 피부 구조 중 진피에 속하는 것은?

① 망상층
② 기저층
③ 유극층
④ 과립층

 ①

진피는 유두층과 망상층으로 구성되어 있다.

⊕ 핵심 뷰티 ⊕
진피의 정의
피부중에서 진피는 피하조직과 함께 중배엽(中胚葉)에서 유래하는 결합조직으로 2층으로 나누어진다. 두께 0.3~2.4mm의 섬유성 결합조직으로 되어 있는데, 땀샘 · 모낭(毛囊) · 지선(脂線) 등이 있다.

49 신고를 하지 않고 이 · 미용업소의 면적을 3분의 10이상 변경한 때의 1차 위반 행정처분 기준은?

① 경고 또는 개선명령
② 영업정지 15일
③ 영업정지 1개월
④ 영업장 폐쇄명령

정답 ①

신고를 하지 않고 이 · 미용업소의 면적을 3분의 10이상 변경한 때의 1차 위반은 경고 또는 개선명령, 2차 위반은 영업정지 15일, 3차 위반은 영업정지 1개월, 4차 위반은 영업장 폐쇄명령이다.

50 무기질의 기능과 무관한 것은?

① 체액의 pH 조절
② 열량 급원
③ 체액의 삼투압 조절
④ 효소 작용의 촉진

정답 ②

열량 급원은 탄수화물, 단백질 지방이다. 무기질과는 무관하다.

핵심 뷰티

무기질의 기능

• 탄소(C), 수소(H), 산소(O), 질소(N)를 제외한 물질을 무기질, 또는 광물질이라 한다.
• 체조직과 체액에 존재한다.
• 에너지를 낼 수 없다.
• 신체의 골격과 치아 형성에 관여한다.

---

51 이 · 미용업자에게 과태료를 부과 · 징수할 수 있는 처분권자에 해당되지 않는 자는?

① 시장
② 군수
③ 구청장
④ 행정자치부장관

정답 ④

이 · 미용업자에게 과태료를 부과 · 징수할 수 있는 자는 시장 · 군수 · 구청장이다.

52 기계적 손상에 의한 피부질환이 아닌 것은?

① 굳은살
② 티눈
③ 종양
④ 욕창

정답 ③

외부의 마찰이나 압력에 의해 생기는 피부 질환을 기계적 손상에 의한 피부질환이라고 한다. 종양은 기계적 손상에 의한 피부질환이 아니다.
① 굳은살 : 기계적 자극(압박, 마찰), 온열 자극(열, 한냉), 화학적 자극(산, 알칼리) 등에 의해서 발생하며, 통증이 없고 압박을 제거하면 저절로 없어진다.
② 티눈 : 손과 발 등의 피부가 지속적으로 기계적인 자극을 받아 나타나는 각질층의 증식현상으로 중심핵을 가지고 있으며, 통증이 있다.
④ 욕창 : 반복적인 압박이 뼈의 돌출부에 가해짐으로써 혈액순환이 잘 안 되어 조직이 죽어 발생한 궤양이다.

53 자외선의 작용이 아닌 것은?

① 살균 작용
② 비타민 D 형성
③ 피부의 색소침착
④ 아포 사멸

  ④

아포는 특정한 세균의 체내에 형성되는 원형 또는 타원형의 구조로서 포자(胞子)라고도 한다. 자외선은 아포 사멸에는 약하다.

핵심 뷰티

적외선의 효과
• 피부에 해를 주지 않으며, 체온을 상승시키지 않고 열감을 준다.
• 침투력이 강하여 피부조직 깊숙이 영향을 미친다.
• 근육조직을 이완시키고, 혈액순환과 신진대사를 촉진시킨다.
• 면역력 증강과 지방 축적 및 셀룰라이트 예방 관리에 효과적이다.
• 통증 완화 및 진정효과가 있다.

54 건성 피부, 주름진 피부, 비듬성 피부에 가장 좋은 광선은?

① 가시광선
② 적외선
③ 자외선
④ 감마선

  ②

적외선은 피하조직에서 국소를 가온하고 피부온도를 상승시킨다. 피부에 영양분의 침투력을 높여준다.

55 섭취된 음식물 중의 영양물질을 산화시켜 인체에 필요한 에너지를 생성해 내는 세포 소기관은?

① 리보솜
② 리소좀
③ 골지체
④ 미토콘드리아

  ④

미토콘드리아는 모든 진핵세포에 존재하는 세포소기관으로 세포 내 에너지를 ATP 형태로 공급하는 기능을 한다.

56 다음 형태에 따른 뼈의 분류에서 편평골에 해당하지 않는 것은?

① 견갑골
② 늑골
③ 전두골
④ 두개골

  ③

전두골은 함기골에 해당한다.

핵심 뷰티

편평골
• 납작한 뼈를 말한다.
• 두개골, 견갑골, 늑골, 흉골 등이다.

57 이용사 또는 미용사의 면허를 받을 수 없는 자가 아닌 것은?

① 마약 중독자 ② 전과자

③ 정신질환자 ④ 감염성 결핵환자

정답 ②

핵심 뷰티

면허 결격 사유자

- 피성년후견인
- 정신질환자
- 공중의 위생에 영향을 미칠 수 있는 감염병환자로서 보건복지부령이 정하는 자
- 약물 중독자
- 공중위생관리법의 규정에 의한 명령 위반 또는 면허증 불법 대여의 사유로 면허가 취소된 후 1년이 경과되지 않은자

---

58 딥클렌징에 대한 설명으로 옳은 것은?

① 피부결 정돈, 모공의 살균 및 소독에는 클렌징크림이 가장 효과적이다.

② 효소는 판크레아틴, 세라마이드, 아밀라아제 등을 함유하여 케라틴을 분해시켜주는 필링제이다.

③ 갈바닉기기를 이용해 피부모공속의 노폐물을 딥클렌징 한다.

④ 스크럽제 같은 클렌징제품은 과다한 각질을 제거하기 위해 여드름 피부에만 사용하는 것이 좋다.

정답 ③

갈바닉 기기 중 디스인크러스테이션(전기세정법)은 모공에 있는 피지를 분해하는 딥클렌징 방법이다.
① 클렌징 크림은 클렌징을 위한 제품이다.
② 단백질을 분해하는 효소(펩신, 파파인, 트립신, 브로멜린 등)를 이용하여 각질과 노폐물을 분해하여 제거하는 방법은 효소 딥클렌징이다.
④ 염증성 여드름 피부에는 스크럽제와 같은 클렌징 제품은 사용하지 않는 것이 좋다.

59 소화선으로써 소화액을 분비하는 동시에 호르몬을 분비하는 혼합선에 해당하는 것은?

① 췌장

② 타액선

③ 담낭

④ 간

정답 ①

췌장에서는 인슐린과 글루카곤을 분비하여 혈당량을 조절한다. 내분비(호르몬 분비)와 외분비(소화액 분비)를 겸한 혼합성 기관이다.

60 컬러테라피기 사용 시 생명력을 자극하고 혈액순환을 자극하여 에너지를 활성화시키는 색은?

① 보라

② 빨강

③ 노랑

④ 주황

정답 ②

빨강에 따른 효과로는 혈액 순환 증진, 세포 활성화 및 재생, 셀룰라이트 및 지방 분해 효과가 있다.

CBT 기출복원문제　　제2회

01 의료급여대상자로 옳지 않은 것은?

① 북한이탈 주민
② 국가유공자
③ 의상자 및 의사자 유족
④ 해외근로자 중 질병으로 후송된 자

 ④

핵심 뷰티

⊕　　　　　　　　　　　　　　　⊕

의료급여제도의 적용대상

• 1종 수급권자 : 국민기초생활보장수급권자(근로 무능력세대), 이재민, 의사상자, 국가유공자, 무 형문화재보유자, 북한이탈주민, 5 · 18 민주화운 동 관련자, 입양아동(18세 미만), 행려환자, 노숙 인 등
• 2종 수급권자 : 국민기초생활보장수급권자(근로 능력세대)

---

02 클렌징의 목적 및 효과에 속하지 않는 것은?

① 피부청결을 위해
② 혈액순환 촉진을 위해
③ 유효성분의 배출을 위해
④ 트리트먼트의 기본단계를 위해

 ③

유효성분의 배출이 아닌 피부관리 시 사용하는 유효성 분이 잘 흡수되도록 돕는 단계이다.

03 크림의 유화 형태의 특성으로 틀린 것은?

① W/O 에멀젼 – 겨울에 살이 트는 것을 방 지할 수 있다.
② O/W 에멀젼 – W/O 크림에 비해 촉촉함 의 지속성이 우수하다.
③ W/O 에멀젼 – 사용할 때에 뻑뻑하며 퍼 짐성이 낮다.
④ O/W 에멀젼 – W/O 크림에 비해 시원함 과 촉촉함을 느낀다.

 ②

O/W 에멀젼은 물에 오일이 분산되어 있는 형태로 지속 성은 낮다.

04 다음 중 기관을 이루는 근육이 평활근이 아 닌 것은?

① 위장
② 소장
③ 심장
④ 자궁

 ③

평활근은 근육 중에서 가로무늬가 없는 근육이다. 위, 소 화관, 혈관, 방광과 같이 관을 이루는 내부 기관을 둘러 싸고 있는 근육이다. 심장은 횡문근(가로무늬근)이다.

05 다음 중 원발진에 해당하는 피부 변화는?

① 가피
② 미란
③ 위축
④ 구진

 ④

가피, 미란, 위축은 속발진에 해당한다. 건강한 피부에 처음으로 나타나는 병적 변화를 원발진이라고 하며, 원발진에는 반, 팽진, 구진, 결절, 수포, 농포, 낭종 등이 있다.

06 신경계의 기본세포는?

① 혈액
② 뉴런
③ 미토콘드리아
④ DNA

 ②

뉴런은 신경계를 구성하는 신경세포로, 신경계의 구조적 · 기능적 단위이다.

⊕ **핵심 뷰티** ⊕

자극의 전달 경로

자극 → 감각 기관 → 감각 뉴런 → 연합 뉴런 → 운동 뉴런 → 운동 기관(근육) → 반응

07 다음 중 하수도 주위에 흔히 사용되는 소독제는?

① 생석회
② 포르말린
③ 역성비누
④ 과망간산칼륨

 ①

생석회는 산화칼슘(CaO)으로, 수분을 잘 흡수하며, 물에 용해되면 염기성을 나타낸다. 탄산칼슘이 열분해할 때 발생하며, 공장 굴뚝에서 배출되는 이산화황의 제거에 사용된다.

08 내분비와 외분비를 겸한 혼합성 기관으로 3대 영양소를 분해할 수 있는 소화효소를 모두 가지고 있는 소화기관은?

① 췌장
② 간
③ 위
④ 대장

 ①

췌장은 소화액으로서 췌액을 분비하는 외분비부와 혈당 수준의 조정에 관여하는 인슐린과 글루카곤을 분비하는 내분비부(랑게르한스섬)로 나뉜다.

09 이 · 미용업소 내에 게시하지 않아도 되는 것은?

① 이 · 미용업 신고증
② 개설자의 면허증 원본
③ 근무자의 면허증 원본
④ 이 · 미용 요금표

 ③

근무자의 면허증 원본은 이 · 미용업소 내에 게시하지 않아도 된다.

10 진공흡입기의 원리로 알맞은 것은?

① 피부 표면을 진공상태로 만들어 피부조직에 적절한 압력으로 흡입한다.
② 초음파 진동으로 발생하는 열을 이용하여 혈액순환을 촉진시킨다.
③ 교류 전류를 이용하여 전극봉 유리관 내에 공기와 가스가 이온화 되어 피부에 전달한다.
④ 파라딕 전류를 이용하여 근육을 수축시켜 에너지를 소비하게 한다.

 ①

진공흡입기는 지방이나 모공의 피지, 노폐물을 제거하고 림프 순환을 촉진하여 노폐물의 배출을 촉진 등의 효과가 있다.

11 다음 기생충 중 송어, 연어 등의 생식으로 주로 감염될 수 있는 것은?

① 유구낭충증
② 유구조충증
③ 무구조충증
④ 긴촌충증

 ④

긴촌충증은 촌충인 광절열두조충에 감염되는 병이다. 송어와 같은 어류를 회로나 익히지 않고 먹었을 때 감염된다. 감염 시 백혈구 증가와 빈혈 증상을 보인다.

12 결핵환자의 객담처리 방법 중 가장 효과적인 것은?

① 소각법
② 알코올 소독
③ 크레졸 소독
④ 매몰법

  ①

소각법은 제독 방법의 일종으로 오염된 지역을 태워서 제독하거나 비연소성 물질을 태워서 오염 표면을 제독하는 방법이다. 오염된 휴지, 환자복, 환자의 객담 등이 있다.

13 클렌징의 단계에 대한 설명으로 틀린 것은?

① 1차 클렌징 단계는 포인트 메이크업을 지우는 단계이다.

② 2차 클렌징 단계는 피부 유형에 알맞은 클렌징제를 사용하는 단계이다.

③ 3차 클렌징 단계는 비누를 사용하는 단계이다.

④ 화장수를 바르는 것은 클렌징 단계에 속한다.

 ③

3차 클렌징 단계는 화장수 도포 단계로 피부 유형에 맞는 전문 화장수를 퍼프에 묻혀 얼굴과 목 전체를 부드럽게 닦아낸다.

14 화장품의 제형에 따른 특징의 설명이 틀린 것은?

① 유화 제품 : 물에 오일 성분이 계면활성제에 의해 우윳빛으로 백탁화된 상태의 제품

② 유용화 제품 : 물에 다량의 오일 성분이 계면활성제에 의해 현탁하게 혼합된 상태의 제품

③ 분산 제품 : 물 또는 오일에 미세한 고체 입자가 계면활성제에 의해 균일하게 혼합된 상태의 제품

④ 가용화 제품 : 물에 소량의 오일 성분이 계면활성제에 의해 투명하게 용해되어 있는 상태의 제품

 ②

화장품의 제형에 따라서는 유화 제품, 분산 제품, 가용화 제품이 있다.

15 어패류의 생식이 주요 원인이 되는 식중독균은?

① 살모넬라균

② 웰치균

③ 장염비브리오균

④ 포도상구균

 ③

발생 환경 염분이 높은 환경에서 잘 자라는 장염비브리오는 연안 해수에 있는 세균이다.

⊕	핵심 뷰티	⊕

장염 비브리오 식중독
- 감염균 : 비브리오균(그람음성), 통성혐기성 간균
- 증상 : 구토, 복통, 설사(혈변)
- 원인 식품 : 여름철 어패류 생식

16 살균작용 기전으로 산화작용을 주로 이용하는 소독제는?

① 오존

② 석탄산

③ 알코올

④ 머큐로크롬

정답 ①

오존, 과산화수소, 염소 및 그 유도체, 과망간산칼륨은 산화작용을 주로 이용하는 소독제이다.

17 다음 중 미용 영업장 안의 조명도는?

① 40룩스 이하

② 75룩스 이상

③ 90룩스 이하

④ 120룩스 이상

 ②

미용 영업장 안의 조명도는 75룩스 이상이 되도록 한다.

18 다음 중 전염성 피부질환인 두부백선의 병원체는?

① 리케차

② 바이러스

③ 사상균

④ 원생동물

 ③

머리 백선은 두피의 모낭과 그 주위 피부에 피부사상균이 감염되어 발생하는 백선증을 말한다.

19 이·미용업의 개설에 관한 설명으로 옳은 것은?

① 이·미용사 자격증 소지자만 이·미용업에 종사할 수 있다.

② 이·미용사의 면허증을 취득한 자만이 이·미용업을 개설할 수 있다.

③ 이·미용사의 기술자격증만 있으면 개설할 수 있다.

④ 누구나 이·미용업을 개설할 수 있다.

 ②

이·미용사의 면허증을 취득한 자만이 이·미용업을 개설할 수 있다는 설명이 옳다.

20 메이크업 화장품 중에서 안료가 균일하게 분산되어 있는 형태로 대부분 O/W형 유화 타입이며, 투명감 있게 마무리되므로 피부에 결점이 별로 없는 경우에 사용하는 것은?

① 트윈 케이크

② 스킨커버

③ 리퀴드 파운데이션

④ 크림 파운데이션

 ③

리퀴드 파운데이션에 대한 내용이다. 크림 파운데이션은 W/O형 유화타입이다.

21 산소가 있어야만 잘 성장할 수 있는 균은?

① 호기성균
② 통성혐기성균
③ 호혐기성균
④ 혐기성균

 정답 ①

호기성균은 산소의 존재하에서 발육, 증식을 하는 세균이다. 공중 또는 수중의 산소를 이용해서 유기 물질 등을 산화 분해한다.
② **통성혐기성균** : 미생물 중 산소가 존재하는 호기성이나 산소가 없는 혐기성 조건 모두에서 살아갈 수 있는 미생물
④ **혐기성균** : 분자상(分子狀)의 산소가 존재하지 않는 곳에서 생육할 수 있는 세균의 총칭

22 피부관리를 위한 피부유형분석의 시기로 가장 적합한 것은?

① 매뉴얼 테크닉 후
② 트리트먼트 후
③ 클렌징이 끝난 후
④ 피부 상담 전

 정답 ③

클렌징이 끝난 후 피부유형을 분석하는 것이 가장 좋다.

23 제모 시 온왁스를 바르는 방법으로 옳은 것은?

① 털이 자라는 오른쪽 방향
② 털이 자라는 왼쪽 방향
③ 털이 자라는 반대 방향
④ 털이 자라는 방향

 정답 ④

제모 시 온왁스는 털이 자라는 방향으로 바른다.

24 담즙을 만들어 포도당을 글리코겐으로 저장하는 소화 기관은?

① 간
② 위
③ 충수
④ 췌장

 정답 ①

간의 기능으로는 탄수화물 대사, 아미노산 및 단백질 대사, 지방 대사, 담즙산 및 빌리루빈 대사, 비타민 및 무기질 대사, 호르몬 대사, 해독 작용 및 살균 작용 등 다수의 대사작용이 있다.

25 여드름 피부의 특징이 아닌 것은?

① 수분과 피지가 부족하여 잔주름 형성이 빨라진다.

② 검은 여드름은 피부가 손상되지 않는 한 추출해 내는 것이 좋다.

③ 면포, 구진, 농포, 결절, 낭종 등 다양한 양상으로 나타난다.

④ 피지선의 만성 염증성 질환이다.

 ①

①은 건성피부의 특징이다.

26 향수의 종류 중 부향률이 가장 높은 것은?

① 샤워 코롱

② 오데토일렛

③ 퍼퓸

④ 오데 코롱

 ③

⊕ **핵심 뷰티** ⊕

향수의 부향률 순서

퍼퓸 > 오데퍼퓸 > 오데토일렛 > 오데코롱 > 샤워코롱

27 유연화장수의 작용으로 가장 거리가 먼 것은?

① 피부의 모공을 넓혀준다.

② 각질층에 수분을 공급해준다.

③ 피부에 남아있는 피부의 알칼리 성분을 중화시킨다.

④ 피부에 보습을 주고 윤택하게 해준다.

 ①

유연화장수는 피부의 상태에 따라 촉촉한 타입이나 산뜻한 타입이 있는데 피부의 모공을 넓혀준다고 볼 수 없다.

28 이·미용 작업 시 시술자의 손 소독 방법으로 가장 거리가 먼 것은?

① 흐르는 물에 비누로 깨끗이 씻는다.

② 세척액을 넣은 미온수와 솔을 이용하여 깨끗하게 닦는다.

③ 시술 전 70% 농도의 알코올을 적신 솜으로 깨끗이 닦는다.

④ 락스액에 충분히 담갔다가 깨끗이 헹군다.

 ④

이·미용 작업 시 시술자는 흐르는 물에 비누로 깨끗이 씻거나 70% 농도의 알코올로 소독하는 것 등이 옳다.

29 이 · 미용 영업소 안에 면허증 원본을 게시하지 않은 경우 1차 행정처분 기준은?

① 개선명령 또는 경고

② 영업정지 5일

③ 영업정지 10일

④ 영업정지 15일

정답 ①

이 · 미용 영업소 안에 면허증 원본을 게시하지 않은 경우 1차 위반은 경고 또는 개선명령, 2차 위반은 영업정지 5일, 3차 위반은 10일, 4차 위반은 영업장 폐쇄명령이다.

31 다음 중 교감신경이 활발했을 때 몸의 반응은 어떻게 나타나는가?

① 연동운동의 촉진

② 심장박동수 억제

③ 소화선의 분비 촉진

④ 입모근의 수축

정답 ④

교감신경이 활발했을 때 연동운동의 억제, 심장박동수 증가, 소화선의 분비 억제, 입모근의 수축 등의 몸의 반응이 나타난다.

30 인체의 3가지 형태의 근육 종류 명이 아닌 것은?

① 골격근

② 내장근

③ 심근

④ 후두근

정답 ④

구성위치에 따라 골격근, 내장근, 심근으로 분류한다.

⊕ 핵심 뷰티 ⊕
근육의 구조
• 인체는 600여 개 이상의 근육이 있으며, 이는 체중의 45~50%를 차지한다. • 신경자극에 의해 수축과 이완을 할 수 있는 구조물이다. • 신체의 운동을 담당하는 조직으로 혈관, 신경, 근막, 힘줄 등을 포함한다.

32 인체에서 방어 작용에 관여하는 세포는?

① 적혈구

② 백혈구

③ 혈소판

④ 항원

정답 ②

백혈구는 감염성 질병과 외부 물질로부터 신체를 보호하는 면역계의 세포이다.

⊕ 핵심 뷰티 ⊕
백혈구
• 핵과 세포질이 뚜렷이 구별되며, 적혈구에 비해 크기가 크다. • 식균작용을 하여 세균 감염으로부터 몸을 보호한다. • 수명은 200~300일 정도이다.

33 3대 영양소를 소화하는 모든 효소를 가지고 있으며, 인슐린과 글루카곤을 분비하여 혈당량을 조절하는 기관은?

① 췌장
② 간장
③ 담낭
④ 충수

 ①

췌장은 위의 뒤 하부에 좌우로 뻗은 가늘고 긴 장기로 혈당 조절에 관여하는 호르몬인 인슐린과 글루카곤의 분비기관이다. 음식물로 섭취한 당을 소장에서 흡수하면 췌장에서는 다량의 인슐린을 혈액으로 분비한다.

34 다음 중 열을 이용한 기기가 아닌 것은?

① 진공흡입기
② 스티머
③ 파라핀 왁스기
④ 왁스워머

 ①

진공흡입기는 압력을 이용한 기구이다.

⊕ 핵심 뷰티 ⊕
진공흡입기
석션기 라고도 한다. 혈액순환, 림프순환, 노폐물 배설 촉진, 지방 제거, 셀룰라이트 분해 등에 이용한다.

35 우드램프로 피부 상태를 판단할 때 지성피부는 어떤 색으로 나타나는가?

① 푸른색
② 흰색
③ 오렌지
④ 진보라

 ③

지성피부는 오렌지 또는 노란색으로 나타난다.

36 클렌징이나 딥클렌징 단계에서 사용하는 기기와 가장 거리가 먼 것은?

① 베이퍼라이저
② 브러싱머신
③ 진공 흡입기
④ 확대경

 ④

확대경은 피부 분석기이므로 클렌징이나 딥클렌징 단계에서 사용하는 기기와는 거리가 멀다.

⊕ 핵심 뷰티 ⊕
확대경
• 육안으로 판별하기 어려운 문제성 피부를 관찰한다. • 피부 관리실에서 사용하는 확대경의 확대 비율은 3~5배율이 이용된다.

제 **2** 장

CBT 기출복원문제

37 제모의 방법에 대한 내용 중 틀린 것은?

① 왁스는 모간을 제거하는 방법이다.

② 전기응고술은 영구적인 제모 방법이다.

③ 전기분해술은 모유두를 파괴시키는 방법이다.

④ 제모 크림은 일시적인 제모 방법이다.

 ①

왁스는 모근까지 제거하는 방법이다.

> **핵심 뷰티**
>
> **제모**
> • 일시적인 제모 : 털의 모간이나 모근의 일부를 일시적으로 제거하는 방법이다. 털이 다시 자라기 때문에 정기적으로 실시한다. 코 밑, 눈썹, 다리, 겨드랑이 등의 부위별 제모로 많이 이용된다.
> • 영구적인 제모 : 털이 다시는 나지 않도록 영구 제거하는 방법이다. 털의 모근까지 제거한다.

38 다음 중 공중이용시설의 위생관리 항목에 속하는 것은?

① 영업소 실내공기

② 영업소 실내 청소상태

③ 영업소 외부 환경상태

④ 영업소에서 사용하는 수돗물

 ①

실내공기 기준과 오염물질 허용기준은 공중이용시설의 위생관리 항목에 속한다.

39 "피부에 대한 자극, 알레르기, 독성이 없어야 한다"는 내용은 화장품의 4대 요건 중 어느 것에 해당하는가?

① 안전성

② 안정성

③ 사용성

④ 유효성

 ①

안전성에 해당하는 내용이다.

40 근육은 어떤 작용으로 움직일 수 있는가?

① 수축에 의해서만 움직인다.

② 이완에 의해서만 움직인다.

③ 수축과 이완에 의해서 움직인다.

④ 성장에 의해서만 움직인다.

 ③

수축과 이완으로 근육은 움직인다.

> **핵심 뷰티**
>
> **근육 수축의 원리**
> • 근육은 신경의 충격을 받으면 수축한다.
> • 미오신 섬유 사이로 액틴 섬유가 미끄러져 들어간 것이라고 설명하는데, 이를 활주설이라고 한다.
> • 이때 방출되는 에너지로 미오신과 액틴이 결합하면 근절이 짧아져서 근육이 수축한다.
> • 액틴과 미오신은 근육을 구성하는 단백질로 근수축계의 기본을 이루는 물질의 하나이다.

41 사회보장의 종류에 따른 내용의 연결이 옳은 것은?

① 공적부조 – 기초생활보장
② 사회보험 – 기초생활보장, 의료보장
③ 소득보장 – 의료보장
④ 공적부조 – 의료보장, 사회복지서비스

 ①

공적 부조의 대상은 생활 능력을 갖지 못한 생활곤궁자로 사회보험의 대상이 될 수 없거나 또는 사회보험에 의해서도 기본적 생활을 충족시킬 수 없는 자를 모두 포함한다.

42 다음 중 피부의 면역기능에 관계하는 세포는?

① 머켈 세포
② 말피기 세포
③ 랑게르한스 세포
④ 각질형성 세포

 ③

피부의 면역기능에 관계하는 세포는 랑게르한스 세포이다.

43 다음 중 고주파기기의 효능이 아닌 것은?

① 살균효과
② 노폐물 배출
③ 혈액순환 촉진
④ 근육수축 이완

 ④

근육수축 이완은 고주파기기의 효능이 아니다.

> ⊕ **핵심 뷰티** ⊕
>
> **고주파기기**
> • 고주파수는 10만Hz 이상의 주파수이다.
> • 테슬러 전류라고도 말한다.
> • 온열효과로 혈관확장, 모세혈관의 혈류량을 증가시키는 교류 기기이다.

44 기초 화장품의 사용 효과에 해당하지 않는 것은?

① 피부트러블 치료
② 피부 세정
③ 건조 방지
④ 피부활력 강화

 ①

기초 화장품은 피부트러블 치료를 위한 제품이 아니다.

제**2**장

CBT 기출복원문제

45 매뉴얼 테크닉의 기본 동작에 대한 설명이 틀린 것은?

① 떨기 – 바이브레이션
② 쓰다듬기 – 에플라지
③ 문지르기 – 페트리사지
④ 두드리기 – 타포트먼트

 정답 ③

문지르기는 프릭션이다. 주무르기(반죽하기)는 페트리사지이다.

46 샤워코롱의 부향률로 가장 적합한 것은?

① 6~8%
② 1~3%
③ 9~12%
④ 4~6%

 정답 ②

1~3%는 샤워코롱의 부향률이다.

핵심 뷰티

향료의 함유량

유형	향료 함유율(부향률)
퍼퓸	15~30%
오데퍼퓸	9~12%
오데토일렛	6~8%
오데코롱	3~5%
샤워코롱	1~3%

47 공중위생관리법에 규정된 사항으로 옳은 것은?(단 예외사항은 제외한다.)

① 일정기간의 수련과정을 거친 자는 면허가 없어도 이용 또는 미용업무에 종사할 수 있다.
② 미용사(일반)의 업무범위는 파마, 아이론, 면도, 머리피부 손질, 피부미용 등이 포함된다.
③ 이·미용사의 면허를 가진 자가 아니어도 이·미용업을 개설할 수 있다.
④ 이·미용사의 업무범위에 관하여 필요한 사항은 보건복지부령으로 정한다.

 정답 ④

① 면허가 있어야 이용 또는 미용업무에 종사할 수 있다.
② 일반미용업은 파마·머리카락자르기·머리카락모양내기·머리피부손질·머리카락염색·머리감기, 의료기기나 의약품을 사용하지 아니하는 눈썹손질을 하는 영업을 말한다.
③ 이·미용사의 면허를 가진 자만이 이·미용업을 개설할 수 있다.

48 실내의 보건학적 조건으로 가장 거리가 먼 것은?

① 중성대는 천정 가까이에 형성한다.
② 기온은 18±2℃ 정도이다.
③ 기습은 40~70% 정도이다.
④ 기류는 5m/sec 정도이다.

 정답 ④

적절한 기류는 0.2~0.3m/sec 정도이다.

49 바디 랩에 관한 설명으로 틀린 것은?

① 독소제거나 노폐물의 배출증진, 순환 증진을 위해서 사용한다.

② 적외선 조사기는 드라이 히트, 수증기는 몸을 따뜻하게 하기 위해서 사용되기도 한다.

③ 비닐을 감쌀 때는 사이즈의 감소 효과를 위해 타이트하게 꽉 조이도록 한다.

④ 보통 사용되는 제품은 알개(algea)나 허브, 슬리밍 크림 등이다.

 ③

비닐을 감쌀 때는 타이트하게 꽉 조이면 피부가 호흡하기 어려우므로 유의한다.

50 피부미용기기의 부적용과 가장 거리가 먼 경우는?

① 임산부

② 알레르기, 피부상처, 피부질병이 진행 중인 경우

③ 지성피부

④ 치아, 뼈, 보철 등 몸속에 금속장치를 지닌 경우

 ③

피부미용기기를 통해 지성피부의 피부상태를 좋아지게 할 수 있다.

51 중추신경계 부위와 그 기능에 관해 옳게 연결된 것은?

① 대뇌 – 안구운동과 동공수축 조절

② 중뇌 – 체온조절중추

③ 소뇌 – 평형운동

④ 연수 – 감각중추

 ③

① 말초신경계 – 안구운동, 자율신경계 – 동공수축
② 간뇌의 시상하부 – 체온조절중추
④ 대뇌 – 감각중추

52 공중위생관리법규상 위생관리등급의 구분이 바르게 짝지어진 것은?

① 관리미흡대상업소 : 적색등급

② 우수업소 : 백색등급

③ 최우수업소 : 녹색등급

④ 일반관리대상 업소 : 황색등급

 ③

⊕ 핵심 뷰티 ⊕
위생관리등급의 구분
• 최우수업소 : 녹색등급
• 우수업소 : 황색등급
• 일반관리대상 업소 : 백색등급

제**2**장

CBT 기출복원문제

53 다음 중 면허증을 분실하여 재교부를 받은 후 이전 분실했던 면허증을 찾으면 해야 하는 조치로 알맞은 것은?

① 가위로 자르거나 소각한다.
② 시장 · 군수 · 구청장에게 지체없이 반납한다.
③ 잘 보관한다.
④ 두 개의 면허증을 번갈아 사용한다.

 ②

면허증을 분실하여 재교부를 받은 후 이전 분실했던 면허증을 찾으면 시장 · 군수 · 구청장에게 지체없이 반납한다.

54 혈액의 기능으로 틀린 것은?

① 호르몬 분비 작용
② 노폐물 배설 작용
③ 산소와 이산화탄소의 운반 작용
④ 삼투압과 산 · 연기 평형의 조절 작용

  ①

혈액의 기능에 호르몬 운반기능은 있지만 호르몬 분비 작용은 없다.

55 켈로이드는 어떤 조직이 비정상으로 성장한 것인가?

① 피하지방조직
② 정상 상피조직
③ 정상 분비선 조직
④ 결합조직

 ④

켈로이드는 피부의 결합조직이 병적으로 증식하여 단단한 융기를 만들고, 표피가 얇아져서 광택을 띠며 불그스름하게 보이는 양성종양이다.

56 기능성 화장품에 해당되지 않는 것은?

① 피부의 미백에 도움을 주는 제품
② 인체의 비만도를 줄여주는 데 도움을 주는 제품
③ 피부의 주름 개선에 도움을 주는 제품
④ 피부를 곱게 태워주거나 자외선으로부터 피부를 보호하는 데 도움을 주는 제품

 ②

인체의 비만도를 줄여주는 데 도움을 주는 제품은 기능성 화장품에 해당되지 않는다.

> ⊕ **핵심 뷰티** ⊕
>
> **기능성 화장품**
> • 화장품의 주성분 표시가 의무화되어 있다.
> • 주름, 미백, 자외선 차단효과에 대한 광고를 할 수 있다.
> • 식품의약품안전청으로부터 기능성 화장품에 대한 승인을 얻은 후 제조 · 판매가 가능하다.
> • 항목의 표시 및 기재 사항에 기능성 화장품 표시가 가능하다.

57 피부노화 현상으로 옳은 것은?

① 피부노화가 진행되어도 진피의 두께는 그대로 유지된다.

② 광노화에서는 내인성 노화와 달리 표피가 얇아지는 것이 특징이다.

③ 피부 노화에는 나이에 따른 과정으로 일어나는 광노화와 누적된 햇빛 노출에 의하여 야기되기도 한다.

④ 내인성 노화보다는 광노화에서 표피 두께가 두꺼워진다.

 ④

① 피부노화가 진행될수록 진피의 두께는 감소한다.
② 광노화에서는 표피의 두께가 두꺼워진다.
③ 내인성 노화는 나이를 먹음에 따라 자연스럽게 진행되는 노화로 인체의 모든 장기가 겪는 노화와 크게 다르지 않다. 그러나 외인성 노화는 주로 햇빛이라는 외적 원인 때문에 생긴다.

58 피부유형에 맞는 에멀젼 처방이 아닌 것은?

① 민감성 피부 : 향, 색소, 방부제를 함유하지 않거나 적게 함유된 에멀젼

② 건성피부 : 피지조절제가 함유된 에멀젼

③ 여드름 피부 : 오일 프리 에멀젼

④ 중성 피부 : 유분과 보습, 영양성분이 적절히 함유된 에멀젼

 ②

피지조절제가 함유된 에멀젼은 지성피부에 맞다.

59 클렌징 제품에 대한 설명이 틀린 것은?

① 클렌징 밀크는 O/W 타입으로 친유성이며 건성, 노화, 민감성 피부에만 사용할 수 있다.

② 클렌징 오일은 일반 오일과 다르게 물에 용해되는 특성이 있고 탈수피부, 민감성 피부, 약건성 피부에 사용하면 효과적이다.

③ 비누는 사용 역사가 가장 오래된 클렌징 제품이고 종류가 다양하다.

④ 클렌징 크림은 친유성과 친수성이 있으며, 친유성은 반드시 이중세안을 해서 클렌징 제품이 피부에 남아 있지 않도록 해야 한다.

 ①

클렌징 밀크는 O/W 타입으로 친수성이며 모든 피부에 사용이 가능하다.

60 다음 중 피하지방의 기능으로 옳지 않은 것은?

① 체온보호 기능

② 신체 내부의 보호 기능

③ 새 세포형성 기능

④ 에너지의 저장 기능

 ③

피하지방의 기능으로 새 세포형성의 기능은 없다. 피하지방층은 열손상을 방지하고 충격을 흡수하여 몸을 보호하는 역할을 한다. 또한 영양저장소로서의 기능과 몸매를 유지하는 미용효과도 제공한다.

CBT 기출복원문제　제3회

01 스파테라피에 대한 설명으로 옳은 것은?

① 손가락을 이용하여 인체의 특정기관과 연결되는 경혈을 눌러준다.
② 물의 수압을 이용해 혈액순환을 촉진시켜 체내의 독소배출, 세포재생 등의 효과를 증진시킨다.
③ 약리효과가 있는 오일을 이용하는 방법이다.
④ 열전도율이 높은 현무암을 이용하여 인체에 적용시키는 방법이다.

 정답 ②

스파테라피는 물의 수압을 이용하는 전신관리 기법이다.

02 피부의 생물학적 노화 현상과 거리가 먼 것은?

① 피부의 색소침착이 증가된다.
② 표피두께가 줄어든다.
③ 피부의 저항력이 떨어진다.
④ 엘라스틴의 양이 늘어난다.

 정답 ④

피부의 노화가 진행되면 엘라스틴의 양이 줄어든다.

03 근육운동에 필요한 에너지 형태는?

① ADP
② ATP
③ DNA
④ RNA

 정답 ②

ATP는 아데노신에 인산기가 3개 달린 유기화합물로 아데노신3인산이라고도 한다. 이는 모든 생물의 세포 내 존재하여 에너지대사에 매우 중요한 역할을 한다.

04 모발 구조에서 영양을 관장하는 혈관과 신경이 들어있는 부분은?

① 모근
② 입모근
③ 모유두
④ 모구

 정답 ③

모유두에는 많은 혈관이 분포하고 있어 새로운 세포의 형성에 영양을 공급한다.

05 다음 중 땀샘의 역할이 아닌 것은?

① 체온조절
② 분비물 배출
③ 땀분비
④ 피지분비

 정답 ④

피지분비는 피지선에서 분비된다.

> **핵심 뷰티**
>
> 땀샘의 기능
>
> • 땀샘은 땀의 형태로 노폐물과 수분을 몸 밖으로 배설
> • 땀을 흘리면 체온을 낮추어 우리 몸의 체온을 일정하게 유지
> • 지방성분의 땀을 내보내는 땀샘도 특정 부위에 발달

06 이중으로 이·미용사 면허를 취득한 때의 1차 행정처분 기준은?

① 영업정지 15일
② 영업정지 30일
③ 영업정지 6월
④ 나중에 발급받은 면허의 취소

 정답 ④

이중으로 이·미용사 면허를 취득한 때의 1차 행정처분은 나중에 발급받은 면허는 취소한다.

07 바이러스성 질환으로 수포가 입술 주위에 잘 생기고 흉터 없이 치유되나 재발이 잘 되는 것은?

① 습진
② 태선
③ 단순포진
④ 대상포진

 정답 ③

단순포진은 바이러스가 피부와 점막에 감염을 일으켜 주로 수포(물집)가 발생하는 병이다. 80% 이상에서 재발한다.

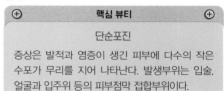

> **핵심 뷰티**
>
> 단순포진
>
> 증상은 발적과 염증이 생긴 피부에 다수의 작은 수포가 무리를 지어 나타난다. 발생부위는 입술, 얼굴과 입주위 등의 피부점막 접합부위이다.

08 1차 위반 시의 행정처분이 면허취소가 아닌 것은?

① 국가기술자격법에 의하여 이·미용사 자격이 취소된 때
② 공중의 위생에 영향을 미칠 수 있는 감염병환자로서 보건복지부령이 정하는 자
③ 면허정지처분을 받고 그 정지 기간 중 업무를 행한 때
④ 국가기술자격법에 의하여 미용사자격 정지처분을 받을 때

 정답 ④

국가기술자격법에 의하여 미용사자격 정지처분을 받을 때 1차 위반 시의 행정처분은 면허정지이다.

제**2**장

CBT 기출복원문제

09 SPF에 대한 설명으로 틀린 것은?

① 엄밀히 말하면 UV-B 방어효과를 나타내는 지수라고 볼 수 있다.

② 자외선 차단제를 바른 피부에 최소한의 홍반을 일어나게 하는데 필요한 자외선 양을 자외선 차단제를 바르지 않은 피부에 최소한의 홍반을 일어나게 하는데 필요한 자외선 양으로 나눈 값이다.

③ 오존층으로부터 자외선이 차단되는 정도를 알아보기 위한 목적으로 이용된다.

④ Sun Protection Factor의 약자로써 자외선 차단지수라 불리어진다.

 정답 ③

SPF는 피부로부터 자외선이 차단되는 정도를 알아보기 위한 목적으로 이용된다.

10 사용한 헤어브러시 소독방법으로 가장 거리가 먼 것은?

① 역성비누나 세제를 미온수에 풀어 담근 후 물로 잘 헹군 다음 자외선 소독기에 넣어 소독한다.

② 사용 도중 바닥에 떨어뜨린 경우 잘 털어서 사용한다.

③ 플라스틱제 브러시는 열소독을 하는 경우 녹아버릴 수 있기에 주의를 요한다.

④ 동물 섬유제 브러시는 염소계의 소독제를 사용하면 털 부분이 손상되기 쉬우므로 주의를 요한다.

 정답 ②

사용 도중 바닥에 떨어뜨린 경우 반드시 소독하여 사용한다.

11 피부 면역에 관련된 설명으로 옳은 것은?

① 표피에서는 랑게르한스 세포가 항원을 인식하여 림프구로 전달한다.

② 미생물은 피부로 침투하지 못한다.

③ 피부의 각질층도 피부면역작용을 한다.

④ 우리 몸의 모든 면역세포는 기억능력이 있어서 기억에 의해 반응한다.

 정답 ①

랑게르한스 세포는 외부로부터 침입한 이물질(항원)을 림프구로 전달한다.

12 이용사 또는 미용사의 면허를 받지 아니한 자가 이·미용 영업업무를 행하였을 때의 벌칙사항은?

① 6월 이하의 징역 또는 500만원 이하의 벌금

② 300만원 이하의 벌금

③ 500만원 이하의 벌금

④ 400만원 이하의 벌금

 정답 ②

이용사 또는 미용사의 면허를 받지 아니한 자가 이·미용 영업업무를 행하였을 때 300만원 이하의 벌금에 처한다.

13 전류에 대한 내용이 틀린 것은?

① 전하량의 단위는 쿨롱으로 1쿨롱은 도선에 1V의 전압이 걸렸을 때 1초 동안 이동하는 전하의 양이다.

② 교류전류란 전류흐름의 방향이 시간에 따라 주기적으로 변하는 전류이다.

③ 전류의 세기는 도선의 단면을 1초 동안 흘러간 전하의 양으로서 단위는 A(암페어)이다.

④ 직류전동기는 속도조절이 자유롭다.

 ①

1쿨롱은 전류 1암페어가 1초 동안 흘렀을 때 이동한 전하의 양을 나타낸다.

14 탄수화물의 최종 분해산물은?

① 포도당

② 글리세롤

③ 아미노산

④ 지방산

 ①

탄수화물의 최종 분해산물은 포도당이다.

15 박하에 함유된 시원한 느낌의 혈액순환 촉진 성분은?

① 알코올

② 마조람 오일

③ 자이리톨

④ 멘톨

 ④

멘톨은 한 개의 고리로 이루어진 모노테르펜에 속하는 알코올이며 박하의 잎이나 줄기를 수증기 증류하여 얻는다.

② **마조람 오일** : 잎과 꽃핀 선단부를 수증기 증류해 얻는다. 모세혈관확장, 혈액순환을 촉진시킨다.

16 다음 중 리프팅기기에 대한 설명으로 맞지 않는 것은?

① 피부에 유효 성분을 침투시키는 목적으로 사용한다.

② 고객의 피부가 전극이 된다.

③ 피부에 탄력과 리프팅을 준다.

④ 치아 보철기 등의 금속착용자는 시술을 하지 않아야 한다.

 ①

리프팅기기는 피부에 유효 성분을 침투시키는 목적이 아니다. 리프팅기기는 신진대사의 기능을 강화시키고, 피부처짐을 방지한다.

제 **2** 장

CBT 기출복원문제

17 딥클렌징에 대한 설명으로 가장 거리가 먼 것은?

① 디스인크러스테이션은 주 4회 이상이 적당하다.

② 효소 타입은 불필요한 각질을 분해하여 잔여물을 제거한다.

③ 디스인크러스테이션은 전기를 이용한 딥클렌징 방법이다.

④ 예민한 피부는 브러싱머신을 이용한 딥클렌징을 삼가한다.

디스인크러스테이션은 주 1회 정도가 적당하다.

18 피부관리 시 수용성 제품을 피부 속으로 침투시키는 과정은?

① 필링

② 이온토포레시스

③ 케라티나이제이션

④ 디스인크러스테이션

이온토포레시스는 피부에 전위차(電位差)를 주어 피부의 전기적 환경을 변화시킴으로써 이온성 약물의 피부 투과를 증가시키는 방법이다.

19 피부미용기기의 부적용과 가장 거리가 먼 경우는?

① 임산부

② 지성피부

③ 알레르기가 진행 중인 경우

④ 몸속에 금속 장치를 지닌 경우

피부미용기기를 통해 지성피부의 상태를 개선시킬 수 있다.

20 화장품과 의약품의 차이를 바르게 정의한 것은?

① 화장품의 사용 목적은 질병의 치료 및 진단이다.

② 화장품은 특정부위만 사용 가능하다.

③ 의약품의 부작용은 어느 정도까지는 인정된다.

④ 의약품의 사용대상은 정상적인 상태인 자로 한정되어 있다.

의약품은 부작용이 어느 정도 있을 수 있다.

21 화장품법상 화장품의 정의와 관련한 내용이 아닌 것은?

① 신체의 구조, 기능에 영향을 미치는 것과 같은 사용 목적을 겸하지 않는 물품

② 인체를 청결히 하고, 미화하고, 매력을 더하고 용모를 밝게 변화시키기 위해 사용하는 물품

③ 피부 혹은 모발을 건강하게 유지 또는 증진하기 위한 물품

④ 인체에 사용되는 물품으로 인체에 대한 작용이 경미한 것

정답 ①

화장품은 인체를 청결·미화하여 매력을 더하고 용모를 밝게 변화시키기 위해 사용하는 물품이다.

> **⊕ 핵심 뷰티 ⊕**
>
> **화장품의 정의**
>
> • 인체를 청결·미화하거나 피부 또는 모발을 건강하게 유지시키기 위해 도찰, 살포, 기타 유사한 방법으로 사용하는 물품을 말한다.
> • 화장품은 인체에 대한 작용이 경미한 것이다.

22 보습제가 갖추어야 할 조건이 아닌 것은?

① 다른 성분과의 혼용성이 좋을 것

② 휘발성이 있을 것

③ 적절한 보습능력이 있을 것

④ 응고점이 낮을 것

정답 ②

보습제는 휘발성이 없어야 한다.

23 공익상 또는 선량한 풍속유지를 위하여 필요하다고 인정하는 경우에 이·미용업의 영업시간 및 영업행위에 관한 필요한 제한을 할 수 있는 자는?

① 관련 전문기관 및 단체장

② 보건복지부 장관

③ 시·도지사

④ 시장·군수·구청장

정답 ③

시·도지사가 할 수 있다.

24 다음 중 기초화장품의 필요성에 해당되지 않는 것은?

① 세안

② 미백

③ 피부정돈

④ 피부보호

정답 ②

미백은 기초화장품의 필요성에 해당되지 않는다.

> **⊕ 핵심 뷰티 ⊕**
>
> **기초화장품의 사용 목적**
> 피부세정, 피부정돈, 피부보호, 피부영양

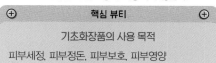

25 동일한 환경조건하에서 살균이 가장 어려운 균은?

① 포도상구균

② 아포형성균

③ 연쇄상구균

④ 대장균

 ②

아포형성균은 양호한 증식환경에 있을 시에는 영양형으로 되어, 활발히 증식하고 내열성과 소독제 내성을 보이지 않지만, 환경악화 시에 아포(芽胞)를 형성하는 균이다.

26 피부상담의 목적으로 틀린 것은?

① 고객의 방문 목적 확인

② 고객의 사생활 파악으로 심리적인 안정감 유도

③ 피부관리 계획

④ 피부문제의 원인 유형 파악

 ②

피부상담 시 고객의 사생활을 파악할 필요는 없다.

27 립스틱과 같이 혼합물을 고형화하기 위하여 틀에 부어 만든 제품의 형태는?

① 연고형

② 페이스트형

③ 젤형

④ 스틱형

 ④

스틱형은 혼합물을 고형화하기 위하여 틀에 부어 만든 제품의 형태이다.

28 딥클렌징 방법이 아닌 것은?

① 브러싱

② 디스인크러스테이션

③ 효소필링

④ 이온토포레시스

 ④

이온토포레시스는 피부에 전위차(電位差)를 주어 피부의 전기적 환경을 변화시킴으로써 이온성 약물의 피부 투과를 증가시키는 방법이다.

29 고주파 사용 방법으로 옳은 것은?

① 스파킹을 할 때는 거즈를 사용한다.

② 스파킹을 할 때는 피부와 전극봉 사이의 간격을 7mm 이상으로 한다.

③ 스파킹을 할 때는 부도체인 합성섬유를 사용한다.

④ 스파킹을 할 때는 여드름용 오일은 면포에 도포한 후 사용한다.

정답 ①

② 스파킹을 할 때는 피부와 전극봉 사이의 간격을 7mm 미만으로 한다.

③ 스파킹을 할 때는 유리관을 사용한다.

④ 스파킹을 할 때는 무알콜 토너를 바르고 오일은 바르지 않는다.

30 다음 중 피부관리의 마지막 단계에서 사용하면 효과적인 미용기기는?

① 확대경

② 갈바닉기기

③ 진공흡입기

④ 냉온 마사지기

정답 ④

피부 진정 효과가 있는 냉온 마사지기는 피부관리의 마지막 단계에서 사용하면 효과적이다.

31 기초 화장품의 사용 효과에 해당하지 않는 것은?

① 건조 방지

② 피부 세정

③ 피부트러블 치료

④ 피부활력 강화

정답 ③

기초 화장품은 피부 트러블을 치료하기 위한 제품은 아니다.

32 근육에 짧은 간격으로 자극을 주면 연축이 합쳐져서 단일 수축보다 큰 힘과 지속적인 수축을 일으키는 근 수축은?

① 강직

② 세동

③ 긴장

④ 강축

정답 ④

강축은 골격근 또는 이와 연결된 신경에 적당한 자극을 반복적으로 가하면 자극에 의해 일어나는 경련과 수축이 합성되어 수축상태가 지속되는 현상이다.

33 영업소 폐쇄명령을 받고도 계속하여 영업을 한 자에게 적용되는 벌칙 기준은?

① 3월 이하의 징역 또는 500만원 이하의 벌금
② 1년 이하의 징역 또는 1천만원 이하의 벌금
③ 3월 이하의 징역 또는 300만원 이하의 벌금
④ 6월 이하의 징역 또는 1천만원 이하의 벌금

 정답 ②

영업소 폐쇄명령을 받고도 계속하여 영업을 한 자는 1년 이하의 징역 또는 1천만원 이하의 벌금에 처한다.

34 우리나라의 피부미용이 도입된 시기는?

① 1980년대
② 1970년대
③ 1960년대
④ 1950년대

 정답 ②

우리나라의 피부미용이 도입된 시기는 1970년대이다.

35 미생물의 증식요인과 거리가 먼 것은?

① 태양광선
② 온도
③ 수분
④ 영양분

 정답 ①

태양광선은 미생물을 사멸시킨다.

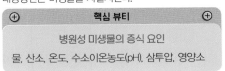

핵심 뷰티

병원성 미생물의 증식 요인
물, 산소, 온도, 수소이온농도(pH), 삼투압, 영양소

36 다음 중 공중위생영업에 해당하지 않는 것은?

① 세탁업
② 미용업
③ 목욕장업
④ 위생관리업

 정답 ④

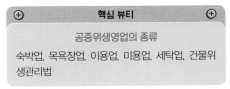

핵심 뷰티

공중위생영업의 종류
숙박업, 목욕장업, 이용업, 미용업, 세탁업, 건물위생관리법

37 인체의 골격은 약 몇 개의 뼈로 이루어져 있는가?

① 316개

② 216개

③ 206개

④ 305개

 정답 ③

핵심 뷰티

⊕ ⊕

인체의 골격(206개)

두개골(22개), 이소골(6개), 설골(1개), 척추(26개), 흉골(1개), 늑골(24개), 상지골(64개), 하지골(62개)

---

38 호흡기계 감염병에 해당되지 않는 것은?

① 홍역

② 인플루엔자

③ 파라티푸스

④ 유행성 이하선염

 정답 ③

파라티푸스는 특정 살모넬라균의 아종(Salmonella enterica serovariant paratyphi A, B, C)에 감염되어 발생하며 전신의 감염증 또는 위장염의 형태로 나타나는 감염성 질환이다. 파라디푸스는 소화기계 감염병에 속한다.

39 피부 미백제 성분 중의 하나로 티록신이 멜라닌으로 대사되는 과정에 참여하는 티로시나아제라는 효소의 작용을 억제하여 멜라닌 합성을 막아주는 성분은?

① 비타민 A

② 코직산

③ 비타민 D

④ 비타민 E

 정답 ②

코직산은 음식첨가제 및 보존제, 화장품의 피부 미백제, 식물의 성장조절제 및 화학제 중간체로 사용되는 천연물질이다.

40 중추신경계가 아닌 것은?

① 대뇌

② 척수

③ 뇌신경

④ 소뇌

 정답 ③

중추신경계는 뇌와 척수이다. 뇌는 대뇌, 간뇌, 중뇌, 소뇌 및 연수로 구성된다.

41 클렌징의 목적 및 효과에 속하지 않는 것은?

① 트리트먼트의 기본단계
② 유효성분의 배출
③ 혈액순환 촉진
④ 피부청결

 ②

클렌징의 효과는 유효성분이 흡수되도록 돕는다는 것이다.

42 다음 중 딥클렌징의 주된 효과가 아닌 것은?

① 혈색을 맑게 한다.
② 피부의 불필요한 각질을 제거한다.
③ 면포를 연화시킨다.
④ 상처부위의 피부조직의 재생을 돕는다.

 ④

딥클렌징이 상처부위의 피부조직의 재생을 돕는 것은 아니다.

핵심 뷰티

딥클렌징의 목적 및 효과

- 피부 표면의 각질과 피부 속 깊이 남아 있는 화장품 찌꺼기나 피부의 노폐물 등을 제거한다.
- 피지의 분비를 조절하고 모공 입구를 깨끗이 한다.
- 불필요한 각질 세포를 제거하여 영양물질의 경피 흡수를 돕는다.
- 피부의 신진대사를 원활하게 함으로써 과각화 현상이 생기지 않도록 한다.
- 노화된 각질층이 정돈되어 피부 톤이 맑아진다.
- 혈액순환을 촉진시키고 혈색을 좋아지게 한다.
---

43 다음 중 공중위생관리법의 궁극적인 목적은?

① 공중위생영업종사자의 위생 및 건강관리
② 공중위생영업소의 위생 관리
③ 위생수준을 향상시켜 국민의 건강증진에 기여
④ 공중위생영업의 위상 향상

 ③

공중위생관리법은 공중이 이용하는 영업의 위생관리등에 관한 사항을 규정함으로써 위생수준을 향상시켜 국민의 건강증진에 기여함을 목적으로 한다.

44 서양 피부미용의 역사에 대한 설명으로 틀린 것은?

① 중세의 목욕문화는 거대한 공중탕 건물로 남탕과 여탕이 따로 있었다.
② 이집트인은 청결을 효과 있는 미용법으로 생각하여 체계적인 목욕법을 만들었다.
③ 로마인은 스팀미용법과 한증미용법을 생활화하였으며, 흰 피부를 권위의 상징으로 여겼다.
④ 그리스인은 머리를 치장하고 피부와 손톱을 손질하는 방법을 개발했다.

 ①

중세시대에는 목욕탕 및 목욕문화가 쇠퇴되었다.

45 가족계획사업의 효과 판정상 가장 유력한 지표는?

① 평균여명년수
② 인구증가율
③ 남여출생비
④ 조출생률

 정답 ④

조출생률은 특정인구집단의 출산수준을 나타내는 기본적인 지표로서 1년간의 총 출생아수를 당해년도의 총인구로 나눈 수치를 1,000분비로 나타낸 것이다.

핵심 뷰티

조출생률

$$\frac{특정\ 1년\ 간의\ 총\ 출생아\ 수}{당해\ 년도의\ 연앙인구} \times 1,000$$

46 화장품의 정의에 대한 설명으로 틀린 것은?

① 인체를 아름답게 하고 매력을 더하게 한다.
② 인체를 청결하게 하기 위하여 사용한다.
③ 피부의 건강을 유지하기 위하여 사용한다.
④ 비만 관리 후 건강을 회복하기 위하여 사용한다.

 정답 ④

화장품은 비만 관리 후 건강을 회복하기 위하여 사용하는 것과는 거리가 멀다.

47 건성피부의 관리 방법이 아닌 것은?

① 영양 및 보습에 중점을 두고 에센스나 오일을 사용한다.
② 유황이 함유된 로션타입을 사용한다.
③ 미지근한 물로 세안한다.
④ 보습효과가 높은 팩을 해준다.

 정답 ②

유황은 지성피부나 여드름 피부에 사용하는 것이 좋다.

48 신경계의 기본세포는?

① 혈액
② 뉴런
③ DNA
④ 미토콘드리아

 정답 ②

뉴런은 신경계의 기본단위로 다른 세포에 전기적 신호를 전달한다.

49 법령상 위생교육에 대한 기준으로 (   ) 안에 적합한 것은?

> 공중위생관리법령상 위생교육을 받은 자가 위생교육을 받은 날부터 (   ) 이내에 위생교육을 받은 업종과 같은 업종의 영업을 하려는 경우에는 해당 영업에 대한 위생교육을 받은 것으로 본다.

① 2년
② 2년 6개월
③ 3년
④ 3년 6개월

 정답 ①

빈칸에 들어갈 말은 2년이다.

50 다음 중 계면활성제 중 피부에 대한 자극이 제일 강한 것은?

① 양이온성 계면활성제
② 음이온성 계면활성제
③ 양쪽이온성 계면활성제
④ 비이온성 계면활성제

 정답 ①

양이온성 > 음이온성 > 양쪽이온성 > 비이온성의 순서로 피부에 대한 자극이 강하다.

51 다음 설명에 따르는 화장품이 가장 적합한 피부형은?

> 저자극성 성분을 사용하며, 향/알코올/색소/방부제가 적게 함유되어 있다.

① 지성피부
② 복합성피부
③ 민감성피부
④ 건성피부

 정답 ③

민감성피부가 가장 적합한 피부형이다.

> ⊕　　　**핵심 뷰티**　　　⊕
>
> ### 민감성피부의 관리 목적
> • 외부 자극에 민감하게 반응하기 때문에 피부 자극을 최소화한다.
> • 피부 면역력을 극대화할 수 있도록 관리가 이루어져야 하며, 특히 화장품 선택에 세심한 주의를 기울여야 한다.

52 다음 중 성장기까지 뼈의 길이를 주도하는 것은?

① 골막
② 골단판
③ 해면골
④ 골수

 정답 ②

뼈끝판 또는 골단판, 성장판은 긴 뼈의 양쪽 끝에 있는 골간단의 투명하고 물렁한 연골판으로서 새로운 뼈의 성장이 일어나는 긴 뼈의 일부분이다.

53 다음 중 분진으로 인한 감염병이 아닌 것은?

① 유행성 이하선염
② 디프테리아
③ 백일해
④ 일본뇌염

정답 ④

일본뇌염은 모기를 매개로 하여 감염되는 병이다.

54 다음 중 피부에 계속적인 압박으로 생기는 각질층의 증식 현상이며, 원추형의 국한성 비후증으로 경성과 연성이 있는 것은?

① 사마귀
② 무좀
③ 굳은살
④ 티눈

정답 ④

티눈은 손과 발 등의 피부가 기계적인 자극을 지속적으로 받아 작은 범위의 각질이 증식되어 원뿔 모양으로 피부에 박혀 있는 것을 말한다.

55 피부에 자외선을 너무 많이 조사했을 경우에 일어날 수 있는 일반적인 현상은?

① 멜라닌 색소가 증가해 기미, 주근깨 등이 발생한다.
② 피부가 윤기가 나고 부드러워진다.
③ 피부에 탄력이 생기고 각질이 엷어진다.
④ 세포의 탈피현상이 감소된다.

정답 ①

피부에 자외선을 너무 많이 조사했을 경우에 피부 노화, 기미, 주근깨 등의 색소침착을 일으킨다.

⊕ **핵심 뷰티** ⊕

일상에서 자외선을 차단하는 방법

- 옷, 모자, 파라솔 등을 이용해 자외선을 차단한다.
- 오전 10시~오후 2시 사이에는 자외선에 피부 노출을 피한다.
- 얇은 옷은 50% 차단, 백색 남방은 80% 정도 자외선을 차단한다.
- 기타 노출되는 부위는 자외선 차단제를 이용한다.

56 공중보건학의 범위 중 보건 관리 분야에 속하지 않는 사업은?

① 보건 통계
② 사회보장제도
③ 보건 행정
④ 산업 보건

정답 ④

산업 보건은 보건상의 유해성을 배제하여 근로자의 건강을 유지하도록 하는 것을 말한다. 환경 보건 분야에 속한다.

57 냉습포에 대한 설명으로 옳지 않은 것은?

① 딥 클렌징 아하(AHA)를 사용한다.
② 피부관리의 마지막 단계에서 사용한다.
③ 모공이 수축되는 수렴과 진정효과가 있다.
④ 피부의 온도를 상승시키고 모공이 확대
   된다.

 정답 ④

④는 온습포에 대한 설명이다.

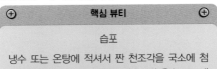

핵심 뷰티

습포

냉수 또는 온탕에 적셔서 짠 천조각을 국소에 첨
용하는 것을 말한다. 습포는 냉습포와 온습포로 대
별된다. 냉습포는 삼출억제, 진통 · 진정의 효과가
있다. 온습포는 염성산물의 흡수촉진, 소염, 진통
등의 효과가 있다.

58 눈에 가장 좋은 조명은?

① 직접조명
② 간접조명
③ 반직접조명
④ 반간접조명

 정답 ②

간접조명은 빛이 부드러워서 눈부심이 적다.

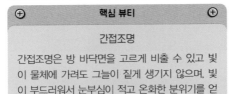

핵심 뷰티

간접조명

간접조명은 방 바닥면을 고르게 비출 수 있고 빛
이 물체에 가려도 그늘이 짙게 생기지 않으며, 빛
이 부드러워서 눈부심이 적고 온화한 분위기를 얻
을 수 있다.

59 피지선에 대한 설명으로 옳지 않은 것은?

① 피지선은 구조적으로 진피층에 위치한다.
② 얼굴, 이마, 손바닥, 발바닥 등에 많이 분
   포한다.
③ 사춘기 남성은 피지선의 기능이 활발하다.
④ 입술, 성기, 유두 등에 독립 피지선이 존
   재한다.

 정답 ②

피지선은 손바닥, 발바닥 등 털이 없는 부위를 제외한 거
의 모든 피부의 진피(眞皮)에 존재한다.

60 제모 시 사용하는 도구가 아닌 것은?

① 스트립
② 족집게
③ 눈썹칼
④ 나무 스파튤라

 정답 ③

눈썹칼은 제모 시 사용하는 도구가 아닌 눈썹을 정리
할 때 사용하는 도구이다.

CBT 기출복원문제 제4회

01 세균 세포벽의 가장 외층을 둘러싸고 있는 물질로 백혈구의 식균작용에 대항하여 세균의 세포를 보호하는 것은?

① 편모
② 아포
③ 협막
④ 섬모

 ③

협막은 세균의 세포막 바깥쪽을 덮고 있는 두꺼운 보호층으로 주성분은 다당(多糖)이다.

02 이 · 미용업의 업주가 받아야 하는 위생교육 기간은 몇 시간인가?

① 매년 3시간
② 분기별 3시간
③ 매년 6시간
④ 분기별 6시간

 ①

이 · 미용업의 업주가 받아야 하는 위생교육 기간은 매년 3시간이다.

03 우리나라 피부미용사의 업무영역과 관계하여 피부미용의 기능적 영역이 아닌 것은?

① 심리적 피부미용
② 보호적 피부미용
③ 장식적 피부미용
④ 의학적 피부미용

 ④

피부미용사의 업무영역에 의학적 피부미용은 기능적 영역이 아니다.

04 실내 공기오염에 대한 설명으로 옳지 않은 것은?

① 이산화탄소를 실내공기 오염의 지표로 한다.
② 일반인의 이산화탄소의 서한량은 0.1% 이다.
③ 실내에서 호흡에 의하여 배출된 이산화탄소의 농도가 증가될 때 중독이나 신체의 장애가 생긴다.
④ 이산화탄소는 다수인이 밀집해 있을 때 농도가 증가한다.

 ③

실내에서 호흡에 의하여 배출된 이산화탄소의 농도가 증가될 때 중독이나 신체의 장애가 생기지는 않는다.

05 다음 중 공중위생감시원을 두는 곳을 모두 고른 것은?

> ㄱ. 특별시
> ㄴ. 광역시
> ㄷ. 도
> ㄹ. 군

① ㄴ, ㄷ
② ㄱ, ㄷ
③ ㄱ, ㄴ, ㄷ
④ ㄱ, ㄴ, ㄷ, ㄹ

 정답 ④

⊕ **핵심 뷰티** ⊕

공중위생감시원의 설치
관계 공무원의 업무를 행하게 하기 위하여 특별시·광역시·도 및 시·군·구(자치구에 한함)에 공중위생감시원을 둔다.

---

06 수요법(수치료) 시 지켜야 할 수칙이 아닌 것은?

① 식사 직후에 행한다.
② 수요법은 대개 5분에서 30분까지가 적당하다.
③ 수요법 전에 잠깐 쉬도록 한다.
④ 수요법 후에는 물을 마시도록 한다.

 정답 ①

수요법 시 식사 직후에는 시행하지 않는다. 허약자, 노인, 영아의 경우는 고온의 사우나와 같은 수치료를 조심해야 한다. 탈수가 되거나 혈중 성분의 불균형이 생길 수 있기 때문이다.

07 풋고추, 당근, 시금치, 달걀 노른자에 많이 들어있는 비타민으로 피부 각화작용을 정상적으로 유지시켜 주는 것은?

① 비타민 C
② 비타민 A
③ 비타민 K
④ 비타민 D

 정답 ②

비타민 A는 신체의 저항력을 강화시킨다. 생체막 조직의 구조와 기능을 조절하는 역할을 하며, 상피세포 성장인자로서 세포의 재생을 촉진시켜 구강, 기도, 위, 장의 점막을 보호한다.

08 다음 중 증기 연무기와 분무기의 사용에 대해 틀린 것은?

① 증기연무기는 각질연화, 보습효과가 있다.
② 스킨토닉분무기는 피부자극을 줄여준다.
③ 증기연무기를 베퍼라이저라고도 한다.
④ 베퍼라이저 사용은 클렌징 전에 사용한다.

 정답 ④

베퍼라이저는 클렌징 후, 노폐물 압출 후, 팩 제거 후에 사용하는 것이 효과가 있다.

09 피지 분비의 과잉을 억제하고 피부를 수축시켜 주는 것은?

① 소염 화장수
② 수렴 화장수
③ 영양 화장수
④ 유연 화장수

 ②

수렴 화장수는 기초화장품으로 이완된 피부를 수축시키면서 피지가 과잉분비되는 것을 억제함으로써 산뜻한 감촉을 주며, 피부를 긴장시켜 탄력성이 있게 해준다.

> ⊕ **핵심 뷰티** ⊕
>
> 수렴 화장수
> • 각질층 보습, 모공 수축 및 피부결 정돈, 발한과 피지분비 억제
> • 세균으로부터 피부를 보호하고 소독하며, 지성 피부나 여드름피부에 좋다.
> • 아스트린젠트 또는 토닝스킨 등으로 불린다.

10 손님의 얼굴, 머리, 피부 등에 손질을 통하여 손님의 외모를 아름답게 꾸미는 영업에 해당하는 것은?

① 미용업
② 피부미용업
③ 메이크업
④ 종합 미용업

 ①

미용업이라 함은 손님의 얼굴, 머리, 피부 및 손톱·발톱 등을 손질하여 손님의 외모를 아름답게 꾸미는 영업을 말한다.

11 심장근을 무늬 모양과 의지에 따라 분류한 것으로 옳은 것은?

① 횡문근, 수의근
② 횡문근, 불수의근
③ 평활근, 수의근
④ 평활근, 불수의근

 ②

심장근은 횡문근(가로무늬근)이며, 불수의근(내 의지와 관계없이 스스로 움직이는 근육)이다.

12 갈바닉 전류 중 음극을 이용한 것으로 피부 깊숙한 곳까지 세정효과를 주기 위해 사용하는 것은?

① 디스인크러스테이션
② 에피더마브레이션
③ 카타포레시스
④ 전기마스크

 ①

디스인크러스테이션에 대한 설명이다.

> ⊕ **핵심 뷰티** ⊕
>
> 디스인크러스테이션(갈바닉기기)
> • 직류전류의 양극과 음극을 적절히 이용하는 미용기기를 말한다.
> • 음극봉(알칼리 생성) : 피지 분해, 각질 제거, 모공 내 불순물 제거
> • 양극봉(산성 생성) : 신경 안정, 진정작용, 박테리아 성장 억제작용

13 청문 실시 대상이 되는 처분이 아닌 것은?

① 경고 또는 개선명령
② 영업정지명령
③ 면허정지
④ 영업소 폐쇄명령

 ①

청문 실시 대상이 되는 처분이 아닌 것은 경고 또는 개선명령이다.

14 자외선 B는 자외선 A보다 홍반 발생능력이 약 몇 배인가?

① 100배
② 10000배
③ 1000배
④ 10배

 ③

자외선 B는 자외선 A보다 홍반 발생능력이 약 1000배이다.

⊕ **핵심 뷰티** ⊕

자외선 B의 특성

• 진피의 상층부까지 도달한다.
• 피부 색소침착을 가속화한다.
• 홍반, 수포, 일광화상(급성화상)을 일으킨다.
• DNA 손상으로 피부암을 유발한다.
• 비타민 D 합성을 촉진한다.

15 불쾌지수를 산출하는데 고려하는 요소는?

① 기온과 습도
② 기온과 기압
③ 기압과 복사열
④ 기류와 복사열

 ①

불쾌지수는 기온이나 습도 · 풍속 · 일사 등이 인체에 주는 쾌감, 불쾌감의 정도를 수량화한 지수를 말한다.

16 골격계의 기능이 아닌 것은?

① 저장기능
② 열 생산기능
③ 지지기능
④ 보호기능

 ②

열 생산기능은 골격계의 기능이 아니다.

⊕ **핵심 뷰티** ⊕

골격계의 기능

• 지지기능 : 언제의 연조직을 지지해 외형을 결정한다.
• 보호기능 : 외부 충격으로부터 내부 장기를 보호한다. 두개골(뇌), 척주(척수), 늑골(폐, 심장), 골반(비뇨생식기)
• 조혈기능 : 적혈구, 백혈구, 혈소판을 생산한다.
• 운동기능 : 근육의 수축, 즉 지렛대 역할로 운동을 일으킨다.
• 저장기능 : 뼈의 세포간질에 칼슘, 인, 마그네슘 등을 저장한다.

17 세포 소기관 중에서 세포 내의 소화 장치 역할을 하며 자가 용해하는 기관은?

① 리소좀
② 리보솜
③ 골지체
④ 미토콘드리아

 ①

리소좀의 주요한 기능 중 하나가 세포에 식작용과 세포 내섭취를 통해 들어온 물질들을 분해하는 것이다.

> ⊕ **핵심 뷰티** ⊕
>
> 세포 소기관
>
> 한 가지 또는 두 가지 이생의 특수한 기능을 수행하는 소기관을 말한다.

18 건강한 성인의 안정 시 1분 심장 박동수는?

① 약 50회
② 약 60회
③ 약 120회
④ 약 180회

 ②

건강한 성인의 안정 시 1분 심장 박동수는 약 60회 정도이다. 건강한 성인의 안정 심박수는 60~100회 정도이다.

19 스티머 사용 시 주의사항이 아닌 것은?

① 스팀 분사방향은 코로 향하도록 한다.
② 피부에 따라 적정 시간을 다르게 한다.
③ 물통을 일반세제로 씻는 것은 고장의 원인이 될 수 있으므로 사용을 금한다.
④ 스티머 물통에 물을 2/3정도 적당량 넣는다.

 ①

스팀이 나오면 턱 선을 따라 얼굴에 퍼지도록 하는 것이 좋다. 코로 향하도록 하는 것은 옳지 않다.

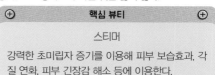

> ⊕ **핵심 뷰티** ⊕
>
> 스티머
>
> 강력한 초미립자 증기를 이용해 피부 보습효과, 각질 연화, 피부 긴장감 해소 등에 이용한다.

20 클렌징 제품의 종류와 특징에 대한 설명으로 틀린 것은?

① 젤타입 – 피지분비가 많은 지성피부에 적합하다.
② 크림타입 – 끈적임 없이 촉촉하다.
③ 워터타입 – 산뜻하고 시원한 느낌을 준다.
④ 오일타입 – 유분과 수분이 적절히 함유되어 피부에 자극을 주지 않는다.

 ④

오일타입은 유분이 많이 함유되어 피부에 자극을 주지만 세정력이 우수한 편이다.

제 **2** 장

CBT 기출복원문제

21 다음 중 이 · 미용실에서 사용하는 타월을 철저하게 소독하지 않았을 때 주로 발생할 수 있는 감염병은?

① 트라코마
② 장티푸스
③ 페스트
④ 일본뇌염

 ①

트라코마는 눈의 결막질환이다. 병원체는 환자의 눈곱으로 감염되므로 환자가 사용한 수건 · 세면기 · 침구 등은 다른 가족들의 것과 엄격하게 구별하여 사용한다.

22 세계보건기구에서 규정한 보건행정의 범위에 속하지 않는 것은?

① 보건관계 기록의 보존
② 환경위생과 감염병 관리
③ 보건통계와 만성병 관리
④ 모자보건과 보건간호

 ③

세계보건기구에서 규정한 보건행정의 범위로는 보건 관련 통계의 수집 · 분석, 대중에 의한 보건교육, 환경 위생, 감염병관리, 모자보건, 의료, 보건간호가 있다.

23 캐리어 오일로서 부적합한 것은?

① 미네랄 오일
② 살구씨 오일
③ 아보카도 오일
④ 포도씨 오일

 ①

캐리어 오일은 식물의 씨, 과육을 압착하거나 용매를 사용하여 추출하며, 원재료 특유의 약한 향이 나는 식물성 오일이다. 주요 오일로는 스위트아몬드, 호호바, 포도씨, 살구씨, 해바라기, 코코넛, 아보카도, 올리브, 로즈힙, 아르간 오일 등이 있다.

24 다음 기생충 중 중간 숙주와의 연결이 잘못된 것은?

① 회충 – 채소
② 흡충류 – 돼지
③ 무구조충 – 소
④ 사상충 – 모기

  ②

돼지는 유구조충의 중간 숙주이다.

25 이·미용업의 영업신고 및 폐업신고에 대한 설명 중 틀린 것은?

① 폐업신고의 방법 및 절차 등에 관하여 필요한 사항은 보건복지부령으로 정한다.
② 변경신고의 절차 등에 관하여 필요한 사항은 대통령령으로 정한다.
③ 폐업한 날부터 20일 이내에 시장, 군수, 구청장에게 신고하여야 한다.
④ 보건복지부령이 정하는 시설 및 설비를 갖추고 시장, 군수, 구청장에게 신고하여야 한다.

 ②

변경신고의 절차 등에 관하여 필요한 사항은 보건복지부령으로 정한다.

26 이·미용업 영업과 관련하여 과태료 부과대상이 아닌 사람은?

① 위생관리 의무를 위반한 자
② 위생교육을 받지 않은 자
③ 무신고 영업자
④ 관계공무원 출입·검사 방해자

 ③

무신고 영업자는 1년 이하의 징역 또는 1천만원 이하의 벌금에 속한다.

27 소독용 승홍수의 희석 농도로 적합한 것은?

① 10~20%
② 5~7%
③ 2~5%
④ 0.1~0.5%

 ④

승홍수는 0.1% 정도의 수용액을 사용한다.

28 다음 중 헤모글로빈에 들어 있는 성분은?

① 철분
② 칼슘
③ 단백질
④ 나트륨

 ①

헤모글로빈은 주로 척추 동물의 적혈구 속에 다량으로 들어 있는 철분이 포함된 단백질이며 혈액 속에서 산소를 운반하는 역할을 한다.

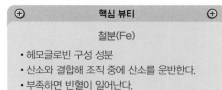

핵심 뷰티

철분(Fe)

• 헤모글로빈 구성 성분
• 산소와 결합해 조직 중에 산소를 운반한다.
• 부족하면 빈혈이 일어난다.

29 소독 약품의 부작용 조치사항에 대한 내용 중 틀린 것은?

① 과민반응으로 홍반, 가려움증, 부종이 동반된다.

② 조직 자극성이 있어 상처나 점막자극이 있다.

③ 과민반응 시 일정 시간 동안 소량 사용하고, 적응 후 양을 늘리면서 사용한다.

④ 피부 과민반응이 일어나면 즉시 증류수 세척 후 전문적 치료를 받는다.

 ③

소독 약품 과민반응 시 즉시 사용을 멈춘다.

30 고형의 파라핀을 녹이는 파라핀기의 적용범위가 아닌 것은?

① 혈액순환 촉진

② 팩 관리

③ 살균

④ 손 관리

 ③

파라핀기는 살균의 작용은 없다.

31 감염병의 예방 및 관리에 관한 법률이 규정한 필수예방접종에 해당하지 않는 것은?

① B형 간염

② 파상풍

③ 백일해

④ 유행성출혈열

 ④

유행성출혈열은 필수예방접종에 해당하지 않는다.

32 다음 중 부종이 있거나 셀룰라이트, 알레르기 피부 등에 사용하면 가장 큰 효과를 볼 수 있는 관리방법은?

① 림프드레니지

② 스웨디시

③ 경락

④ 아로마

 ①

림프드레니지에 대한 설명이다.

33 혈액의 작용에 대한 설명으로 틀린 것은?

① 영양소, 호르몬의 운반작용
② 신경계로 정보전달
③ 체온조절 및 pH조절
④ 식균작용, 지혈작용

 정답 ②

신경계로 정보를 전달하는 것은 혈액의 작용이 아니다. 혈액은 산소, 이산화탄소, 호르몬 등을 필요한 곳에 운반해 줄 뿐만 아니라 체온, 삼투압 및 수소이온농도(pH)도 일정하게 유지해 주고 침입한 세균을 제거하고 병원체와 같은 이물질과 대항하여 싸울 수 있는 항체도 만든다.

34 다음 중 독소형 식중독이 아닌 것은?

① 웰치균 식중독
② 살모넬라균 식중독
③ 포도상구균 식중독
④ 보툴리누스균 식중독

 정답 ②

살모네라균 식중독은 감염형 식중독이다.

> **⊕ 핵심 뷰티 ⊕**
>
> **식중독**
> • 감염형 식중독 : 살모넬라 식중독, 장염 비브리오 식중독, 병원성 대장균 식중독
> • 독소형 식중독 : 웰치균 식중독, 포도상구균 식중독, 보툴리누스균 식중독

35 다음 중 소화기관이 아닌 것은?

① 인두
② 기도
③ 간
④ 구강

 정답 ②

기도는 호흡기계이다.

36 적외선 램프의 효과가 아닌 것은?

① 혈류의 증가를 촉진시킨다.
② 피부에 생성물을 흡수되도록 역할을 한다.
③ 노화를 촉진시킨다.
④ 피부에 열을 가하여 피부를 이완시키는 역할을 한다.

 정답 ③

노화를 촉진시키는 것은 자외선이다.

> **⊕ 핵심 뷰티 ⊕**
>
> **적외선 램프**
> 온열작용으로 혈액순환 촉진, 노폐물 제거, 영양분 침투 등에 이용한다.

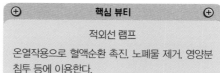

37 신경계에 관한 내용 중 틀린 것은?

① 뇌와 척수는 중추신경계이다.

② 대뇌의 주요 부위는 뇌간, 간뇌, 중뇌, 교뇌 및 연수이다.

③ 척수로부터 나오는 31쌍의 척수신경은 말초신경을 이룬다.

④ 척수의 전각에는 운동신경세포가 그리고 후각에는 감각신경세포가 분포한다.

 ②

대뇌는 전두엽, 두정엽, 후두엽, 측두엽으로 구성되어 있다.

38 골격근에 대한 설명으로 틀린 것은?

① 인체의 약 60%를 차지한다.

② 횡문근이라고도 한다.

③ 수의근이라고도 한다.

④ 대부분이 골격에 부착되어 있다.

 ①

골격근은 체중의 약 40%를 차지한다.

39 심근이 골격근과 가장 다른 점은?

① 자동성이 있다.

② 횡문근이다.

③ 수축 시 젖산이 발생한다.

④ 핵이 있다.

 ①

심근은 골격근과는 다르게 의지와 상관없이 자발적으로 운동하는 성질인 자동성이 있다.

40 홍역의 병원체는 어느 종류에 속하는가?

① 세균

② 진균

③ 바이러스

④ 리케차

 ③

바이러스는 홍역의 병원체이다.

바이러스

• 전자현미경으로만 볼 수 있다.

• 종류 : 에이즈, 일본뇌염, 간염, 홍역, 폴리오, 인플루엔자, 유행성이하선염, 광견병

41 바이러스성 피부질환은?

① 절종
② 모낭염
③ 용종
④ 단순포진

 ④

단순포진은 바이러스성 피부질환이다.

42 피부 노화인자 중 외부 인자가 아닌 것은?

① 산화
② 나이
③ 자외선
④ 건조

 ②

나이는 피부 노화의 내부 인자이다.

 핵심 뷰티

환경적 노화(외인성 노화, 광노화)
• 태양광선 등 외부 환경의 노출에 의한 노화이다.
• 주로 자외선 B에 의해 일어나며, 자외선 A에 장시간 노출할 경우에도 일어난다.
• 각질층이 두꺼워지고 피부 탄력이 없어진다.
• 피부가 악건성화 또는 민감화된다.
• 색소침착과 모세혈관확장이 일어난다.
• 얼굴, 가슴, 두부, 손 등에 노화반점, 주근깨 등의 색소침착이 생긴다.

43 지각신경에 쾌감을 주는 동시에 혈액순환을 촉진하고 경련마비에 가장 효과적인 방법은?

① 프릭션
② 바이브레이션
③ 타포트먼트
④ 에플라지

 ②

바이브레이션에 대한 설명이다.

44 컬러테라피 기기에서 빨강 색광의 효과와 가장 거리가 먼 것은?

① 근조직 이완, 셀룰라이트 개선
② 소화기계 기능강화, 신경자극, 신체 정화 작용
③ 지루성 여드름 피부 개선, 혈액순환 저하 피부 개선
④ 혈액순환 증진, 세포의 활성화, 세포 재생활동

 ②

②는 노랑 색광의 효과이다.

45 컬러테라피의 색상 중 활력, 세포재생, 신경긴장완화, 호르몬대사 조절 효과를 나타내는 것은?

① 주황색
② 노란색
③ 보라색
④ 초록색

 정답 ①

컬러 테라피 중 주황색은 내분비성 기능 조절 및 근육 기능 활성, 세포 재생, 호흡 기관 강화 등의 효과를 나타낸다.

46 소독 시에 가장 많이 사용하는 알코올의 농도는?

① 50%
② 95%
③ 60%
④ 70%

 정답 ④

소독 시에 가장 많이 사용하는 알코올의 농도는 70%이다.

47 관련법상 이·미용사의 위생교육에 대한 설명 중 옳은 것은?

① 위생교육 대상자는 이·미용업 영업자이다.
② 위생교육 대상자에는 이·미용사의 면허를 가지고 이·미용업에 종사하는 모든 자가 포함된다.
③ 위생교육은 시·군·구청장만이 할 수 있다.
④ 위생교육 시간은 매년 4시간이다.

 정답 ①

② 이·미용업 종사자는 위생교육 대상자가 아니다.
③ 교육기관은 보건복지부장관이 허가한 단체 또는 공중위생영업자 단체이다.
④ 위생교육 시간은 매년 3시간이다.

48 헤모글로빈의 생성과 가장 관계있는 것은?

① 칼슘
② 인
③ 철분
④ 요오드

 정답 ③

철분은 헤모글로빈의 구성 성분이다.

핵심 뷰티

헤모글로빈의 의미

헤모글로빈은 주로 척추 동물의 적혈구 속에 다량으로 들어 있는 철분이 포함된 단백질이며 혈액 속에서 산소를 운반하는 역할을 한다.

49 다음에서 설명하고 있는 기기는?

벤토우즈(ventouse)라 불리는 다양한 컵을 가지고 있으며, 림프액과 혈액의 흐름을 빠르게 하고 기초 대사량을 높이는 효과가 있다.

① 초음파기기
② 진공흡입기기
③ 고타진동기기
④ 고주파기기

 정답 ②

진공흡입기기에 대한 설명이다.

50 실핏선 피부(couperose)의 특징이라고 볼 수 없는 것은?

① 피부가 대체로 얇다.
② 모세혈관의 수축으로 혈액의 흐름이 원활하지 못하다.
③ 혈관의 탄력이 떨어져 있는 상태이다.
④ 지나친 온도 변화에 쉽게 붉어진다.

 정답 ②

실핏선 피부는 모세혈관확장피부를 말한다. ②는 모세혈관확장피부의 특징이 아니다.

51 인공조명을 할 때 고려 사항 중 틀린 것은?

① 균등한 조도를 위해 직접조명이 되도록 해야 한다.
② 광색은 주광색에 가깝고, 유해 가스의 발생이 없어야 한다.
③ 충분한 조도를 위해 빛이 좌상방에서 비춰줘야 한다.
④ 열의 발생이 적고, 폭발이나 발화의 위험이 없어야 한다.

 정답 ①

직접조명은 광원에서 나오는 빛을 거의 온전히 대상 영역 또는 물체에 비추므로 경제적이다. 그렇지만, 광원을 직접 보거나 광원에 가까운 쪽을 볼 때 눈이 부신 불편함이 있다.

52 적외선에 대한 설명으로 틀린 것은?

① 열을 발생한다.
② 400~800nm의 파장이다.
③ 장파장으로 태양광선 중 약 42%를 차지한다.
④ 혈액순환을 자극하여 대사를 촉진한다.

 정답 ②

적외선은 780nm 이상의 파장을 갖는다.

53 다음에 해당되는 피부타입은?

> • 피부결은 곱고, 피부는 얇다.
> • 세안 후 피부가 당기는 느낌이 든다.
> • 피지 분비가 적고 메이크업이 잘 받지 않는다.

① 지성피부
② 건성피부
③ 노화피부
④ 여드름피부

 ②

건성피부에 대한 설명이다.

54 딥클렌징에 대한 설명으로 옳지 않은 것은?

① 화장품을 이용한 방법과 기기를 이용한 방법으로 구분된다.
② AHA를 이용한 딥클렌징의 경우 스티머를 이용한다.
③ 피부 표면의 노화된 각질을 부드럽게 제거함으로써 유용한 성분의 침투를 높이는 효과를 갖는다.
④ 기기를 이용한 딥클렌징 방법에는 석션, 브러싱, 디스인크러스테이션 등이 있다.

 ②

AHA은 각질 제거 과정을 제공하고 피부가 수분을 유지하도록 돕는다. 스티머의 사용을 피해야 한다.

55 이온에 대한 설명으로 틀린 것은?

① 원자가 전자를 얻거나 잃으면 전하를 띠게 되는데 이온은 전하를 띤 입자를 말한다.
② 같은 전하의 이온은 끌어당긴다.
③ 중성의 원자가 전자를 얻으면 음이온이라 불리는 음전하를 띤 이온이 된다.
④ 이온은 원소기호의 오른쪽 위에 잃거나 얻은 전자수를 (+) 또는 (−) 부호를 붙여 나타낸다.

 ②

같은 전하의 이온은 서로 밀어내고 다른 전하의 이온은 끌어당긴다.

56 발열 증상이 가장 심한 식중독은?

① 살모넬라 식중독
② 웰치균 식중독
③ 복어중독
④ 포도상구균 식중독

 ①

살모넬라균에 오염된 고기를 먹거나 환자, 보균자, 가축, 쥐들의 소변에 오염된 음식물을 먹음으로써 감염되는데, 원인이 될 가능성이 큰 식품으로는 어육제품, 유제품, 어패류, 두부류, 샐러드 등이다. 발열, 두통, 오심, 구토, 복통, 설사 등의 위장증상이 나타난다.

57 지성피부에 적용되는 작업 방법 중 적절하지 않은 것은?

① 이온영동 침투기기의 양극봉으로 디스인 크러스테이션을 해준다.

② 쟈켓법을 이용한 관리는 디스인크러스테이션 후에 시행한다.

③ T-존 부위의 노폐물 등을 안면 진공흡입기로 제거한다.

④ 지성 피부의 상태를 호전시키기 위해 고주파기의 직접법을 적용시킨다.

 ①

갈바닉기기의 음극봉을 이용하여 디스인크러스테이션을 해준다.

58 특정 면역체에 대해 면역글로불린이라는 항체를 생성하는 것은?

① B림프구

② T림프구

③ 자연살해세포

④ 각질형성세포

 ①

면역글로불린은 B림프구에 의해 형성된 매우 다양한 당단백질로 다른 말로는 항체(antibody)라고도 하며 B림프구로부터 생산되어 박테리아와 바이러스 등의 병원성 미생물을 침전이나 응집반응으로 항원을 제거하는 기능을 수행한다.

59 식물의 꽃, 잎, 줄기, 뿌리, 씨, 과피, 수지 등에서 방향성이 높은 물질을 추출한 휘발성 오일은?

① 동물성 오일

② 에센셜 오일

③ 광물성 오일

④ 밍크 오일

 ②

에센셜 오일은 천연 에센스라고도 불리는 기름 성분으로 향이 매우 강하며 꽃, 과일, 잎사귀, 씨앗, 껍질, 수지 또는 뿌리에서 얻는다.

60 다음 중 피부노화 현상이 아닌 것은?

① 아미노산 라세미화

② 광노화

③ 환경적 노화

④ SOD(슈퍼옥사이드 디스뮤타아제) 항산화

 ④

SOD(과산화물제거효소)는 독성의 과산화물을 제거함으로써 산화 스트레스로부터 세포를 보호하는 역할을 한다.

⊕ **핵심 뷰티** ⊕

SOD

초과산화이온을 산소와 과산화수소로 바꿔 주는 불균등화 반응을 촉매하는 효소이다. 산소에 노출되는 거의 모든 세포에서 항산화방어기작을 하는 것으로 알려져 있다.

CBT 기출복원문제   제5회

01 하반신 비만에 대한 설명으로 틀린 것은?

① 정맥류의 증상이 올 수 있고 셀룰라이트 증세가 많다.

② 주로 남성에게 많고 성인별 발병률이 높다.

③ 지방의 세포수가 많아 체중조절이 매우 어렵다.

④ 전신에 피로감이 쉽게 오고 손발이 자주 저린다.

 정답 ②

하반신 비만은 주로 여성에게 많고 셀룰라이트는 허벅지, 엉덩이, 복부에 주로 발생하는 '오렌지 껍질 모양'의 피부 변화를 말한다. 눈으로 보거나 만져보았을 때 피부 표면이 울퉁불퉁하다.

02 감염병 중 오염수를 통하여 감염될 수 있는 가능성이 가장 큰 것은?

① 풍진

② 한센병

③ 백일해

④ 이질

 정답 ④

시겔라균에 의해 발생되며 혈액과 점액과 농이 혼합된 대변을 자주 보게 되는 질병이다. 오염된 물이나 음식을 섭취할 경우 감염될 가능성이 높다.

03 pH측정기의 사용방법으로 가장 거리가 먼 것은?

① 탐침을 피부에 45° 각도에서 가볍게 누른다.

② 측정기의 탐침을 증류수에 씻어 물기를 제거한다.

③ 피부 표피의 pH가 알칼리성에 가까울수록 건조하다.

④ 측정 전에 피부를 깨끗이 클렌징하고 바로 측정한다.

 정답 ④

세안 후 2시간 정도 지난 뒤에 탐침을 접촉하여 측정한다.

04 건성피부에 사용하는 화장품 사용법으로 틀린 것은?

① 알코올이 다량 함유되어 있는 토너를 사용한다.

② 영양, 보습 성분이 있는 오일이나 에센스를 사용한다.

③ 토닉으로 보습기능이 강화된 제품을 사용한다.

④ 밀크타입이나 유분기가 있는 크림타입의 클렌저를 사용한다.

 정답 ①

알코올이 다량 함유되어 있는 토너는 피부의 수분을 증발시키므로 사용을 자제하는 것이 좋다.

05 가용화 기술을 적용하여 만들어진 것은?

① 크림
② 마스카라
③ 립스틱
④ 향수

 정답 ④

가용화는 계면활성제와 같은 물질의 존재에 의해 물에 잘 녹지 않는 물질의 용해도가 증가하는 현상을 말한다. 화장품의 화장수는 대표적인 가용화 용액의 예이다.

06 향수의 유형별에서 15~30%의 향료를 함유하고 지속시간이 6~7시간인 것은?

① 오데 코롱
② 오데 퍼퓸
③ 퍼퓸
④ 오데 토일렛

 정답 ③

15~30%의 향료를 함유하고 지속시간이 6~7시간인 것은 퍼퓸이다.
① 오데 코롱 : 3~5%의 향료를 함유하고 지속시간이 1~2시간이다.
② 오데 퍼퓸 : 9~12%의 향료를 함유하고 지속시간이 5~6시간이다.
④ 오데 토일렛 : 6~8%의 향료를 함유하고 지속시간이 3~5시간이다.

07 셀룰라이트에 대한 설명이 틀린 것은?

① 노폐물 등이 정체되어 있는 상태
② 근육이 경화되어 딱딱하게 굳어 있는 상태
③ 소성결합조직이 경화되어 뭉쳐져 있는 상태
④ 피하지방이 비대해져 정체되어 있는 상태

 정답 ②

셀룰라이트는 눈으로 보거나 만져보았을 때 피부표면이 울퉁불퉁하며, 피부 깊숙이 결절이 만져지거나 피부가 탄력이 없고 다른 부위의 피부보다 차갑게 느껴지기도 한다.

08 이용사 또는 미용사 면허를 받을 수 있는 자는?(단 법률상 예외는 제외함)

① 감염성 결핵환자
② 정신질환자
③ 마약중독자
④ 성인병환자

 정답 ④

성인병환자는 이용사 또는 미용사 면허를 받을 수 있다.

09 100℃의 유통증기 속에서 30분 내지 60분간 멸균시킨 후, 20℃이상의 실온에서 24시간 방치하는 방법을 3회 반복하는 멸균법은?

① 건열멸균법
② 열탕소독법
③ 간헐멸균법
④ 고압증기멸균법

 ③

간헐멸균법에 대한 내용이다. 간헐멸균법은 내열성의 아포를 발아시켜서 일정한 발아기간을 가지게 한 후에 다시 가열하여 멸균하는 방법이다.

10 심장에 대한 설명 중 틀린 것은?

① 심장은 심방중격에 의해 좌 · 우심방, 심실은 심실중격에 의해 좌 · 우심실로 나누어진다.
② 성인 심장은 무게가 평균 250~300g 정도이다.
③ 심장은 2/3가 흉골 정중선에서 좌측으로 치우쳐 있다.
④ 심장 근육은 심실보다는 심방에서 매우 발달되어 있다.

 ④

혈액을 온몸과 폐로 보내는 심실의 근육이 심방의 근육보다 더 발달되어 있다.

11 다음 설명 중 틀린 것은?

① 전류는 전압에 비례하고 저항에 반비례한다.
② 직류는 한쪽 방향으로만 지속적으로 흐르는 전류를 말한다.
③ 인체에서 수분양이 많을수록 전기 저항이 많아진다.
④ 교류는 방향과 크기가 시간의 흐름에 따라 변하는 전류를 말한다.

 ③

인체에서 수분양이 많을수록 전기 저항이 적어진다.

12 피부질환의 초기 병변으로 건강한 피부에서 발생하지만 질병으로 간주되지 않는 피부의 변화는?

① 원발진
② 속발진
③ 발진열
④ 알레르기

 ①

원발진은 피부 질환의 초기에 나타나는 증상으로 반점, 홍반, 수포, 팽진, 구진, 농포 등이 있다.

13 건전한 영업질서를 위하여 공중위생영업자가 준수하여야 할 사항을 준수하지 아니한 자에 대한 벌칙 기준은?

① 1년 이하의 징역 또는 1천만원 이하의 벌금
② 6월 이하의 징역 또는 500만원 이하의 벌금
③ 3월 이하의 징역 또는 300만원 이하의 벌금
④ 300만원의 과태료

정답 ②

핵심 뷰티

6월 이하의 징역 또는 500만원 이하의 벌금

• 변경신고를 하지 않을 시
• 공중위생영업자의 지위를 승계한 경우 지위승계 신고를 하지 않을 시
• 건전한 영업질서를 위하여 공중위생영업자가 준수하여야 할 사항을 준수하지 않을 시

14 나이가 들어가면서 자연적으로 발생되는 피부노화는?

① 내인성 노화
② 자외선 노화
③ 환경 노화
④ 광노화

정답 ①

내인성 노화는 나이가 들어가면서 자연스럽게 나타나는 노화현상을 말한다.

15 매뉴얼테크닉 방법 중 두드리기에 관련된 명칭이 아닌 것은?

① 처킹(Chucking)
② 비팅(Beating)
③ 해킹(Hacking)
④ 컵핑(Cupping)

정답 ①

처킹은 가볍게 상하운동으로 주무르는 기법이다.
② 주먹을 가볍게 쥐고 두드리는 동작
③ 손의 측면을 이용하여 두드리는 동작
④ 손바닥을 오목하게 하여 두드리는 동작

16 기미, 주근깨의 손질에 대한 설명 중 잘못된 것은?

① 외출 시에는 화장을 하지 않고 기초 손질만 한다.
② 자외선 차단제가 함유되어 있는 일소방지용 화장품을 사용한다.
③ 비타민 C가 함유된 식품을 다량 섭취한다.
④ 미백효과가 있는 팩을 자주 한다.

정답 ①

기미, 주근깨를 예방하려면 자외선에 많이 노출되지 않는 것이 중요하므로 자외선 차단제가 함유된 화장품을 발라야 한다. 화장을 하지 않고 기초 손질만 한다는 내용은 잘못되었다.

17 제모 시술 중 올바른 방법이 아닌 것은?

① 시술자의 손을 소독한다.
② 머슬린(부직포)을 떼어낼 때 털이 자란 방향으로 떼어낸다.
③ 스파튤라에 왁스를 묻힌 후 손목 안쪽에 온도 테스트를 한다.
④ 소독 후 시술 부위에 남아 있을 유·수분을 정리하기 위하여 파우더를 사용한다.

 정답 ②

머슬린(부직포)을 떼어낼 때 털이 자란 반대 방향으로 떼어낸다.

18 셀룰라이트 관리에서 중점적으로 행해야 할 관리 방법은?

① 근육의 운동을 촉진시키는 관리를 집중적으로 행한다.
② 림프순환을 촉진시키는 관리를 한다.
③ 피지가 모공을 막고 있으므로 피지 배출 관리를 집중적으로 행한다.
④ 한선이 막혀 있으므로 한선관리를 집중적으로 행한다.

 정답 ②

셀룰라이트는 혈액순환 또는 림프순환이 잘 안 되는 경우에 생기므로 림프순환을 촉진시키는 관리를 한다.

19 공중위생영업소의 위생서비스 평가계획을 수립하는 자는?

① 시·도지사
② 안전행정부장관
③ 대통령
④ 시장·군수·구청장

 정답 ①

시·도지사는 공중위생영업소의 위생서비스 평가계획을 수립한다.

20 다음 중 음료수 소독에 사용되는 소독 방법과 가장 거리가 먼 것은?

① 염소 소독
② 표백분 소독
③ 자비 소독
④ 승홍액 소독

 정답 ④

승홍수는 손, 피부 소독에 주로 사용한다. 음료수 소독에 사용되는 소독 방법과는 거리가 멀다.

핵심 뷰티
승홍수
승홍수는 자극성과 금속부식성이 강하고 맹독성으로 수은용액, 비금속기구에 사용하고, 피부 소독 시에는 0.1% 수용액을 사용한다.

21 다음 중 화장품의 4대 요건이 아닌 것은?

① 안전성

② 안정성

③ 유효성

④ 기능성

 ④

화장품의 4대 요건은 안전성, 안정성, 사용성, 유효성
이다.

> ⊕ **핵심 뷰티** ⊕
>
> **화장품의 4대 요건**
>
> • 안전성 : 피부 자극, 알레르기, 감작성, 경구독성,
>   이물질 혼입 등이 없어야 한다.
> • 안정성 : 사용 기간 중 변질, 변색, 변취, 미생물
>   오염 등이 없어야 한다.
> • 사용성 : 피부 친화성, 촉촉함, 부드러움 등이 있
>   어야 한다.
> • 유효성 : 보습효과, 노화 억제, 자외선 방어효과,
>   세정효과 등이 있어야 한다.

22 다음 중 감염병 관리상 가장 중요하게 취급
해야 할 대상자는?

① 건강보균자

② 잠복기환자

③ 현성환자

④ 회복기보균자

 ①

건강보균자는 임상적 증상을 전혀 나타내지 않고 보균
상태를 지속하고 있는 자를 말한다. 건강보균자의 전파
력에 대한 정보가 정상적으로 파악되지 않으면, 감염병
관리에 많은 어려움이 발생한다.

23 석탄산 소독액에 관한 설명으로 틀린 것은?

① 기구류 소독에는 1~3% 수용액이 적당하다.

② 세균포자나 바이러스에 대해서는 작용력
이 거의 없다.

③ 금속기구의 소독에는 적합하지 않다.

④ 소독액 온도가 낮을수록 효력이 높다.

 ④

소독액 온도가 높을수록 효력이 높다.

24 피부미용 역사에 대한 설명이 틀린 것은?

① 고대 이집트에서는 피부미용을 위해 천연
재료를 사용하였다.

② 고대 그리스에서는 식이요법, 운동, 마사
지, 목욕 등을 통해 건강을 유지하였다.

③ 고대 로마인은 청결과 장식을 중요시하
여 오일, 향수, 화장이 생활의 필수품이
었다.

④ 국내의 피부미용이 전문화되기 시작한 것
은 19세기 중반부터였다.

 ④

국내의 피부미용이 전문화되기 시작한 것은 20세기 이
후의 현대부터였다.

25 클렌징 시술 시 포인트 메이크업 리무버제의 사용 목적은?

① 묵은 각질을 제거하기 위해서

② 피부에 진정작용을 주기 위해서

③ 모공 속 노폐물을 제거하기 위해서

④ 눈이나 입술의 색조화장을 자극 없이 부드럽게 제거하기 위해서

 ④

눈이나 입술의 색조화장을 자극 없이 부드럽게 제거하기 위해 포인트 메이크업 리무버제를 사용한다.

26 위생서비스 평가의 결과에 따른 위생관리 등급별로 영업소에 대한 위생감시를 실시하여야 하는 자는?

① 고용노동부장관

② 시 · 도지사 또는 시장 · 군수 · 구청장

③ 안전행정부장관

④ 보건복지부장관

 ②

시 · 도지사 또는 시장 · 군수 · 구청장은 위생서비스 평가의 결과에 따른 위생관리 등급별로 영업소에 대한 위생감시를 실시하여야 한다.

27 바디용 제품이 아닌 것은?

① 샤워젤

② 바디오일

③ 헤어에센스

④ 데오도란트

 ③

손상된 모발에 영양을 공급하고 윤기 있는 머릿결로 가꾸어 주는 헤어에센스는 모발용 제품이다.

28 금속제품을 자비소독 할 경우 언제 물에 넣는 것이 가장 좋은가?

① 가열 시작 전

② 가열 시작 직후

③ 수온이 미지근할 때

④ 끓기 시작한 후

 ④

금속제품을 자비소독 할 경우 물이 끓기 시작한 후에 넣는 것이 가장 좋다.

> ⊕ **핵심 뷰티** ⊕
>
> **자비 소독법**
> • 100℃에서 20분 이상 끓이는 방법으로 크레졸 비누액 3% 정도 첨가 시 세척효과를 높일 수 있다.
> • 석기류. 행주. 수건. 주사기. 의류 등의 소독에 이용된다.

29 다음 중 화장수의 역할이 아닌 것은?

① 피부의 pH 균형을 유지시킨다.
② 피부 노폐물의 분비를 촉진시킨다.
③ 피부의 수렴작용을 한다.
④ 각질층에 수분을 공급한다.

 정답 ②

피부 노폐물의 분비를 촉진시키는 것은 화장수의 역할이 아니다.

30 확대경의 사용방법 중 틀린 것은?

① 어두운 곳에서 사용한다.
② 고객의 눈에 아이패드를 한다.
③ 고객에게 적용할 때 눈에 직접 닿지 않게 한다.
④ 불을 끈 후 고객 얼굴로 옮긴다.

 정답 ①

육안으로 판별하기 어려운 아주 작은 결점인 잔주름, 모공 상태, 색소침착, 면포, 여드름의 피부 상태를 정확히 파악하여 피부 관리에 도움을 준다. 어두운 곳에서 사용하면 피부분석이 어려울 가능성이 높다.

31 영업소 폐쇄 명령을 받고도 계속하여 영업을 하는 때에 당해 영업소를 폐쇄하기 위하여 취하는 조치에 해당하지 않는 것은?

① 출입자 검문 및 통제
② 당해 영업소가 위법한 영업소임을 알리는 게시물 부착
③ 영업을 위하여 필수불가결한 기구 또는 시설물을 사용할 수 없게 하는 봉인
④ 영업소의 간판 기타 영업표지물의 제거

 정답 ①

> **⊕ 핵심 뷰티 ⊕**
>
> **폐쇄를 위한 조치**
> • 간판 기타 영업표지물의 제거
> • 위법한 영업소임을 알리는 게시물 등의 부착
> • 영업을 위하여 필수불가결한 기구 또는 시설물을 사용할 수 없게 하는 봉인

32 전기장치에서 퓨즈의 역할은?

① 전압을 바꾸어 준다.
② 전류의 세기를 조절한다.
③ 부도체에 전기가 잘 통하도록 한다.
④ 전선의 과열을 막아 주는 안전장치 역할을 한다.

 정답 ④

퓨즈는 전선에 규정 값 이상의 과도한 전류가 계속 흐르지 못하게 자동적으로 차단하는 장치이다.

제 **2** 장 CBT 기출복원문제

33 다음 중 팩의 효과가 아닌 것은?

① 피부 신진대사 촉진
② 각질 제거
③ 유효 성분 공급
④ 피부 치유 기능

 정답 ④

피부 치유 기능은 팩의 효과가 아니다.

> **핵심 뷰티**
>
> **팩과 마스크의 차이점**
> • 팩 : 팩을 바른 후 얇은 피막이 만들어지지만 완전히 굳어지는 않는다. 따라서 외부와 공기가 통할 수 있다.
> • 마스크 : 얼굴에 바른 후 딱딱하게 굳어져 외부의 공기 유입과 수분 증발을 차단한다. 따라서 피부 온도가 급격하게 올라가 피부를 유연하게 하고 유효 성분의 침투를 용이하게 한다.

34 화장품 성분 중 양모에서 정제한 것은?

① 바셀린
② 밍크 오일
③ 플라센터
④ 라놀린

 정답 ④

라놀린은 양모에서 얻어지는 연한 황색의 물질이다. 라놀린의 수화작용으로 각질층에 수분 균형을 조절하여 피부가 건조하고 트는 것을 방지한다.

35 위생교육은 일 년에 몇 시간을 받아야 하는가?

① 2시간
② 3시간
③ 5시간
④ 6시간

 정답 ②

이 · 미용업의 업주는 일 년에 3시간의 교육을 받아야 한다.

36 다음 중 건성피부의 화장품 사용법으로 가장 거리가 먼 것은?

① 영양, 보습 성분이 있는 오일이나 에센스
② 알코올과 피지조절제가 함유된 화장품
③ 클렌저는 밀크 타입이나 유분기가 있는 크림 타입
④ 토닉으로 보습 기능이 강화된 제품

 정답 ②

알코올과 피지조절제가 함유된 화장품은 지성피부이다.

37 피부미용 시 처음과 마지막 동작 또는 연결 동작으로 이용되는 매뉴얼 테크닉은?

① 에플라지
② 타포트먼트
③ 니딩
④ 롤링

 ①

처음과 마지막 동작 또는 연결동작으로 이용되는 매뉴 얼 테크닉은 에플라지(쓰다듬기)이다.

> ⊕ **핵심 뷰티** ⊕
>
> **에플라지(쓰다듬기)**
> • 매뉴얼 테크닉의 시작과 끝에 이용한다.
> • 혈액과 림프의 순환을 촉진시킨다.
> • 피부의 진정효과 및 긴장 완화효과가 있다.
> • 모세혈관을 확장시킨다.

38 다음 중 부향률이 가장 오래 지속되는 것은?

① 퍼퓸
② 오데퍼퓸
③ 샤워코롱
④ 오데코롱

 ①

부향률이란 향수 원액과 알콜의 비율을 말하며, 부향률 이 높다는 것은 원액이 더 많다는 뜻이다. 퍼퓸 > 오데 퍼퓸 > 오데토일렛 > 오데코롱 > 샤워코롱의 순이다.

39 마스크의 종류에 따른 사용 목적이 틀린 것 은?

① 콜라겐 벨벳 마스크 – 진피 수분 공급
② 고무 마스크 – 진정, 노폐물 흡착
③ 석고 마스크 – 영양성분 침투
④ 머드 마스크 – 모공 청결, 피지 흡착

 ①

진피의 수분 공급이 아니라 표피의 수분 공급이다.

40 지성피부의 면포 추출에 사용하기 가장 적합 한 기기는?

① 분무기
② 전동 브러시
③ 리프팅기
④ 진공흡입기

 ④

진공흡입기는 지성피부의 면포 추출에 사용하기 가장 적합하다.

41 단백질 합성이 일어나는 세포소기관은?

① 리소좀

② 골지체

③ 리보솜

④ 사립체

 ③

리보솜은 살아 있는 세포의 세포질에서 단백질을 합성하는 단백질과 RNA 복합체로 세포막이 없다.

42 크레졸을 물에 잘 녹게 하는 pH 상태는?

① 알칼리성

② 산성

③ 강산성

④ 중성

 ①

크레졸은 희소한 알칼리에 녹아 알코올에 섞인다.

43 테슬라 전류가 사용되는 기기는?

① 고주파기기

② 전기분무기

③ 갈바닉기

④ 스팀기

 ①

테슬라 전류가 사용되는 기기는 고주파기기이다.

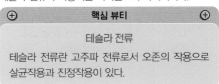

핵심 뷰티

테슬라 전류

테슬라 전류란 고주파 전류로서 오존의 작용으로 살균작용과 진정작용이 있다.

44 왁스를 이용한 제모에 대한 설명으로 틀린 것은?

① 모근까지 제거할 수 있는 방법이다.

② 부직포 적용 후 털이 난 반대방향으로 뜯어낸다.

③ 부직포는 왁스를 적용하고자 하는 부위에 사용한다.

④ 왁스는 털이 난 반대방향으로 도포한다.

 ④

왁스는 털이 난 방향으로 도포한다.

45 주름 개선 기능성 화장품의 효과와 가장 거리가 먼 것은?

① 피부탄력 강화
② 콜라겐 합성 촉진
③ 표피 신진대사 촉진
④ 섬유아세포 분해 촉진

 정답 ④

섬유아세포 생성을 촉진한다.

46 매뉴얼테크닉 동작 중 진동하기의 주 효과에 해당되는 것은?

① 진정효과 및 근육 이완효과로 손동작은 말초에서 심장 쪽으로 한다.
② 심층자극으로 근육을 이완시키고 피부조직 향상, 노폐물과 피지 배출을 증진시킨다.
③ 섬세한 자극으로 말초신경이나 작은 근육에 대하여 영향을 주고 혈액과 림프순환을 증진시킨다.
④ 깊은 조직에 영향을 주고 탄력성증진과 선분비운동을 활발하게 한다.

 정답 ③

근육을 이완시키고 결체 조직 탄력을 증진시켜 림프와 혈액 순환을 촉진하는 효과가 있다.

47 다음 중 실내 공기의 오염 지표로 쓰이는 것은?

① 이산화질소
② 일산화탄소
③ 이산화탄소
④ 아황산가스

 정답 ③

실내공기의 오염 지표는 이산화탄소이다.

48 크림의 유화형태의 설명으로 틀린 것은?

① W/O형 : 기름 중에 물이 분산된 형태이다.
② W/O형 : 수분손실이 많아 지속성이 낮다.
③ O/W형 : 물중에 기름이 분산된 형태이다.
④ O/W형 : 사용감이 산뜻하고 퍼짐성이 좋다.

 정답 ②

W/O형 크림은 보습성과 지속성이 좋다.

49 건열멸균소독에 사용하는 온도로 가장 적합한 것은?(단 공중위생관리법 상의 기준으로 한다.)

① 80~90℃

② 50~70℃

③ 100~180℃

④ 15~30℃

 ③

보통 160℃에서 2시간 혹은 140℃에서 3시간 이상 지속해야 멸균이 된다.

50 팩의 적용방법 중 틀린 것은?

① 팩은 피부유형에 따라 적합한 것으로 사용하고, 한 종류만 사용해야 한다.

② 특별히 민감한 피부는 사용 전에 테스트를 먼저 실시한다.

③ 팩 붓을 이용하여 일정한 두께로 바르고 볼–턱–코–이마–목 순으로 바른다.

④ 팩제의 사용법에 따라 건조되는 팩은 입술, 눈 가까이에는 바르지 않는다.

 ①

팩을 두 종류 이상 사용할 수 있다.

51 법정감염병 중 제3급 감염병에 해당하는 것은?

① 풍진

② 황열

③ 수족구병

④ 장티푸스

 ②

①, ④는 제2급, ③은 제4급이다.

52 폐에서 이산화탄소를 내보내고 산소를 받아들이는 역할을 수행하는 순환은?

① 폐순환

② 체순환

③ 전신순환

④ 문맥순환

 ①

폐순환은 혈액순환의 한 경로로 심장에서 나간 정맥혈이 폐의 모세혈관을 지나며 이산화탄소를 내보내고, 산소를 받아 동맥혈이 되어 좌심방으로 돌아오는 과정이다.

53 흉곽에 관한 설명으로 틀린 것은?

① 7쌍의 진성늑골은 흉추와 흉골에 관절한다.

② 호흡의 흡기 시에는 늑골이 아래로 당겨져 폐가 팽창된다.

③ 흉곽의 구성은 흉골 1개와 늑골 12쌍, 흉추 12개로 구성된다.

④ 2쌍의 부유늑골은 오직 흉추와 관절한다.

정답 ②

호흡의 흡기 시에는 늑골이 위로 올려져 흉강의 부피가 커진다.

54 이 · 미용업소에서의 면도기 사용에 대한 설명으로 가장 옳은 것은?

① 매 손님마다 소독한 정비용 면도기 교체 사용

② 정비용 면도기를 소독 후 계속 사용

③ 정비용 면도기를 손님 1인에 한하여 사용

④ 1회용 면도날만을 손님 1인에 한하여 사용

정답 ④

면도기는 1회용 면도날만을 손님 1인에 한하여 사용하여야 한다.

55 소독에 대한 설명으로 옳은 것은?

① 미생물이나 병원균이 없는 상태

② 모든 미생물의 생활력은 물론 미생물 자체를 없애는 것

③ 병원 미생물의 발육과 그 작용을 제지 또는 정지시키는 것

④ 병원 미생물의 생활력을 파괴하여 감염력을 없애는 것

정답 ④

소독은 전염병의 전염을 방지할 목적으로 병원균을 멸살하는 것이다.

56 이 · 미용실에서 레이저 사용시 교차감염을 위해 주의할 점이 아닌 것은?

① 소독된 것과 소독되지 아니한 것을 분리하여야 한다.

② 면도날을 재사용해서는 안 된다.

③ 면도날을 매번 고객마다 갈아 끼우기 어렵지만, 하루에 한 번은 반드시 새것으로 교체해야만 한다.

④ 매 고객마다 새로 소독된 면도날을 사용해야 한다.

정답 ③

면도날을 매번 고객마다 갈아 끼워야 한다.

57 매우 낮은 전압의 직류를 이용하여 이온영동법과 디스인크러스테이션의 두 가지 중요한 기능을 하는 기기는?

① 갈바닉기기
② 저주파기기
③ 초음파기기
④ 고주파기기

 ①

갈바닉기기는 이온영동법(영양관리 방법)과 디스인크러스테이션(딥클렌징 방법)의 기능이 있다.

58 에센셜 오일에 관한 설명 중 틀린 것은?

① 좋은 품질의 에센셜 오일을 선별하기 위해서는 원산지와 라틴 학명 등을 확인하는 것이 좋다.
② 일반적으로 에센셜 오일의 사용기간은 2년 정도이며 감귤류에서 추출한 것은 더 짧다.
③ 쓰다가 남은 에센셜 오일은 산화방지를 위해서 작은 용기에 보관하는 것이 좋다.
④ 물에 떨어뜨려 봤을 때 물에 잘 섞이지 않는 것이 좋다.

 ④

에센셜 오일은 물에 떨어뜨려 봤을 때 물에 잘 섞이는 것이 좋다.

59 불법 카메라나 기계장치를 설치한 경우의 2차 행정처분은?

① 영업정지 1월
② 영업정지 2월
③ 영업장 폐쇄명령
④ 면허정지

 ②

카메라나 기계장치를 설치한 경우 1차 위반시 영업정지 1월, 2차 위반시 영업정지 2월, 3차 위반 시 영업장 폐쇄명령의 행정처분을 한다.

60 성매개 감염병이 아닌 것은?

① 매독
② 임질
③ 발진티푸스
④ 성기단순포진

 ③

발진티푸스는 리케차를 병원체로 하여 이( )에 의하여 전염되는 급성 전염병이다. 발병하면 갑자기 몸이 떨리며 오한이 나고, 40도 내외의 고열이 계속되어 의식을 잃으며, 온몸에 붉고 작은 발진이 생긴다.

CBT 기출복원문제　　제6회

01 피부관리의 시술단계 중 ( ) 안에 들어갈 내용은?

> 클렌징 → 피부분석 → 딥클렌징 → ( ) →
> 팩 → 마무리

① 세안
② 습포
③ 매뉴얼 테크닉
④ 제모

 ③

빈칸에 들어갈 내용은 매뉴얼 테크닉이다.

02 다음 중 물리적인 딥클렌징이 아닌 것은?

① 스크럽제
② 브러시(후리마돌)
③ AHA(Alpha Hydroxy Acid)
④ 고마쥐

 ③

AHA는 화학적인 딥클렌징에 사용되는 사과, 토마토, 오렌지 등의 과일에서 추출한 천연산이다.

03 다음 중 각질을 형성해 내는 각질 형성 세포가 위치하고 있는 곳은?

① 피하지방
② 망상층
③ 기저층
④ 과립층

 ③

각질형성세포는 표피의 기저층에 위치한다.

04 다음 중 세포 소기관 중에서 세포 내의 호흡 생리를 담당하고, 이화작용과 동화작용에 의해 에너지를 생산하는 기관은?

① 리소좀
② 리보솜
③ 골지체
④ 미토콘드리아

 ④

미토콘드리아의 가장 중요한 기능은 몸속으로 들어온 음식물을 통해서 에너지원인 ATP를 합성하는 역할이다. 또한 호흡을 관장하는 중심적 구실을 하는 구조체이다.

05 보건행정에 대한 설명으로 가장 적합한 것은?

① 개인보건의 목적을 달성하기 위해 공공의 책임하에 수행하는 행정활동
② 공중보건의 목적을 달성하기 위해 개인의 책임하에 수행하는 행정활동
③ 공중보건의 목적을 달성하기 위해 공공의 책임하에 수행하는 행정활동
④ 국가 간의 질병교류를 막기 위해 공공의 책임하에 수행하는 행정활동

 ③

③의 내용이 가장 옳다. 보건행정은 국민이 심신의 건강을 유지함과 동시에 적극적으로 건강 증진을 도모하도록 돕는 보건정책을 목표로 하는 행정이다.

06 소장에 대한 설명으로 틀린 것은?

① 소화물을 미즙상태로 만들어 십이지장으로 내보낸다.
② 소화와 흡수가 마무리되는 부분이다.
③ 소장의 소화흡수는 소장운동과 장액에 의해 소화 · 흡수 · 이동된다.
④ 최종 소화흡수된 영양물질은 융모의 모세혈관에서 흡수한다.

 ①

소화물을 미즙상태로 만들어 십이지장으로 내보내는 것은 위이다.

07 피부 상태를 분석할 때 사용되는 기기가 아닌 것은?

① 우드램프
② 확대경
③ 유분 측정기
④ 체지방 분석기

 ④

체지방 분석기는 피부 상태를 분석할 때 사용되는 기기가 아니다.

08 화장품의 4대 요건에서 "보습, 노화지연, 자외선 차단, 세정 효과가 있어야 한다"는 것은?

① 유효성
② 사용성
③ 안정성
④ 안전성

 ①

핵심 뷰티

화장품의 4대 요건

• 안전성 : 피부에 대한 자극, 알레르기, 독성이 없을 것
• 안정성 : 보관에 따른 변질, 변색, 변취, 미생물의 오염이 없을 것
• 사용성 : 피부에 사용했을 때 손놀림이 쉽고, 피부에 매끄럽게 잘 스며들 것
• 유효성 : 적절한 보습, 노화억제, 자외선 차단, 미백, 세정 등의 효과를 부여할 것

---

09 고주파에 대한 설명으로 가장 거리가 먼 것은?

① 100000Hz 이상의 높은 진폭에 의해 분류되는 교류전류이다.
② 직접 전류 방식과 간접 전류 방식의 종류로 구분된다.
③ 신경 및 근육의 전기적 자극으로 통증을 완화시킨다.
④ 이온 운동 없이 진동 전류 에너지가 열에너지로 빨리 전환된다.

정답 ④

고주파는 파동 주기가 짧아 근육에 수축을 일으키지 않고 열을 발생시킨다.

10 다음에서 설명하는 기능성 화장품은?

> 비타민 A와 관련된 화합물의 총칭이며, 이들은 피부세포의 증식과 분화에 영향을 주고 손상된 콜라겐과 엘라스틴의 회복을 촉진해준다. 또한 여드름 치유 및 주름을 개선하는 효과가 있다.

① 리보솜 화장품
② 여드름 화장품
③ 레티노이드 화장품
④ 자외선 차단 화장품

정답 ③

레티노이드의 화학적 정의로는 비타민A(레티놀)의 골격이 있는 화합물에 대한 총칭이다.

11 불소가 너무 많은 식수를 계속 장기간 마시면 어떤 현상이 발생될 수 있는가?

① 이질
② 충치
③ 설사
④ 반상치

정답 ④

반상치의 주된 원인은 불소 과잉 섭취이다. 불소를 과다하게 사용하면 치아 법랑질 형성에 이상을 일으켜 반상치를 유발할 수 있다.

⊕ 핵심 뷰티 ⊕
반상치
흰색 반점이나 노란색 또는 갈색 반점이 불규칙하게 표면에 착색된 치아와 전체 면이 백지와 같은 치아

12 점 빼기 · 귓볼 뚫기 · 쌍꺼풀 수술 · 문신 · 박피술 그 밖에 이와 유사한 의료행위를 한 경우의 1차 행정처분은?

① 영업정지 1월
② 영업정지 2월
③ 영업정지 3월
④ 영업장 폐쇄명령

정답   ②

점 빼기 · 귓볼 뚫기 · 쌍꺼풀 수술 · 문신 · 박피술 그 밖에 이와 유사한 의료행위를 한 경우 1차 위반시에는 영업정지 2월, 2차 위반 시 영업정지 3월, 3차 위반 시 영업장 폐쇄명령의 행정처분을 한다.

제 **2** 장

CBT 기출복원문제

13 석고마스크에 관련된 설명으로 틀린 것은?

① 피부유형에 맞는 앰플이나 에센스를 도포
한 후 적용한다.
② 열이 식으면 가볍게 흔들어 얼굴에서 떼
어낸다.
③ 머리카락이 삐져나오지 않게 헤어밴드를
잘 정리해 준다.
④ 모세혈관 확장 피부에 효과적이다.

 ④

모세혈관 확장 피부에 석고마스크는 좋지 않다.

**14 14세 이하가 65세 이상 인구의 두 배 정도이
며 출생률과 사망률이 낮은 인구 구성 형태
는?**

① 종형
② 별형
③ 피라미드형
④ 항아리형

 ①

종형(鐘型)은 가족계획의 실시나 사회 변화에 따라 출생
률이 낮아지고, 또한 사망률도 낮아 평균수명이 긴 사회
에 나타난다.

**15 매뉴얼 테크닉 동작 중 근육 이완 효과가 가
장 큰 동작은?**

① 두드리기
② 문지르기
③ 쓰다듬기
④ 반죽하기

 ④

반죽하기(petrissage)는 근육을 쥐고 손가락 전체를 이용
하여 반죽하듯이 주물러 부드럽게 하는 방법이다. 근육
의 혈액을 촉진하고 노폐물을 제거하며 근육 피로와 통
증을 완화하는 효과가 있다.

16 인체에서 방어 작용에 관여하는 세포는?

① 백혈구
② 혈소판
③ 항원
④ 적혈구

 ①

백혈구는 혈액세포의 한 종류로 외부 물질, 감염성 질환
에 대항하여 신체를 보호하는 면역기능을 수행하는 세
포이다.

핵심 뷰티

백혈구의 정의

• 백혈구는 면역체계를 구성하는 세포이다.
• 감염성 질환 및 외부물질에 대한 방어기능을 수
행한다.
• 혈액 1㎕당 4,000~10,000개 정도 포함되어 있다.
• 백혈구의 수는 몸의 면역상태, 감염되어 있는지
여부에 따라 매우 다양하게 나타날 수 있다.

17 다음 중 청문을 실시하는 사항이 아닌 것은?

① 공중위생영업의 정지처분을 하고자 하는 경우
② 정신질환자 또는 간질병자에 해당되어 면허를 취소하고자 하는 경우
③ 공중위생영업의 일부시설의 사용중지 및 영업소 폐쇄처분을 하고자 하는 경우
④ 공중위생영업의 폐쇄처분 후 그 기간이 끝난 경우

 ④

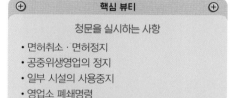

청문을 실시하는 사항

• 면허취소 · 면허정지
• 공중위생영업의 정지
• 일부 시설의 사용중지
• 영업소 폐쇄명령
• 공중위생영업 신고사항의 직권 말소

18 피부의 산성도가 파괴되어 본래의 피부로 환원시키는 표피의 능력을 의미하는 것은?

① 카르복실 중화능력
② 아미노산 중화능력
③ 알칼리 중화능력
④ 피부 중화능력

 ④

피부의 중화능력은 비누 등의 세안으로 알칼리성이 되었다가 다시 약산성으로 환원되는 것을 말한다.

19 갈바닉 기기의 음극 효과로 틀린 것은?

① 신경의 자극
② 모공의 수축
③ 피부의 연화
④ 혈액공급의 증가

 ②

갈바닉 기기의 음극 효과는 모공의 확장이다.

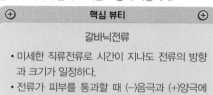

갈바닉전류

• 미세한 직류전류로 시간이 지나도 전류의 방향과 크기가 일정하다.
• 전류가 피부를 통과할 때 (−)음극과 (+)양극에 의해 화학적 작용이 일어난다.
• 주요 기기로는 디스인크러스테이션과 이온토포레시스가 있다.

20 한 국가나 지역사회의 건강수준을 나타내는 지표로서 가장 대표적인 것은?

① 조사망률
② 사산율
③ 질병이환율
④ 영아사망률

 ④

영아(乳兒)는 생후 1년 미만의 출생아를 말한다. 영아의 사망은 그 나라의 위생 상태, 특히 모자보건 상태를 반영하기 때문에 중요하다.

21 다음 피부 유형에 대한 설명 중 옳은 것은?

① 지성피부는 잔주름이 잘 나타나지 않으며 피지분비량이 많고 메이크업이 쉽게 잘 지워진다.
② 건성피부는 모세혈관벽을 강화시켜주고 피부건강을 개선시켜 주어야 한다.
③ 주사비(rosacea)는 주로 입이나 턱 주위에 발생한다.
④ 복합성 피부는 가장 이상적인 피부로 적당한 촉촉함이 있고 피부결도 섬세하고 매끄럽다.

 ①

② 건성피부가 아닌 모세혈관확장피부에 대한 설명이다.
③ 주사비는 얼굴 중심부인 코나 뺨 등에 나타난다.
④ 복합성 피부는 T존은 피지 분비가 많아 모공이 넓고 거칠다. U존은 피지 분비가 적어 모공이 작다. 코 주위에 블랙 헤드가 많다.

22 갈바닉 전류의 음극에서 생성되는 알칼리를 이용하여 피부 표면의 피지와 모공 속의 노폐물을 세정하는 방법은?

① 이온토포레시스
② 리프팅 트리트먼트
③ 디스인크러스테이션
④ 고주파 트리트먼트

 ③

디스인크러스테이션은 전기 세정법을 말한다. 피부 속 노폐물이 용해되며 노화된 각질을 연화시킨다.

23 일반적으로 인체 내 수분의 배출량이 많은 것부터 나열한 것은?

① 폐와 피부 – 소변 – 땀 – 대변
② 소변 – 대변 – 땀 – 폐와 피부
③ 소변 – 땀 – 대변 – 폐와 피부
④ 소변 – 폐와 피부 – 땀 – 대변

 ④

인체 내의 수분은 하루에 약 2.5L 수준이 배출되며 소변은 약 1.5L, 폐와 피부 각각 0.5L, 대변 약 0.1L~0.2L 정도 배출된다.

24 갑상선의 기능과 관계있으며 모세혈관 기능을 정상화시키는 것은?

① 철분
② 요오드
③ 인
④ 칼슘

 ②

요오드는 모세혈관의 기능을 정상화시키는 역할을 하며, 탈모를 예방하고 모발 건강에도 도움을 준다. 또한 갑상선과 부신의 기능을 향상시켜 준다.

25 아로마 오일에 대한 설명으로 가장 적합한 것은?

① 아로마 오일은 공기 중의 산소나 빛에 안정하기 때문에 주로 투명용기에 보관하여 사용한다.
② 아로마 오일은 베이스노트이다.
③ 아로마 오일은 주로 향기식물의 줄기나 뿌리 부위에서만 추출된다.
④ 수증기 증류법에 의해 얻어진 아로마 오일이 주로 사용되고 있다.

 ④

① 아로마 오일은 갈색용기에 보관한다.
② 주로 미들노트이다.
③ 허브의 꽃, 잎, 줄기 등에서 추출한다.

26 우리 몸의 대사 과정에서 배출되는 노폐물, 독소 등이 배설되지 못하고 피부조직에 남아 비만으로 보이며 림프 순환이 원인인 피부 현상은?

① 쿠퍼로제
② 켈로이드
③ 알레르기
④ 셀룰라이트

 ④

셀룰라이트는 주로 혈액순환 또는 림프순환이 잘 안 되는 경우, 운동부족, 노폐물·독소·수분 등의 배출이 제대로 이루어지지 않은 경우에 생기며, 그 대부분은 진피 아래에 생긴다.

27 다음 중 산성비를 증가시키는 주원인은?

① 메탄가스
② 황산화물질
③ 일산화탄소
④ 이산화탄소

 ②

황산화물은 주요한 대기오염물질로써 산성비의 원인인데, 식물의 엽록소를 파괴하여 말라죽게 하는 등 피해가 크다.

28 세균이 가장 잘 자라는 최적의 수소이온(pH) 농도는?

① 강산성
② 약산성
③ 강알칼리성
④ 중성

 ④

세균이 가장 잘 자라는 pH는 중성이다.

29 뼈의 기능이 아닌 것은?

① 혈구생성을 하는 조혈기능이 있다.

② 인체의 장기를 보호한다.

③ 인체를 지지하는 기능이 있다.

④ 열을 생산하여 인체에 필요한 에너지를 공급한다.

 ④

뼈의 기능으로는 지지, 보호, 조혈, 운동, 저장 기능이 있다.

30 팩의 목적 및 효과가 아닌 것은?

① 모공 이완작용

② 피부 보습작용

③ 유효성분 흡수 촉진작용

④ 피부의 진정작용

 ①

팩은 모공을 수축시킨다.

⊕ **핵심 뷰티** ⊕

팩의 주요 기능

• 혈액순환 촉진과 보습작용 : 피막 형성으로 피부 표면의 온도가 올라가 혈액순환이 촉진되고 수분 증발이 억제됨으로써 보습효과를 얻을 수 있다.
• 피부 청정작용 : 모공이나 피부 표면에 남아 있는 노폐물을 흡착 · 제거한다.
• 피부 경피흡수 촉진 : 피막을 형성함으로써 모공과 한선이 확장되어 팩제의 함유된 유효 성분의 침투가 원활해진다.
• 각질 제거작용 : 각질층의 죽은 각질을 연화시켜 팩 제거 시 함께 제거된다.

31 위생교육의 내용과 가장 거리가 먼 것은?

① 시사 · 상식 교육

② 친절 및 청결에 관한 교육

③ 기술교육

④ 공중위생관리법 및 관련 법규

 ①

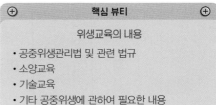

⊕ **핵심 뷰티** ⊕

위생교육의 내용

• 공중위생관리법 및 관련 법규
• 소양교육
• 기술교육
• 기타 공중위생에 관하여 필요한 내용

32 두드러기의 특징으로 틀린 것은?

① 급성과 만성이 있다.

② 주로 여자보다는 남자에게 많이 나타난다.

③ 국부적 혹은 전신적으로 나타난다.

④ 크기가 다양하며 소양증을 동반하기도 한다.

 ②

두드러기는 성별의 차이는 없다.

33 에센셜 오일의 추출법으로 틀린 것은?

① 응고법
② 압축법
③ 용매 추출법
④ 증류법

 ①

에센셜 오일의 추출법에는 냉침법, 온침법, 압축법, 증류법, 용매 추출법 등이 있다.

⊕ **핵심 뷰티** ⊕

에센셜 오일 사용 시 주의사항

• 서늘하거나 직사광선이 들지 않는 곳에 보관한다.
• 감귤류 계열은 감광선에 의해 색소침착이 일어나므로 주의한다.
• 아로마 오일은 반드시 식물성 오일(캐리어 오일)에 희석하여 사용한다.
• 눈 부위에 원액이 닿지 않도록 한다.
• 갈색병에 보관하고 뚜껑은 반드시 닫아 놓는다.

---

34 이용사 또는 미용사의 면허를 받을 수 없는 자가 아닌 것은?

① 전과자
② 정신질환자
③ 감염성 결핵환자
④ 마약중독자

 ①

전과자는 이용사 또는 미용사의 면허를 받을 수 있다.

35 영업정지 처분을 받고 그 영업정지 기간 중 영업을 한 때에 대한 1차 위반시 행정처분 기준은?

① 영업정지 10일
② 영업정지 20일
③ 영업정지 1월
④ 영업장 폐쇄명령

 ④

영업정지 처분을 받고 그 영업정지 기간 중 영업을 한 때에 대한 1차 위반시 영업장 폐쇄명령처분을 한다.

36 여드름의 원인으로 가장 거리가 먼 것은?

① 에스트로겐의 과잉분비
② 변비
③ 유전
④ 스트레스

 ①

에스트로겐이 아닌 테스토스테론의 과다분비가 원인이다.

제**2**장
CBT 기출복원문제

37 입술 점막에 사용하는 제품은?
① 아이섀도우
② 화장수
③ 에센스
④ 립스틱

 ④

립스틱은 입술에 사용한다.

38 소독제의 보존에 대한 설명으로 틀린 것은?
① 직사광선을 받지 않도록 한다.
② 식품과 혼동하기 쉬운 용기나 장소에 보관하지 않도록 한다.
③ 냉암소에 둔다.
④ 사용하다 남은 소독약은 재사용을 위해 밀폐시켜 보관한다.

 ④

사용하다 남은 소독약을 재사용하지 않는다.

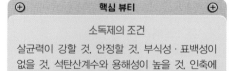

핵심 뷰티

소독제의 조건
살균력이 강할 것, 안정할 것, 부식성 · 표백성이 없을 것, 석탄산계수와 용해성이 높을 것, 인축에 무해할 것, 사용하기가 쉬울 것, 경제성이 있을 것

39 외인성 피부질환의 원인과 가장 거리가 먼 것은?
① 유전인자
② 산화
③ 피부건조
④ 자외선

 ①

유전인자는 외인성 피부질환의 원인과 거리가 멀다.

40 소화관의 구성 중 식도 다음에 있는 기관은?
① 소장 및 대장
② 인두
③ 항문
④ 위

 ④

소화관은 구강 → 인두 → 식도 → 위 → 소장 → 대장 → 항문으로 구성되어 있다.

41 다음 질병의 잠복기에 대한 설명으로 옳은 것은?

> 콜레라, 장티푸스, 천연두, 나병, 이질, 디프테리아

① 잠복기가 가장 긴 것은 콜레라 – 천연두 순이다.
② 잠복기가 가장 짧은 것은 이질 – 콜레라 순이다.
③ 잠복기가 가장 긴 것은 나병 – 장티푸스 순이다.
④ 잠복기가 가장 짧은 것은 장티푸스 – 나병 – 디프테리아 순이다.

정답 ③

⊕ 핵심 뷰티 ⊕

질병의 잠복기

• 콜레라 : 6시간 ~ 5일
• 이질 : 12시간 ~ 7일
• 디프테리아 : 2 ~ 5일
• 천연두 : 7 ~ 17일
• 장티푸스 : 3 ~ 60일
• 나병 : 수년 ~ 십수년

---

42 자율신경의 지배를 받는 민무늬근은?

① 승모근　　② 심근
③ 골격근　　④ 평활근

 ④

평활근은 위, 소화관, 혈관, 방광과 같이 관을 이루는 내부 기관을 둘러싸고 있는 근육으로 주요 기능은 근수축을 통해 관 안의 물질을 이동시킬 수 있는 힘을 제공해 준다. 평활근의 수축 섬유는 골격근보다 덜 조직적으로 배열되어 있어서 광학현미경을 통해 관찰하면 줄무늬가 관찰되지 않는다.

43 자외선램프의 사용에 대한 내용으로 틀린 것은?

① 고객으로부터 1m 이상의 거리에서 사용한다.
② 주로 UVA를 방출하는 것을 사용한다.
③ 눈 보호를 위해 패드나 선글라스를 착용하게 한다.
④ 살균이 강한 화학선이므로 사용 시 주의를 해야 한다.

 ①

고객으로부터 5~6cm 이상의 거리에서 사용한다.

44 왁스 제모방법에 대한 설명으로 옳은 것은?

① 왁스를 털이 자란 방향으로 도포한다.
② 제거 시 털이 자란 방향으로 천천히 당기며 떼어낸다.
③ 제모부위는 땀과 유분기를 제거하지 않고 작업한다.
④ 모근의 제거가 되지 않아 제모효과가 1~2주 정도로 짧게 지속된다.

 ①

② 제거 시 털이 자란 반대방향으로 천천히 당기며 떼어낸다.
③ 제모부위는 땀과 유분기를 제거하고 작업한다.
④ 모근의 제거로 제모효과가 4~5주 정도 지속된다.

45 제3뇌신경에 해당하며, 눈의 운동 및 동공 변화에 관여하는 신경은?

① 시신경
② 삼차신경
③ 동안신경
④ 미주신경

 ③

동안신경은 제3뇌신경으로 안구의 동공운동을 반사적으로 조절하는 자율성의 신경섬유도 포함되어, 모양체근과 동공괄약근에 분포하고 있다.
① **시신경** : 시각을 맡는 지각신경으로 시신경유두에서 시신경교차까지 지칭하는 제2뇌신경이다.
② **삼차신경** : 얼굴의 감각 및 일부 근육 운동을 담당하는 제5뇌신경이다.
④ **미주신경** : 숨뇌에서 나오는 제10뇌신경으로 여러 개의 가지로 나누어 져서 심장, 인두, 성대 내장기관 등에 분포하여 부교감신경, 감각 및 운동 신경의 역할을 한다.

46 감염병 구충제에 대한 내용으로 옳지 않은 것은?

① 구충제의 투약 간격은 4~6시간을 두는 것이 좋다.
② 구충제는 장내 기생충을 제거하는 데 도움을 주는 약이다.
③ 기생충의 종류에 상관없이 같은 성분의 약을 복용하면 된다.
④ 구충제로 예방이 가능한 기생충의 종류에는 선충류, 조충류, 흡충류 등이 있다..

 ③

기생충에 종류에 따라 다른 성분의 약을 복용해야 한다.

47 미용업에 사용하는 기기의 전류 중 안면에 사용할 수 없는 것은?

① 교류 전류
② 갈바닉 전류
③ 파라딕 전류
④ 저주파 전류

 ④

저주파는 아주 낮은 전류로 근육을 자극하여 수축과 이완을 부드럽게 유도하는 치료에 사용된다. 수축작용은 혈액 순환을 촉진시켜 경직된 근육을 풀어주며 마사지와 동일한 효과를 낸다. 안면보다는 전신관리에 더 적합하다.

48 주부습진, 기저귀 피부염이 해당하는 피부질환은?

① 건성 습진
② 지루성 피부염
③ 접촉성 피부염
④ 아토피성 피부염

 ③

주부습진은 물이나 세제에 장기간 접촉할 경우에 생기는 습진이고, 기저귀 피부염은 영유아에서 가장 흔한 피부 발진인 접촉성 피부염 중 하나이다.

49 다음 중 화장품 4대 요건이 아닌 것은?

① 안전성 : 피부에 대한 자극, 독성, 알레르기가 없을 것

② 안정성 : 변질이나 변색, 변취 등이 없을 것

③ 사용성 : 피부에 발랐을 때 퍼짐감이나 피부 친화성이 있을 것

④ 유효성 : 보습효과, 자외선 방어효과, 미백효과 등의 어느 정도는 치료 기능을 가지고 있을 것

 ④

치료 기능은 화장품의 조건은 아니다.

50 이 · 미용사 면허의 정지를 명할 수 있는 자는?

① 행정자치부 장관

② 시 · 도지사

③ 시장 · 군수 · 구청장

④ 경찰서장

 ③

시장 · 군수 · 구청장은 이 · 미용사 면허의 정지를 명할 수 있다.

51 물의 살균에 많이 이용되고 있으며 산화력이 강한 것은?

① 포름알데히드

② 오존

③ E.O 가스

④ 에탄올

 ②

물의 살균에서 오존 살균은 산화력이 강한 오존으로 살균을 하는 방법으로 염소 처리법에 비해 정수력이 뛰어나다. 일부 중금속과 유기물도 제거가 가능하며 발암 물질을 생성하지 않는다.

52 다음 중 향료의 함유량이 가장 적은 것은?

① 퍼퓸

② 오데토일렛

③ 샤워코롱

④ 오데코롱

 ③

샤워코롱은 부항률이 1~2%정도로 가장 적다.

53 공중보건에 대한 설명으로 가장 적절한 것은?

① 사회의학을 대상으로 한다.
② 개인을 대상으로 한다.
③ 예방의학을 대상으로 한다.
④ 집단 또는 지역사회를 대상으로 한다.

 ④

공중보건의 대상은 개인이 아니라 최소 지역사회주민이다.

54 O/W 에멀전의 주성분은?

① Liquid paraffin
② Oil
③ Water
④ Silicone

 ③

O/W 에멀전은 물에 오일이 분산되어 있는 형태(보습로션, 클렌징 크림 등)로 물(Water)이 주성분이다.

55 감염병 유행의 요인 중 전파경로와 가장 관계가 깊은 것은?

① 영양상태
② 인종
③ 환경요인
④ 개인의 감수성

 ③

전파경로와 가장 관계가 깊은 것은 환경요인이다. 환경요인에는 계절, 사회환경 등이 있다.

56 마스크와 관련한 설명 중 틀린 것은?

① 석고마스크는 적용 시 너무 뜨거울 수 있으므로 눈과 입술 등은 반드시 패드를 사용하여 보호한다.
② 콜라겐 벨벳마스크는 효과를 배가하기 위하여 적용 전에 유분이 풍부한 에센스를 도포하는 것이 좋다.
③ 파라핀마스크 적용 시 파라핀이 얼굴에 직접적으로 닿지 않도록 거즈를 올린 후 도포한다.
④ 알긴마스크는 해초파우더와 용액을 혼합하여 사용하는 것으로 일종의 고무마스크이다.

 ②

콜라겐 벨벳 마스크를 사용할 때 효과를 높이기 위하여 사용하는 영양액은 유분(오일)이 없는 것을 사용하여야 한다.

57 세계보건기구에서 보건수준 평가방법으로 종합건강지표로 제시한 내용이 아닌 것은?

① 보통사망률
② 평균수명
③ 비례사망지수
④ 의료봉사지수

 정답 ④

보건수준을 나타내는 지표로는 보통사망률, 평균수명, 비례사망지수, 영아사망률 등이 있다. 의료봉사지수는 보건수준을 나타내는 지표로는 옳지 않다.

58 다음 중 감염병 환자의 분뇨 및 토사물 소독으로 가장 적절한 것은?

① 알코올
② 승홍수
③ 역성비누
④ 크레졸

 정답 ④

크레졸은 오물, 배설물 등의 소독 및 이·미용실의 실내 소독용 등으로 사용한다.

59 일반적으로 식품의 부패란 무엇이 변질된 것인가?

① 단백질
② 비타민
③ 탄수화물
④ 지방

 정답 ①

일반적으로 부패는 단백질이 미생물에 의해 변질되어 악취물질, 독성물질 등이 생기는 현상이다.

60 진피의 주요 구성성분이 아닌 것은?

① 케라틴
② 기질
③ 콜라겐
④ 엘라스틴

 정답 ①

케라틴은 단백질로 모발의 구성 중 하나이다.

> **⊕ 핵심 뷰티 ⊕**
>
> **진피의 구성 물질**
>
> • 콜라겐(교원섬유) : 진피 성분의 90%를 차지하는 섬유성 단백질로 구성 물질은 콜라겐이다. 섬유아세포부터 생성되며, 피부에 장력을 제공한다.
> • 엘라스틴(탄력섬유) : 피부에 탄력성과 신축성을 부여해 준다.
> • 기질 : 진피의 결합섬유 사이를 채우고 있는 물질이다. 많은 양의 수분을 보유하고 있다.

CBT 기출복원문제 제7회

01 공중보건학의 범위에 속하지 않는 것은?

① 환경위생
② 역학
③ 당뇨병 치료
④ 산업보건

 ③

공중보건학의 목적은 질병의 예방에 있다.

> **핵심 뷰티**
>
> **공중보건학**
>
> 공중보건학의 최소 단위는 지역사회이며 대상은 개인이 아니고 지역주민 전체가 대상이 되며, 목적은 질병 예방, 수명 연장, 신체적·정신적 건강 및 효율의 증진이라고 할 수 있다.

02 매뉴얼 테크닉의 쓰다듬기(effleurage) 동작에 대한 설명 중에 맞는 것은?

① 피부 깊숙이 자극하여 혈액순환을 증진한다.
② 근육에 자극을 주기 위하여 깊고 지속적으로 누르는 방법이다.
③ 매뉴얼 테크닉의 시작과 마무리에 사용한다.
④ 손가락으로 가볍게 두드리는 방법이다.

 ③

매뉴얼 테크닉의 시작이나 마무리할 때 주로 사용하며 손바닥 전체를 이용하여 가볍게 천천히 쓰다듬는다.

03 직류와 교류에 대한 설명으로 옳은 것은?

① 교류를 갈바닉 전류라고 한다.
② 교류 전류에는 평류, 단속 평류가 있다.
③ 직류는 전류의 흐르는 방향이 시간의 흐름에 따라 변하지 않는다.
④ 직류전류에는 정현파, 감응, 격동 전류가 있다.

 ③

① 직류를 갈바닉 전류라고 한다.
②, ④ 교류전류에는 정현파, 감응, 격동 전류가 있다.

04 영아사망률의 계산공식으로 옳은 것은?

① 연간출생아수 인구×1,000
② (그해의 1~4세 사망아수/어느 해의 1~4세 인구)×1,000
③ (그해의 1세 미만 사망아수/어느 해의 연간출생아수)×1,000
④ (그해의 생후 28일 이내의 사망아수/어느 해의 연간 출생아 수)×1,000

 ③

건강수준이 향상되면 영아사망률이 줄어들므로 국민보건 상태의 측정지표로 널리 사용되고 있다.

05 동맥에 대한 설명으로 틀린 것은?

① 심장과 연결된 가장 굵은 동맥을 대동맥이라고 한다.
② 직경 0.5mm 이하는 세동맥이라고 한다.
③ 세동맥을 다시 나누면 모세혈관이 된다.
④ 폐동맥은 산소를 다량 함유한 혈액을 운반한다.

 정답 ④

폐동맥은 온몸에서 심장으로 돌아온 정맥혈을 폐로 보내는 혈관이다. 폐정맥이 산소를 다량 함유한 혈액을 운반한다.

06 공중보건의 3대 요소에 속하지 않는 것은?

① 감염병 치료
② 수명 연장
③ 건강과 능률의 향상
④ 감염병 예방

 정답 ①

공중보건은 질병을 예방하고, 생명을 연장하며, 건강과 인간적 능률의 증진을 꾀하는 과학이자 기술이다.

> **⊕ 핵심 뷰티 ⊕**
>
> **공중보건학**
> 지역사회 주민들의 조직화된 공동 노력에 의하여 그 지역사회 인구 집단의 건강과 질병을 다루는 학문이다.

07 공기의 자정작용현상이 아닌 것은?

① 산소, 오존, 과산화수소 등에 의한 산화작용
② 태양광선 중 자외선에 의한 살균작용
③ 식물의 탄소동화작용에 의한 CO_2의 생산작용
④ 공기 자체의 희석작용

 정답 ③

> **⊕ 핵심 뷰티 ⊕**
>
> **공기의 자정 작용**
> • 강력한 희석력
> • 강우에 의한 용해성, 가스의 용해 흡수, 부유성 미립물의 세척
> • 산소, 오존 등에 의한 산화 작용
> • 태양선에 의한 살균 정화 작용
> • 식물의 이산화탄소 흡수, 산소 배출에 의한 정화 작용

08 아포크린선의 설명으로 틀린 것은?

① 아포크린선의 냄새는 여성보다 남성에게 강하게 나타난다.
② 땀의 산도가 붕괴되면 심한 냄새를 동반한다.
③ 겨드랑이, 대음순, 배꼽 주변에 존재한다.
④ 인종적으로 흑인이 가장 많이 분비한다.

 정답 ①

아포크린선의 냄새는 대체로 남성보다 여성에게 강하게 나타난다.

09 물사마귀로도 불리우며 황색 또는 분홍색의 반투명성 구진을 가지는 피부 양성종양으로 땀샘관의 개출구 이상으로 피지분비가 막혀 생성되는 것은?

① 한관종
② 혈관종
③ 섬유종
④ 지방종

 정답 ①

한관종은 대부분 눈 주위와 뺨, 이마에 1~3mm 크기의 피부색 구진으로 나타나며, 주로 성인 여성에게 발생하는 흔한 양성종양이다.

10 겨드랑이의 냄새를 유발하는 분비물과 관련이 깊은 피부 부속기관은?

① 아포크린선
② 에크린선
③ 콜레스테롤
④ 스테로이드

 정답 ①

땀을 분비하는 선(腺)의 일종이다. 겨드랑이 부분에 가장 많다.

11 염료와 안료의 특징과 관련한 설명으로 틀린 것은?

① 염료는 메이크업 화장품을 만드는 데 주로 사용된다.
② 무기안료는 커버력이 우수하고 유기안료는 빛, 산, 알칼리에 약하다.
③ 안료는 물과 오일에 모두 녹지 않는다.
④ 염료는 물이나 오일에 녹는다.

 정답 ①

안료는 메이크업 화장품을 만드는 데 주로 사용된다.

12 적외선을 피부에 조사시킬 때 나타나는 생리적 영향의 설명으로 틀린 것은?

① 혈관을 확장시켜 순환에 영향을 미친다.
② 신진대사에 영향을 미친다.
③ 전신의 체온저하에 영향을 미친다.
④ 식균작용에 영향을 미친다.

 정답 ③

적외선은 열을 발생시킨다.

13 우드램프에 의한 피부의 분석결과 중 틀린 것은?

① 흰색 : 죽은 세포와 각질층의 피부
② 연한 보라색 : 건조한 피부
③ 오렌지색 : 여드름, 피지, 지루성 피부
④ 암갈색 : 산화된 피지

 정답 ④

암갈색은 색소 침착의 경우이다.

> ⊕ **핵심 뷰티** ⊕
>
> 우드램프 색상별 피부 진단
>
> 정상피부 – 청백색/건성피부 – 연보라/민감성피부 – 진보라/색소침착피부 – 암갈색/노화된 각질 – 흰색/지성피부 – 오렌지 · 분홍색/피지 · 여드름 피부 – 노란색 · 오렌지색/각질층 피부 – 하얀 가루 상태/먼지 및 이물질 – 백색 형광

14 클렌징에 대한 설명으로 가장 거리가 먼 것은?

① 포인트메이크업 클렌징 후 클렌징 작업을 한다.
② 클렌징제는 피부유형에 상관없이 사용할 수 있다.
③ 피부의 피지막 및 산성막을 파괴해서는 안 된다.
④ 표피에 묻어나는 미세한 먼지, 피부 분비물, 메이크업 잔여물 등을 깨끗이 없애주는 것을 말한다.

 정답 ②

클렌징제는 피부유형에 적합한 제품을 사용해야 한다.

15 영업신고증을 재교부하는 경우에 해당하는 것은?

① 영업신고증을 잃어버렸을 때
② 영업장의 면적이 신고한 면적에 비해 4분의 1이 증가하였을 때
③ 대표자의 성명이 변경된 때
④ 대표자의 생년월일이 변경된 때

 정답 ①

> ⊕ **핵심 뷰티** ⊕
>
> 영업신고증 재교부 신청 요건
>
> • 영업신고증의 분실 또는 훼손 시
> • 신고인의 성명이나 생년월일이 변경 시

16 다음 중 식물성 오일이 아닌 것은?

① 올리브 오일
② 피마자 오일
③ 실리콘 오일
④ 아보카도 오일

 정답 ③

실리콘은 합성 오일에 속한다. 실리콘 오일은 맛과 냄새가 없는 기름 모양의 액체로, 응고점이 낮고 온도에 따른 점성의 변화가 작다. 기계류의 감마제, 변압기 오일, 석유의 방수제 따위로 쓴다.

17 피부 관리에서 팩 사용 효과가 아닌 것은?

① 각질 제거
② 치유 작용
③ 피부 청정 작용
④ 수분 및 영양 공급

 정답 ②

치유 작용은 팩 사용 효과는 아니다.

> **핵심 뷰티** ⊕   ⊕
>
> **팩의 주요 기능**
>
> • 혈액순환 촉진과 보습작용 : 피막 형성으로 피부 표면의 온도가 올라가 혈액순환이 촉진되고 수분 증발이 억제됨으로써 보습효과를 얻을 수 있다.
> • 피부 청정작용 : 모공이나 피부 표면에 남아 있는 노폐물을 흡착·제거한다.
> • 피부 경피흡수 촉진 : 피막을 형성함으로써 모공과 한선이 확장되어 팩제의 함유된 유효 성분의 침투가 원활해진다.
> • 각질 제거작용 : 각질층의 죽은 각질을 연화시켜 팩 제거 시 함께 제거된다.

18 다음 중 공중보건사업에 속하지 않는 것은?

① 환자 치료
② 예방접종
③ 보건교육
④ 감염병관리

 정답 ①

공중보건사업은 환자 치료가 아니고 질병의 예방이다.

19 감염병 예방법상 제4급 감염병에 속하는 것은?

① 콜레라
② 말라리아
③ 디프테리아
④ 급성호흡기감염증

 정답 ④

① 제2급 감염병이다.
② 제3급 감염병이다.
③ 제1급 감염병이다.

20 음식물로 매개될 수 있는 감염병이 아닌 것은?

① 유행성간염
② 폴리오
③ 일본뇌염
④ 콜레라

 정답 ③

일본뇌염은 일본뇌염 바이러스에 감염된 작은 빨간 집모기가 사람을 무는 과정에서 인체에 감염되어 발생하는 급성 바이러스성 전염병이다.
① 유행성간염 : 감염성간염이라고도 한다. 집단발생으로 나타내는 급성바이러스성간염(acute viral hepatitis: AVH)이다. 원인으로는 A형간염바이러스에 의한 것이 많다.
② 폴리오 : 폴리오바이러스에 의한 전염성 질환이다. 폴리오바이러스는 환자의 분변(대변)이 경구로 전파되어 감염될 수 있다.
④ 콜레라 : 비브리오 콜레라균에 의한 급성 세균성 장내 감염증이다.

21 다음 중 일산화탄소 중독의 증상이나 후유증이 아닌 것은?

① 정신장애
② 신경장애
③ 의식소실
④ 무균성 괴사

 정답 ④

무균성 괴사는 감염 없이 괴사가 일어나는 것으로 외상이나 약물에 의해 일어날 수 있다.

22 하수오염이 심할수록 BOD는 어떻게 되는가?

① 수치가 낮아진다.
② 수치가 높아진다.
③ 아무런 영향이 없다.
④ 높아졌다 낮아졌다 반복한다.

 정답 ②

하수오염이 심할수록 BOD의 수치는 높아진다.

⊕ **핵심 뷰티** ⊕

생물학적 산소요구량(BOD)
• 미생물이 물 속에 있는 유기물을 분해할 때 사용하는 산소의 양을 mg/l또는 ppm으로 나타낸 것이다.
• 어족 보호 기준에서 적정치는 5ppm 이하이다.

23 식중독 세균이 가장 잘 증식할 수 있는 온도의 범위는?

① 0~10℃
② 10~20℃
③ 18~22℃
④ 25~37℃

 정답 ④

식중독 세균이 가장 잘 증식할 수 있는 온도의 범위는 25~37℃이다.

24 고압증기 멸균법의 대상물로 가장 부적당한 것은?

① 의류
② 음용수
③ 의료기구
④ 고무제품

 정답 ②

고압증기 멸균법은 주로 열이 통하기 어려운 기구, 의류, 배지(培地), 주사기, 수술용 기구등의 멸균에 사용한다.

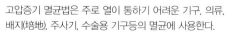
⊕ **핵심 뷰티** ⊕

고압증기 멸균법
• 고압솥을 사용하여 가압증기 중에서 가열하는 방법으로 아포를 사멸시키는 데 유효한 방법이다.
• 121℃(압력 15파운드)에서 15~20분간 처리한다.
• 금속성 재료, 사기 제품, 여과지, 액상 재료, 물, 주사기, 수술 기구, 생리식염수, 거즈 등에 이용된다.

25 뉴런과 뉴런의 접속 부위를 무엇이라고 하는가?

① 신경원
② 랑비에 결절
③ 시냅스
④ 축삭종말

 ③

뉴런과 뉴런의 접속 부위를 시냅스라고 한다.

┌─────────────────────────────┐
⊕　　　　**핵심 뷰티**　　　　⊕

시냅스
한 뉴런의 축삭돌기 말단과 다음 뉴런의 수상돌기 사이의 연접부위이다.
└─────────────────────────────┘

26 딥클렌징의 효과로 가장 거리가 먼 것은?

① 기미를 옅어지게 한다.
② 피부관리 시 영양의 침투를 도와준다.
③ 묵은 각질의 제거를 도와준다.
④ 피부의 재생이 잘 되도록 유도한다.

 ①

딥클렌징이 기미를 옅어지게 하지는 않는다.

27 갈바닉기 관리 시 주의사항이 아닌 것은?

① 침투 물질을 골고루 바른다.
② 모든 금속 액세서리는 제거한다.
③ 뺨 부위, 뼈마디 부위는 전류를 약하게 한다.
④ 기기를 작동 시킨 후 전극봉을 피부에 접착시킨다.

 ④

갈바닉기기의 전극봉을 피부에 접착시킨 후 기기를 작동 시킨다.

28 셀룰라이트에 대한 설명 중 틀린 것은?

① 주로 여성에게 많이 나타난다.
② 주로 허벅지, 둔부, 상완 등에 많이 나타나는 경향이 있다.
③ 스트레스가 주원인이다.
④ 오렌지 껍질 피부모양으로 표현된다.

 ③

셀룰라이트는 스트레스가 주원인은 아니다.

29 혈액 중 혈액응고에 주로 관여하는 세포는?

① 백혈구

② 적혈구

③ 혈소판

④ 헤마토크리트

 정답 ③

혈액응고에 관여하는 세포는 혈소판이다.

30 감염병의 관리에 관한 법률상 7일 이내에 관할 보건소에 신고해야 할 감염병은?

① 콜레라

② 인플루엔자

③ 디프테리아

④ 파상풍

 정답 ②

7일 이내에 관할 보건소에 신고해야 할 감염병은 제4급 감염병이다. 인플루엔자가 이에 속한다.

① 콜레라 : 제2급 감염병이다.

③ 디프테리아 : 제1급 감염병이다.

④ 파상풍 : 제3급 감염병이다.

31 다음과 같은 관리법이 소개되어 있는 『규합총서(閨閤叢書)』는 어느 시대의 서적인가?

> 『규합총서(閨閤叢書)』의 내용 중에 면지법(面肢法)을 보면 몸을 향기롭게 하는 방법과 머리카락을 검고 윤기나게 하는 법, 목욕법, 겨울철 피부관리법 등이 소개되어 있다.

① 대한제국시대

② 삼국시대

③ 고려시대

④ 조선시대

 정답 ④

규합총서는 1809년 빙허각(憑虛閣) 이씨(李氏)가 엮은 가정살림에 관한 내용의 책이다.

32 일광 소독은 햇빛 중 어떠한 광선의 역할에 의한 소독인가?

① 자외선

② 감마선

③ 적외선

④ 가시광선

 정답 ①

일광 소독은 햇빛 중 자외선에 의한 소독이다.

33 피부유형에 대한 설명 중 틀린 것은?

① 노화피부 – 미세하거나 선명한 주름이
  보인다.
② 지성피부 – 모공이 크고 표면이 귤껍질
  같이 보이기 쉽다.
③ 정상피부 – 유·수분 균형이 잘 잡혀있다.
④ 민감성피부 – 각질이 드문드문 보인다.

 ④

민감성피부는 피부조직이 선천적으로 각화 과정 이상으
로 일정 두께의 각질층을 이루지 못한다.

34 뼈가 골절되었을 때 재생하는 데 가장 중요
한 역할을 하는 것은?

① 골막
② 골수
③ 골수강
④ 치밀질

 ①

골막은 뼈의 표면을 싸고 있는 얇은 막이다. 뼈를 보호하
고 뼈의 성장을 관장하는 역할을 한다. 뼈의 형성 및 조
혈에 관여하는 골내막과 뼈의 표면을 싸는 얇은 막인 골
외막으로 되어 있다. 골절 시에는 골질이 만들어져 뼈를
유착시킨다.

35 태닝 시 사용하는 화장품으로 가장 적합한
것은?

① 미백 화장품
② 자외선 차단 화장품
③ 각질 제거용 화장품
④ 선탠 화장품

 ④

선탠 화장품은 태닝 시에 사용하는 화장품으로 가장 적
합하다.

36 피부의 새로운 세포 형성은 어디에서 이루어
지는가?

① 기저층
② 유독층
③ 과립층
④ 투명층

 ①

기저층에서 새로운 세포가 형성된다.

⊕ **핵심 뷰티** ⊕

기저층

• 표피의 가장 아래층이며 단층의 유핵 세포이다.
• 진피와 경계를 이루며 피부의 수분 증발을 막아
  준다.
• 기저세포(각질형성세포)와 멜라닌세포가 4~10:1
  의 비율로 존재한다.
• 세포분열을 통해 새로운 세포가 생성된다.
• 기저층 세포가 상처를 입으면 세포 재생이 어려
  워지고 흉터가 남는다.

37 폐흡충(폐디스토마)의 제2중간 숙주에 해당되는 것은?

① 모래무지
② 다슬기
③ 잉어
④ 가재

 ④

폐흡충의 제2중간 숙주는 가재, 게이다.

38 미생물의 종류에 해당하지 않는 것은?

① 세균
② 효모
③ 벼룩
④ 곰팡이

 ③

미생물은 눈으로 볼 수 없는 크기의 곰팡이, 세균, 효모, 원생동물, 바이러스 따위의 생물 갈래를 말한다.

 핵심 뷰티

미생물
• 크기가 0.1mm이하의 미세한 생물체를 총칭하며 생물의 최소 생활단위를 영위한다.
• 사상균류, 효모균, 원생동물류, 박테리아, 바이러스 등이 이에 속한다.

39 팩에 대한 내용 중 적합하지 않은 것은?

① 건성 피부에는 진흙팩이 적합하다.
② 팩은 사용목적에 따른 효과가 있어야 한다.
③ 팩 재료는 부드럽고 바르기 쉬워야 한다.
④ 팩 사용에 있어서 안전하고 독성이 없어야 한다.

 ①

진흙팩에는 피지를 흡착하는 기능이 있어서 지성 피부에 적합하다.

40 브러싱 머신을 사용하는 목적이 아닌 것은?

① 피부표면의 먼지와 오염물질을 없앤다.
② 가벼운 각질 제거와 자극을 준다.
③ 죽은 세포를 제거한다.
④ 모든 피부에 사용가능하다.

  ④

화농성 여드름 피부, 모세혈관확장 피부 등에는 브러싱 머신 사용을 금하는 것이 좋다.

핵심 뷰티

프리마톨(브러싱머신)
다양한 천연 양모 소재로 된 브러시를 사용하여 클렌징과 딥클렌징의 효과를 갖는 피부 관리 기기이다.

제 **2** 장

CBT 기출복원문제

41 소독에 영향을 미치는 인자가 아닌 것은?

① 온도
② 수분
③ 시간
④ 풍속

 ④

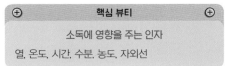

핵심 뷰티

소독에 영향을 주는 인자

열, 온도, 시간, 수분, 농도, 자외선

42 각 피부 유형에 대한 설명으로 틀린 것은?

① 유성 지루피부 – 과잉 분비된 피지가 피부 표면에 기름기를 만들어 항상 번질거리는 피부
② 표피 수분부족 건성피부 – 피부 자체의 내적 원인에 의해 피부 자체의 수화기능에 문제가 되어 생기는 피부
③ 건성 지루피부 – 피지분비기능의 상승으로 피지는 과다 분비되어 표피에 기름기가 흐르나 보습기능이 저하되어 피부표면의 당김 현상이 일어나는 피부
④ 모세혈관 확장피부 – 코와 뺨 부위의 피부가 항상 붉거나 피부 표면에 붉은 실핏줄이 보이는 피부

 ②

표피 수분부족 건성피부는 자외선, 냉난방 등으로 피부 조직에 가는 주름이 형성되는 등의 문제가 생기는 피부이다.

43 팩과 마스크의 사용 목적으로 옳은 것은?

① 노화한 각질층의 탈락을 유도하여 재생을 돕는다.
② 공기유입을 일시적으로 막아 긴장을 주어 혈액순환을 촉진한다.
③ 흡착작용에 의해 피지나 화장품 성분을 효과적으로 녹인다.
④ 피지 분비를 정상화하여 번들거림은 근본적으로 막아준다.

 ①

팩과 마스크는 신진대사와 노폐물 제거, 지친 피부의 회복과 순환을 활성화시킴으로써 보습 작용, 청정 작용, 혈행 촉진 작용을 높이는 작업이다.

44 동물 세포에 없는 소기관은?

① 미토콘드리아
② 핵
③ 세포벽
④ 리보솜

 ③

세포벽은 세포막 밖에서 세포를 보호하는 유연하거나 딱딱한 경계벽이다. 동물 세포에는 세포벽이 없으나 많은 식물 세포나 박테리아 세포에는 존재한다.

45 혈액 성분 중 칼슘이 필요한 주된 이유는?

① 이산화탄소 배출

② 혈액 응고

③ 호르몬 분비

④ 영양 운반

 ②

칼슘은 정상적인 혈액 응고에 필요하다.

핵심 뷰티

칼슘

- 특징 : 골격, 치아의 주성분, 신경 활동, 근육 수축, 심근작용에 관여 등
- 결핍 시 : 발육 불량, 골다공증

---

46 림프 드레니지를 적용할 수 있는 경우에 해당되는 것은?

① 림프절이 심하게 부어있는 경우

② 열이 있는 감기 환자

③ 감염성의 문제가 있는 피부

④ 여드름이 있는 피부

 ④

여드름이 있는 피부에도 림프 드레니지를 적용할 수 있다.

---

47 급성감염병 중 수인성으로 전파되는 질병을 모두 고른 것은?

ㄱ. 장티푸스
ㄴ. 콜레라
ㄷ. 파라티푸스
ㄹ. 세균성이질

① ㄱ, ㄷ

② ㄴ, ㄹ

③ ㄱ, ㄴ, ㄷ

④ ㄱ, ㄴ, ㄷ, ㄹ

 ④

ㄱ, ㄴ, ㄷ, ㄹ 모두 수인성으로 전파되는 질병이다.

---

48 공중위생관리법령상 명예공중위생감시원의 업무범위에 해당되지 않는 것은?

① 공중위생관련 시설의 위생상태 확인 · 검사

② 법령 위반행위에 대한 자료 제공

③ 공중위생감시원이 행하는 검사대상물의 수거 지원

④ 법령 위반행위에 대한 신고

 ①

공중위생관련 시설의 위생상태 확인 · 검사는 공중위생감시원의 업무이다.

49 다음 소독 방법 중 완전 멸균으로 가장 빠르고 효과적인 방법은?

① 유통증기법
② 건열소독
③ 간헐살균법
④ 고압증기법

 정답 ④

고압증기법은 압축된 증기를 이용해서 모든 미생물을 사멸하는 방법이다. 모든 미생물과 아포가 사멸된다.

50 피부의 각질층에 존재하는 세포간지질 중 가장 많이 함유된 것은?

① 콜레스테롤
② 세라마이드
③ 왁스
④ 스쿠알렌

 정답 ②

세라마이드는 피부 각질층을 구성하는 각질 세포간지질 중 약 40% 이상을 차지한다.

51 이 · 미용업자가 준수하여야 하는 위생관리 기준에 해당하지 않는 것은?

① 피부미용을 위하여 약사법에 따른 의약품을 사용하여서는 아니 된다.
② 발한실안에는 온도계를 비치하고 주의사항을 게시하여야 한다.
③ 영업소 내부에 개설자의 면허증 원본을 게시하여야 한다.
④ 영업장안의 조명도는 75룩스 이상이 되도록 유지하여야 한다.

 정답 ②

②는 이 · 미용업자가 준수하여야 하는 위생관리기준이 아니다.

핵심 뷰티

미용업 영업자의 준수사항

• 의료기구와 의약품을 사용하지 않는 순수한 화장 또는 피부미용을 할 것
• 미용기구는 소독을 한 기구와 소독을 하지 않은 기구로 분리하여 보관할 것
• 면도기는 1회용 면도날만을 손님 1인에 한하여 사용할 것
• 영업소 내부에 미용업 신고증 및 개설자의 면허증 원본을 게시할 것
• 피부미용을 위해 의약품 또는 의료기기를 사용하지 말 것
• 점빼기 · 귓볼뚫기 · 쌍꺼풀수술 · 문신 · 박피술 등의 의료행위를 하지 말 것
• 영업장 안의 조명도는 75룩스 이상이 되도록 유지
• 영업소 내부에 최종지불요금표를 게시 또는 부착

52 광범위한 부위를 짧은 시간에 효과적으로 제거할 수 있는 방법으로 피부 관리실에서 가장 많이 이용하는 방법은?

① 면도기를 이용한 제모
② 레이저를 이용한 제모
③ 족집게를 이용한 제모
④ 왁스를 이용한 제모

 ④

왁스를 이용한 제모는 피부 관리실에서 가장 많이 이용하는 방법이다. 왁스를 이용해 모근으로부터 털을 제거한다.

53 호흡기계 감염병이 아닌 것은?

① 백일해
② 풍진
③ 세균성이질
④ 홍역

 ③

세균성이질은 식품을 매체로 하는 소화기계 감염병이다.

54 위생교육 대상자가 아닌 자는?

① 면허증 취득 예정자
② 공중위생영업의 신고를 하고자 하는 자
③ 공중위생영업을 승계한 자
④ 공중위생업자

 ①

면허증 취득 예정자는 위생교육 대상자에 해당하지 않는다.

55 뜨거운 물을 피부에 사용할 때 미치는 영향이 아닌 것은?

① 피부의 긴장감을 떨어뜨린다.
② 모공을 수축한다.
③ 혈관의 확장을 가져온다.
④ 분비물의 분비를 촉진시킨다.

 ②

모공을 수축시키는 것은 차가운 물에 대한 설명이고, 뜨거운 물은 모공을 확장시킨다.

56 하수오염 척도 중에서 물속에 용해되어 있는 산소의 양을 통해 오염도를 측정하는 지표는?

① 오니처리법
② 화학적 산소요구량
③ 용존산소량
④ 생물학적 산소요구량

 ③

용존산소량(DO)은 물속에 용해되어 있는 산소량을 뜻하며 온도가 낮을수록 기압이 높을수록 증가한다. DO가 낮을수록 물의 오염도가 높다.

57 전기에 대한 설명으로 틀린 것은?

① 전류란 전도체를 따라 움직이는 (−) 전하를 지닌 전자의 흐름이다.
② 도체란 전류가 쉽게 흐르는 물질을 말한다.
③ 전류의 크기의 단위는 볼트이다.
④ 전류에는 직류와 교류가 있다.

 ③

전류의 세기 단위는 암페어이고, 전압의 단위가 볼트이다.

58 살균력이 강하여 병적인 여드름 치료에 사용되며 비타민 D를 생성시키는 미안용 기기는?

① 자외선등
② 적외선등
③ 바이브레이터
④ 갈바닉 전류미안기

 ①

자외선등에 대한 설명이다.

> **핵심 뷰티**
>
> **자외선 기기의 기능**
> • 자외선은 인체에 흡수되어 피부 건강 유지 및 활력을 가져오고 비타민 D 생성 및 구루병 예방에 효과적이다.
> • 강장효과, 항생효과, 태닝효과 등의 장점도 있지만, 과각질화, 색소침착, 피부 노화, 피부암 등을 일으키는 단점도 있다.

59 셀룰라이트 관리에서 중점적으로 행해야 할 관리 방법은?

① 근육 운동을 촉진시키는 관리를 집중적으로 행한다.
② 림프 순환을 촉진시키는 관리를 한다.
③ 피지가 모공을 막고 있으므로 피지 배출 관리를 집중적으로 행한다.
④ 한선이 막혀 있으므로 한선관리를 집중적으로 행한다.

 ②

셀룰라이트는 림프 순환이 원활하지 않아서 지방이 과잉 축적되는 등의 상태이므로 림프 순환을 촉진시키는 관리를 한다.

60 세안에 대한 설명으로 틀린 것은?

① 클렌징제의 선택이나 사용방법은 피부상태에 따라 고려되어야 한다.
② 청결한 피부는 피부관리 시 사용되는 여러 영양 성분의 흡수를 돕는다.
③ 피부표면은 pH 4.5~6.5로서 세균의 번식이 쉬워 문제 발생이 잘 되므로 세안을 잘해야 한다.
④ 세안은 피부관리에 있어서 가장 먼저 행하는 과정이다.

 ③

피부표면은 pH 4.5~6.5로서 약산성 상태로 세균의 번식이 어렵지만 잦은 세안은 피부를 알칼리성으로 만들기 때문에 세균이 번식이 쉬워지므로 조심한다.

CBT 기출복원문제　　　제8회

01 피부 상담시 고려해야 할 점으로 가장 거리가 먼 것은?

① 관리 시 생길 수 있는 만약의 경우에 대비하여 병력사항을 반드시 상담하고 기록해둔다.

② 피부관리 유경험자의 경우 그동안의 관리 내용에 대해 상담하고 기록해둔다.

③ 여드름을 비롯한 문제성 피부 고객의 경우 과거 병원치료나 약물치료의 경험이 있는지 기록해두고 피부관리계획표 작성에 참고한다.

④ 필요한 제품을 판매하기 위해 고객이 사용하고 있는 화장품의 종류를 체크한다.

 정답 ④

고객이 사용하고 있는 화장품의 종류를 체크하는 것은 피부분석을 위해서이다.

02 온습포의 효과는?

① 모공을 수축시킨다.

② 피부 수렴 작용을 한다.

③ 혈관 수축 작용을 한다.

④ 혈행을 촉진시켜 조직의 영양공급을 돕는다.

 정답 ④

온습포는 혈액순환을 돕고, 모공을 확장시켜 먼지나 피지 등 불순물을 제거하는데 도움을 준다.

03 딥클렌징 시 스크럽 제품을 사용할 때 주의해야 할 사항 중 틀린 것은?

① 코튼이나 해면을 사용하여 닦아낼 때 알갱이가 남지 않도록 깨끗하게 닦아낸다.

② 과각화된 피부, 모공이 큰 피부, 면포성 여드름 피부에는 적합하지 않다.

③ 눈이나 입속으로 들어가지 않도록 조심한다.

④ 심한 핸들링은 피하며, 마사지 동작을 해서는 안 된다.

 정답 ②

과각화된 피부, 모공이 큰 피부, 면포성 여드름 피부에도 적합하다.

04 지성 피부의 특징으로 맞는 것은?

① 모세혈관이 약화되거나 확장되어 피부 표면으로 보인다.

② 피지분비가 왕성하여 피부 번들거림이 심하며 피부결이 곱지 못하다.

③ 표피가 얇고 피부표면이 항상 건조하고 잔주름이 쉽게 생긴다.

④ 표피가 얇고 투명해 보이며 외부자극에 쉽게 붉어진다.

 정답 ②

① 모세혈관확장 피부에 대한 내용이다.

③ 건성 피부에 대한 내용이다.

④ 민감성 피부에 대한 내용이다.

05 신경계에 관련된 설명이 옳게 연결된 것은?

① 수상돌기 – 단백질을 합성
② 시냅스 – 신경조직의 최소단위
③ 축삭돌기 – 수용기 세포에서 자극을 받아 세포체에 전달
④ 신경초 – 말초신경섬유의 재생에 중요한 부분

정답 ④

신경초는 말초신경계 신경섬유의 가장 바깥층에 있는 원통 모양의 막이다.
① **수상돌기** : 다른 뉴런이나 감각기로부터 자극을 받아들이는 부분
② **시냅스** : 한 뉴런의 축삭돌기 말단과 다음 뉴런의 수상돌기 사이의 연접 부위
③ **축삭돌기** : 자극을 다른 뉴런이나 반응기로 전달하는 부분

06 다음 중 영구 제모 방법이 아닌 것은?

① 왁싱
② 단파법
③ 갈바닉
④ 단일 또는 다중 바늘 이용법

정답 ①

왁싱은 일시적 제모 방법이다.

07 골격근의 기능이 아닌 것은?

① 체중의 지탱
② 조혈 작용
③ 자세 유지
④ 수의적 운동

정답 ②

조혈작용은 골격계의 기능이다. 골격근은 자세유지, 체중 지탱, 수의적 운동, 내장 보호 등의 기능을 한다.

08 고주파기의 효과에 대한 설명으로 틀린 것은?

① 살균 · 소독 효과로 박테리아 번식을 예방한다.
② 색소침착부위의 표백효과가 있다.
③ 피부의 활성화로 노폐물 배출의 효과가 있다.
④ 내분비선의 분비를 활성화한다.

정답 ②

⊕ **핵심 뷰티** ⊕
고주파기기 효과
• 피부의 활성화로 노폐물 배출 • 내분비선의 분비를 활성화 • 살균, 소독 효과로 박테리아 번식 예방 • 신경 및 근육의 전기적 자극으로 통증을 완화시킴 • 혈액순환 촉진, 피부 재생력 향상, 여드름 치료 등

09 캐리어 오일이 아닌 것은?

① 스위트아몬드
② 그레이프씨드
③ 로즈마리
④ 아보카도

정답 ③

로즈마리는 에센셜 오일이다. 캐리어 오일은 아로마 오일을 피부에 효과적으로 침투시키기 위해 사용하는 식물성 오일이다. 주요 캐리어 오일은 호호바 오일, 아보카도 오일, 아몬드 오일, 윗점 오일(Wheatgerm Oil), 포도씨 오일, 살구씨 오일 등이 있다.

10 공중위생영업자가 관계공무원의 출입 · 검사를 거부 · 기피하거나 방해한 때의 1차 위반 행정처분은?

① 영업정지 10일
② 영업정지 5일
③ 영업정지 20일
④ 영업정지 15일

정답 ①

공중위생영업자가 관계공무원의 출입 · 검사를 거부 · 기피하거나 방해한 때의 1차 위반 행정처분은 영업정지 10일이다. 2차 위반시에는 영업정지 20일, 3차 위반시에는 영업정지 1개월, 4차 위반시에는 영업장 폐쇄명령이다.

11 다음 중 이 · 미용업 영업자가 변경신고를 해야 하는 것을 모두 고른 것은?

ㄱ. 영업소의 소재지
ㄴ. 영업소 바닥 면적의 3분의 1 이상의 증감
ㄷ. 종사자의 변동사항
ㄹ. 영업자의 재산변동사항

① ㄱ
② ㄱ, ㄴ
③ ㄱ, ㄴ, ㄷ
④ ㄱ, ㄴ, ㄷ, ㄹ

정답 ②

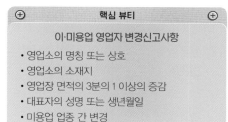

핵심 뷰티

이·미용업 영업자 변경신고사항
• 영업소의 명칭 또는 상호
• 영업소의 소재지
• 영업장 면적의 3분의 1 이상의 증감
• 대표자의 성명 또는 생년월일
• 미용업 업종 간 변경

12 화장수에 대한 설명으로 가장 거리가 먼 것은?

① 피부의 각질을 제거한다.
② 피부에 남아있는 잔여물을 닦아준다.
③ 피부표면의 pH를 맞추어 준다.
④ 피부의 각질층에 수분을 공급한다.

정답 ①

피부의 각질 제거와 화장수의 효과와는 거리가 멀다.

13 온습포에 대한 설명으로 틀린 것은?

① 피지 분비선을 자극해준다.
② 여드름 및 모세혈관 확장 피부에는 주의가 필요하다.
③ 혈액순환을 촉진시킨다.
④ 모공을 축소시켜 노폐물, 불순물 등을 깨끗이 닦아낸다.

 ④

온습포는 모공을 이완 또는 확장시켜 노폐물, 불순물 등을 깨끗이 닦아낸다.

14 살균방법 중 소독력이 강한 순서로 나열된 것은?

① 소독 – 방부 – 멸균
② 멸균 – 소독 – 방부
③ 멸균 – 방부 – 소독
④ 소독 – 멸균 – 방부

 ②

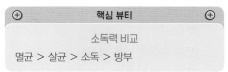

⊕ **핵심 뷰티** ⊕

소독력 비교
멸균 > 살균 > 소독 > 방부

15 신체 각 부위별 관리의 목적으로 거리가 먼 것은?

① 의학적 측면 – 튼살 제거
② 내적 측면 – 혈액 및 림프 순환 촉진
③ 외적 측면 – 아름다운 체형 유지, 셀룰라이트 완화
④ 정신적 측면 – 심리적 안정감, 스트레스 완화

 ①

튼살 제거는 외적 측면에 더 가깝다.

16 필수아미노산에 속하지 않는 것은?

① 알라닌
② 트립토판
③ 트레오닌
④ 발린

 ①

필수아미노산은 발린, 루신, 이소루신, 트레오닌, 페닐알라닌, 트립토판, 메티오닌, 리신, 히스티딘, 아르기닌이다. 알라닌은 필수아미노산이 아니며, 인체 생합성이 가능하다.

17 적외선램프에 대한 설명으로 가장 적합한 것은?

① 온열작용을 통해 화장품의 흡수를 도와준다.

② 주로 UVA를 방출하고 UVB, UVC는 흡수한다.

③ 주로 소독·멸균의 효과가 있다.

④ 색소침착을 일으킨다.

 ①

②, ③, ④는 자외선 기기에 대한 내용이다.

⊕ **핵심 뷰티** ⊕

적외선 램프의 효과

- 피부조직에 열이 발생하여 혈액순환과 신진대사 활동 증가
- 근육조직의 이완 및 긴장 완화
- 영양성분 침투 촉진
- 노폐물 배설 및 울혈 완화, 저항력 향상

---

18 다음에서 설명하는 화장품 성분은?

> 오일, 지방, 당의 분해에 의해 형성되는 단맛·무색·무향의 시럽상 피부유연제이며, 큐티클 오일, 크림, 로션의 주요 성분이다.

① 글리세린

② 에센셜 오일

③ 윤활제

④ 콜라겐

정답 ①

글리세린은 천연보습제로 화장품이나 비누를 만들 때 첨가하면 보습 효과를 준다. 무색 투명의 냄새가 없고 단맛이 나는 액체이며 공기중의 수분을 흡수하는 능력이 우수하여 보습제로 많이 사용된다.

19 태양광선에 피부를 곱게 그을리는 것은?

① 선블록

② 선스크린

③ 선번

④ 선탠

정답 ④

선탠은 햇빛 등에 피부를 노출시켜 피부색을 어둡게 변화시키는 것을 말한다.

20 피부 분석의 방법인 문진법을 적용하기에 가장 거리가 먼 것은?

① 고객의 피부 배열 상태, 모공의 크기, 피부의 투명도

② 고객의 알레르기 유무, 피부 당김 현상, 가려움증, 여드름 발생 여부와 그 빈도, 과거에 경험한 피부 문제

③ 고객의 건강상태와 진통제, 항생제 등의 장기복용 및 호르몬에 영향을 주는 의약품 복용 여부

④ 고객의 연령, 직업, 결혼 유무, 취미

정답 ①

문진법은 고객의 병력 사항, 식습관, 성격, 알레르기 유무, 사용 화장품, 연령, 가족관계, 직업 등을 질문하여 자료를 수집하고 피부유형을 분석한다.

21 핸드 케어 사용 시 물을 사용하지 않고 피부 청결 및 소독효과를 위해 사용하는 것은?

① 핸드 워시
② 비누
③ 핸드 새니타이저
④ 핸드로션

 ③

핸드 새니타이저는 물로 손을 씻는 것을 대신하는 의약 외품이다. 세정제 성분의 대부분은 알코올로 이루어져 있다.

22 근육계의 주요 기능은?

① 운동 기능
② 흡수 작용
③ 자극 전달
④ 보호 기능

 ①

근육계는 운동 기능, 자세유지 기능, 체열생산 기능, 배뇨 · 배변 기능, 음식물의 이동기능 등의 기능이 있다.

⊕ **핵심 뷰티** ⊕

근육의 생리적 특성

• 수축성 : 자극을 받으면 수축한다.
• 탄성 : 늘어났다가 원상태로 돌아간다.
• 흥분성 : 자극을 받으면 흥분하여 다양한 변화가 일어난다.
• 전도성 : 근섬유의 한 끝을 자극하면 흥분이 근섬유체에 전달된다.

23 피부분석 방법 중 문진법에 해당하는 것은?

① 피지분비 상태
② 모공의 크기
③ 병력 사항
④ 모세혈관 상태

 ③

문진법은 질문을 통해 알레르기 유무, 질병, 사용하는 화장품 등에 대하여 파악하여 피부 유형과 상태와의 관련성을 파악한다.

24 다음 중 제2급 감염병이 아닌 것은?

① 폴리오
② 브루셀라증
③ 백일해
④ 성홍열

 ②

브루셀라증은 제3급 감염병이다.

⊕ **핵심 뷰티** ⊕

브루셀라증

브루셀라균에 의해 감염된 동물로부터 사람이 감염되어 발생하는 인수공통감염병이다. 소, 돼지, 양, 염소와 같은 가축들이 주요 감염원으로 알려져 있으며, 감염된 가축의 분비물이나 태반 등에 의하여 피부 상처나 결막이 노출되어 감염되고 저온 살균되지 않은 유제품이나 감염 가축 섭취를 통해 감염되기도 한다.

25 영업소 출입 · 검사 시 관계공무원의 권한이 아닌 것은?

① 건강진단서 유 · 무 점검
② 위생관리의무이행 점검
③ 영업관련서류 열람
④ 시설의 관리실태 점검

 정답 ①

건강진단서 유 · 무 점검은 영업소 출입 · 검사 시 관계 공무원의 권한이 아니다.

26 알레르기성 접촉피부염에 관한 설명으로 틀린 것은?

① 원인물질은 보통 알레르겐이나 항원이라 부른다.
② 머리 염색약 중 파라페닐렌디아민은 알레르기성 접촉피부염을 일으킨다고 알려져 있다.
③ 알레르기를 유발하는 성분은 사람마다 같다.
④ 화장품에 의해 따가운 증세가 나타나며 접촉피부염이 유발될 수도 있다.

 정답 ③

알레르기를 유발하는 성분은 사람마다 다르다.

27 화장품과 의약품의 차이로 옳은 것은?

① 의약품의 사용대상은 정상적인 상태인 자로 한정되어 있다.
② 의약품은 지정성분, 화장품은 유효성분 표시제이다.
③ 의약품은 전문가의 처방이 필요하다.
④ 화장품은 특정부위만 사용 가능하다.

 정답 ③

의약품은 전문가의 처방이 필요하다.

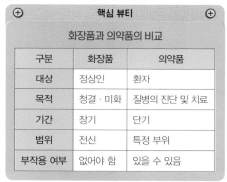

핵심 뷰티

화장품과 의약품의 비교

구분	화장품	의약품
대상	정상인	환자
목적	청결 · 미화	질병의 진단 및 치료
기간	장기	단기
범위	전신	특정 부위
부작용 여부	없어야 함	있을 수 있음

28 이 · 미용영업자가 매년 위생교육을 받지 아니한 경우의 과태료 부과 기준은?

① 300만원 이하
② 100만원 이하
③ 200만원 이하
④ 500만원 이하

 정답 ③

이 · 미용영업자가 매년 위생교육을 받지 아니한 경우 200만원 이하의 과태료를 부과한다.

29 S자형으로 가늘고 길게 굽은 형태의 세균은?

① 나선균
② 쌍구균
③ 구균
④ 간균

정답

나선균은 나사 모양의 형태를 띠는 대형 세균이다.
② **쌍구균** : 구균의 하나로 2개의 균체가 쌍을 이루어 존재하는 것이다.
③ **구균** : 세균 중 형태가 구형인 것이다.
④ **간균** : 막대 모양의 세균이다.

30 테트로도톡신은 다음 중 어느 것에 있는 독소인가?

① 감자
② 조개
③ 복어
④ 버섯

정답

테트로도톡신은 복어에 들어있다.

⊕ **핵심 뷰티** ⊕

테트로도톡신

복어의 독으로 주로 난소와 간장에 많이 존재한다. 물에 잘 녹지 않고 동시에 내열성이므로 보통의 조리 조건으로는 무독화되지 않는다.

---

31 기능성 화장품의 정의로 틀린 것은?

① 피부의 미백에 도움을 주는 제품
② 피부의 주름 개선에 도움을 주는 제품
③ 피부를 자외선으로부터 보호하는 데 도움을 주는 제품
④ 피부의 흡수력에 도움을 주는 제품

정답

미백, 주름 개선, 자외선 차단과 같이 특정 기능이 첨가된 기능성 화장품은 에센스, 세럼, 크림, 파우더, 베이스 등 다양한 사용 단계의 화장품을 통해 출시되고 있다.

32 태양광선의 살균작용으로 옳지 않은 것은?

① 빛의 파장에 따라서 살균력이 다르다.
② 살균력은 적외선이 자외선이나 가시광선보다 강하나 열을 발생시키므로 사용하지 않는다.
③ 태양광선의 살균작용은 $2600 \sim 2800\,\text{Å}$ 의 범위에서 가장 강하다.
④ 살균은 자외선을 주로 이용한다.

정답

적외선은 살균작용은 없고, 열을 운반하므로 열선이라고도 한다.

33 티오글리콜산과 암모니아 같은 화학물질 등으로 오염된 실내 공기 환경을 개선하기 위해 필요한 것은?

① 환풍, 환기
② 조명
③ 청결
④ 수질

 정답 ①

환풍, 환기는 실내 공기 환경을 개선하기 위해 필요하다.

34 모공이 넓은 사람에게 갈바닉 전류를 이용하여 모공수축관리를 하려고 할 때 가장 적합한 방법은?

① 음극(−극) 전기로 수렴효과를 준다.
② 음극(−극) 전기로 이완효과를 준다.
③ 양극(+극) 전기로 수렴효과를 준다.
④ 양극(+극) 전기로 이완효과를 준다.

 정답 ③

수렴효과는 수축, 이완효과는 확장의 의미이다. 양극 전기는 혈관·모공·한선 수축의 효과가 있다.

⊕ **핵심 뷰티** ⊕

갈바닉 전류의 음극과 양극
- 음극 : 알칼리 반응, 신경자극 증가, 혈관 확장, 모공 확장, 조직을 부드럽게 하여 단백질 연화, 노폐물 배출 및 세정효과, 음이온 물질 침투
- 양극 : 산 반응, 신경자극 감소, 혈관 수축, 모공 닫힘, 조직을 강화시킴, 수렴효과, 양이온 물질 침투

35 손톱을 보호하고 아름답게 가꾸는 화장품이 아닌 것은?

① 네일 에센스
② 네일 폴리시
③ 네일 트리트먼트
④ 네일 폴리시 리무버

 정답 ④

네일 폴리시를 지우는데 네일 폴리시 리무버를 사용한다.

36 손바닥과 발바닥 등에 주로 분포되어 있으며 수분 침투를 방지해주는 표피층은?

① 투명층
② 유두층
③ 망상층
④ 각질층

 정답 ①

투명층은 포유류의 두꺼운 표피에 존재하는 특유한 층 중의 하나이다. 각질층과 과립층 사이에 있다.

37 고주파 피부미용기기를 사용하는 방법 중 직접법을 올바르게 설명한 것은?

① 고객의 얼굴에 마른 거즈를 올리고 그 위에 전극봉으로 가볍게 관리한다.

② 적합한 크기의 벤토즈가 피부 표면에 잘 밀착되도록 전극봉을 연결한다.

③ 고객의 손에 전극봉을 잡게 한 후 얼굴에 마른 거즈를 올리고 손으로 눌러준다.

④ 고객의 손에 전극봉을 잡게 한 후 관리사가 고객의 얼굴에 적합한 크림을 바르고 손으로 관리한다.

 정답 ①

고주파 피부미용기기를 사용하는 방법 중 직접법은 고객의 피부에 직접 전극봉을 접촉하여 관리한다.

38 다음 중 교감신경이 활발했을 때 몸의 반응은 어떻게 나타나는가?

① 연동운동 촉진

② 심장박동수 억제

③ 소화선의 분비 촉진

④ 입모근의 수축

 정답 ④

교감신경이 활발했을 때 입모근이 수축하고, 소화연동운동이 억제되고, 심장 박동이 빨라지고, 소화선의 분비가 억제 등의 반응이 나타난다.

39 다음 중 피부의 유형에 따른 화장품의 선택이 적절하지 않은 것은?

① 노화피부는 노화지연을 위해 유효 성분이 함유된 에센스, 크림을 사용한다.

② 지성피부는 오일이 함유되지 않은 클렌징 젤을 사용해도 좋다.

③ 건성피부는 피지를 조절해 주고 항균작용이 있는 화장수를 사용한다.

④ 중성피부는 유·수분 밸런스가 유지될 수 있도록 계절 및 나이에 맞는 화장품을 사용한다.

 정답 ③

피지를 조절해 주고 항균작용이 있는 화장수를 사용해야 하는 피부는 지성피부이다.

40 다음 중 베이스코트가 속하는 분류는?

① 방향용 화장품

② 메이크업용 화장품

③ 네일 화장품

④ 세정용 화장품

 정답 ③

네일 화장품에 속하는 것은 베이스코트이다.

41 우리나라의 피부의 역사 중 규합총서에 소개된 미용에 관한 내용이 기록되었던 시대는 언제인가?

① 고려 시대
② 조선 시대
③ 삼국 시대
④ 통일신라 시대

 ②

『규합총서』는 1809년(순조 9년) 빙허각 이씨가 가정살림에 관한 내용을 엮은 책이다. '규합(閨閤)'은 여성들이 거처하는 공간을 가리키고, '총서(叢書)'는 한 질을 이루는 책을 말하니 『규합총서』는 여성의 일상에 요긴한 생활의 슬기를 모은 책이라는 뜻이다.

42 다음 중 피부 표면의 pH에 가장 큰 영향을 주는 것은?

① 각질 생성
② 침의 분비
③ 땀의 분비
④ 호르몬의 분비

 ③

땀은 약산성으로 피지와 함께 산성 보호막을 형성하기 때문에 피부 표면의 pH에 가장 큰 영향을 준다.

43 브러싱에 관한 설명으로 틀린 것은?

① 회전하는 브러시를 피부와 45도 각도로 사용한다.
② 건성 및 민감성 피부의 경우는 회전속도를 느리게 해서 사용하는 것이 좋다.
③ 농포성 여드름 피부에는 사용하지 않아야 한다.
④ 브러싱은 피부에 부드러운 마찰을 주므로 혈액순환을 촉진시키는 효과가 있다.

 ①

회전하는 브러시를 피부와 90도 각도로 사용한다.

44 비타민 C가 피부에 미치는 영향으로 틀린 것은?

① 멜라닌 색소 생성 억제
② 광선에 대한 저항력 약화
③ 모세혈관의 강화
④ 진피의 결체조직 강화

 ②

비타민 C가 광선에 대한 저항력을 약화시키지는 않는다. 수용성 비타민인 비타민 C는 항산화 물질로 신체를 활성산소로 부터 보호하여 암, 동맥경화, 류머티즘 등을 예방해 주며, 면역 체계도 강화시킨다. 결합조직과 지지조직의 형성에 가담하여 피부와 잇몸의 건강을 지켜준다.

제**2**장
CBT 기출복원문제

45 다음 중 감염병 유형의 3대 요소는?

① 병원체, 숙주, 환경
② 환경, 유전, 병원체
③ 숙주, 유전, 환경
④ 감수성, 환경, 병원체

 정답 ①

병인(병원체), 숙주. 환경은 감염병 유형의 3대 요소이다.

> **핵심 뷰티**
>
> 감염병의 개념
> • 감수성이 있는 숙주에 병원성 미생물이 감염되어 발생하는 질병이다.
> • 짧은 시간에 주변 사람들에게 쉽게 옮아가는 질환이다.

46 다음 중 피지분비가 많은 지성, 여드름성 피부의 노폐물 제거에 가장 효과적인 팩은?

① 오이팩
② 석고팩
③ 머드팩
④ 알로에 겔팩

정답 ③

머드팩은 피부독소를 제거해주며 여드름을 없애는데 효과적이다. 피지분비가 많은 지성, 여드름성 피부의 노폐물 제거에 가장 효과적이다.

> **핵심 뷰티**
>
> 워시오프 타입(Wash Off Type)
> • 팩을 바른 다음 20~30분 후 물이나 해면으로 닦아내는 타입이다.
> • 상쾌한 사용감을 준다.
> • 머드팩. 클레이. 젤 등의 형태가 있다.

47 다음 중 물리적인 제모 방법이 아닌 것은?

① 제모 크림을 이용한 제모
② 온왁스를 이용한 제모
③ 족집게를 이용한 제모
④ 냉왁스를 이용한 제모

 정답 ①

제모 크림을 이용한 제모는 화학적인 제모 방법이다.

> **핵심 뷰티**
>
> 화학적 제모
> • 한 번에 넓은 부위의 털을 제거할 수 있다.
> • 크림. 액체, 연고 형태로 되어 있으며, 피부 표면에 있는 털의 모간 부분을 제거한다.
> • 통증 없이 사용할 수 있다.
> • 제모 전 털을 0.5~1cm 정도만 남기고 잘라준다.
> • 일정 시간이 지나면 물로 씻어내고 진정제를 발라준다.
> • 강알칼리성으로 피부에 부작용을 초래할 수 있으므로 사용 전 반드시 패치테스트를 실시한다.

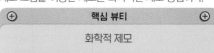

48 피부 표피 중 가장 두꺼운 층은?

① 각질층
② 유극층
③ 과립층
④ 기저층

 정답 ②

표피 중 가장 두꺼운 층이다. 면역기능을 담당하는 랑게르한스세포가 존재한다.

49 피부미용사의 피부분석 방법이 아닌 것은?

① 문진
② 견진
③ 촉진
④ 청진

 ④

청진은 환자의 몸안에서 나는 소리를 청취하여 질병의
여부를 진단하는 방법이다.
① **문진** : 설문이나 고객에게 질문을 통하여 고객의 피부
   상태를 분석하는 방법이다. 고객의 직업, 질병, 사용
   하는 화장품, 식생활, 스트레스, 피부 관리 습관 등을
   파악하여 피부 유형과의 관련성을 진단한다.
② **견진** : 확대경, 우드램프 등의 피부 분석 기기나 육안
   으로 피부를 판별하는 방법이다. 피부조직의 입자, 모
   공의 크기, 피부 투명도, 건조 상태, 여드름 유·무, 모
   세혈관의 상태를 관찰 한다.
③ **촉진** : 피부를 만져보거나 튕겨서 판독하는 방법이다.
   피부의 수분 보유량, 피부의 탄력성, 피부의 각질화
   상태 등을 파악한다.

50 실핏선 피부의 특징이라고 볼 수 없는 것은?

① 피부가 대체로 얇다.
② 모세혈관 수축으로 혈액의 흐름이 원활하
   지 못하다.
③ 혈관의 탄력이 떨어져 있는 상태이다.
④ 지나친 온도 변화에 쉽게 붉어진다.

 ②

실핏선 피부는 모세혈관확장피부를 말한다. 모세혈관이
확장되어 붉은 실핏줄이 보이는 피부이다.

51 광노화 현상이 아닌 것은?

① 표피 두께 증가
② 멜라닌 세포 이상 항진
③ 체내 수분 증가
④ 진피 내의 모세혈관 확장

 ③

광노화는 많은 양의 자외선을 자주, 오랜 기간 쪼여서 피
부에 주름이 생기는 현상이다. 처음에는 피부가 거칠어지
고 탄력이 떨어지며 건조해져 두꺼운 가죽과 같이 된다.

> ⊕ **핵심 뷰티** ⊕
>
> 광노화 예방법
> • 자외선차단제 사용을 습관화
> • 햇빛이 강렬한 날씨에는 모자나 선글라스 등으
>   로 자외선을 차단
> • 보습크림을 통한 충분한 수분관리

52 매뉴얼테크닉을 적용할 수 있는 경우는?

① 피부나 근육, 골격에 질병이 있는 경우
② 골절상으로 인한 통증이 있는 경우
③ 염증성 질환이 있는 경우
④ 피부에 셀룰라이트가 있는 경우

 ④

셀룰라이트에 매뉴얼테크닉을 적용하여 증상을 개선할
수 있다.

53 이 · 미용현장에서 사용되는 날이 있는 금속 제품의 소독에 적당한 것은?

① 승홍수
② 요오드
③ 크레졸
④ 염소

 ③

날이 있는 금속제품은 크레졸 등을 이용하여 소독한다.

54 제모를 하는 목적으로 가장 적합한 것은?

① 피부의 주름을 방지하기 위해서 행한다.
② 윤택한 피부를 만들기 위해서 행한다.
③ 불필요한 털을 제거하고자 할 때 행한다.
④ 피부를 부드럽게 하기 위해서 행한다.

 ③

털을 뽑거나 깎아 없애는 것을 제모라고 한다.

핵심 뷰티

⊕　　　　　　　　　　　　　　　　⊕

제모의 목적 및 효과

• 미용상 아름다움을 유지하는 것은 물론이고 메이크업이 잘 받는다.
• 제모로 인해 매끄러운 피부결을 유지할 수 있다.

---

55 이 · 미용사 면허를 받을 수 없는 자는?

① 향정신성의약품 중독자
② 고혈압환자
③ 비감염성 결핵환자
④ 비감염성 피부질환자

 ①

핵심 뷰티

⊕　　　　　　　　　　　　　　　　⊕

이·미용사 면허를 받을 수 없는 자

• 피성년후견인
• 정신질환자
• 비감염성을 제외한 결핵환자
• 약물 중독자
• 면허가 취소된 후 1년이 경과되지 않은 자

---

56 영업자의 지위를 승계한 후 누구에게 신고하여야 하는가?

① 시 · 도지사
② 보건복지부장관
③ 세무서장
④ 시장 · 군수 · 구청장

 ④

공중영업 관련시설을 인수하여 공중위생영업자의 지위를 승계한 자는 1월 이내에 시장 · 군수 또는 구청장에게 신고하여야 한다.

57 제3급 감염병에 해당되는 것은?

① 수두

② A형 간염

③ 수막구균 감염증

④ 후천성면역결핍증

 ④

①, ②, ③은 제2급 감염병이다.

59 다음 중 병원성 미생물의 증식이 가장 잘 되는 pH 범위는?

① 4.5~5.5

② 5.5~6.0

③ 6.5~7.5

④ 3.5~4.0

 ③

병원성 미생물은 pH 6.5~7.5의 중성에서 증식이 가장 잘 된다.

58 골격근에 관한 설명으로 옳은 것을 모두 고른 것은?

> ㄱ. 의지에 따라 움직일 수 있기 때문에 수
>   의근이라고 한다.
> ㄴ. 우리 몸에는 400여개의 골격근이 있다.
> ㄷ. 근육의 명칭은 기능이나 위치, 모양을
>   토대로 불리어진다.
> ㄹ. 본인의 의지와 상관없는 불수의근이다.

① ㄱ, ㄴ, ㄷ

② ㄴ, ㄹ

③ ㄱ, ㄷ

④ ㄹ

 ③

ㄴ. 약 600여개의 골격근이 있다.
ㄹ. 골격근은 수의근이다.

60 다음 중 법에서 규정하는 명예공중위생감시원의 업무에 해당하는 것은?

① 공중위생 영업 관련 시설 및 설비의 위생
   상태 확인 및 검사

② 공중위생 영업소 위생교육 이행여부 확인

③ 공중위생 관리를 위한 지도, 계몽 등

④ 공중위생 영업자의 위생관리 의무 영업자
   준수사항 이행여부의 확인

 ③

공중위생의 관리를 위한 지도 · 계몽 등을 행하게 하기 위하여 명예공중위생감시원을 둘 수 있다.

제**2**장

CBT 기출복원문제

피부미용사 필기

Esthetician

제 3 장

ESTHETICIAN

실전모의고사

실전모의고사 제1회

수험번호
수험자명

⏱ 제한 시간 : 60분   전체 문제 수 : 60   맞춘 문제 수 :

	답안 표기란
01	① ② ③ ④
02	① ② ③ ④
03	① ② ③ ④
04	① ② ③ ④
05	① ② ③ ④

01 피부미용에 대한 설명으로 가장 거리가 먼 것은?

① 피부미용은 에스테틱, 스킨케어 등의 이름으로 불리고 있다.

② 피부를 청결하고 아름답게 가꾸어 건강하고 아름답게 변화시키는 과
정이다.

③ 피부미용은 과학적 지식을 바탕으로 다양한 미용적인 관리를 행하지
는 않는다.

④ 피부의 생리기능을 자극함으로 아름답고 건강한 피부를 유지하고 관
리하는 미용기술이다.

02 서양의 피부미용 역사에 관한 설명으로 틀린 것은?

① 로마시대에는 알코올이 발명되었다.

② 바로크시대에는 클렌징 크림이 개발되었다.

③ 르네상스시대에는 치장과 분화장이 성행하였다.

④ 중세시대는 현대 아로마 요법의 기초가 되는 시대이다.

03 소독의 정의 및 분류 중 '소독'에 대한 설명에 해당하는 것은?

① 화농성 상처에 소독약을 발라 사멸시키는 것

② 미생물의 발육과 생식을 저해시켜 음식물의 부패나 발효를 방지하는 것

③ 병원성 미생물 및 아포까지 강한 살균력으로 완전 사멸 또는 제거하는 것

④ 사람에게 유해한 미생물을 파괴시켜 감염 및 증식력이 없는 약한 살
균 작용

04 다음 중 정발용 모발 화장품에 속하지 않는 것은?

① 헤어 로션   ② 헤어 크림

③ 헤어 스프레이   ④ 헤어 트리트먼트

05 일반적으로 피부 분석 시에 사용되는 기기는?

① 스티머   ② 확대경

③ 적외선등   ④ 브러쉬 기계

06 화장품의 4대 요건에 해당되지 않는 것은?

① 사용성   ② 실용성

③ 유효성   ④ 안정성

07 다음 중 기초 화장품의 기능이 아닌 것은?

① 피부의 분비기능

② 피부의 재생효과

③ 피부의 노화 치료

④ 피부의 보습 유지

08 팩의 분류 및 특징이 잘못 짝지어진 것은?

① 시트 타입(sheet type) : 일정 시간 붙였다가 떼어내는 타입으로 건성 · 노화 · 예민피부에 적합하다.

② 필오프 타입(peel off type) : 팩을 바른 후 건조된 피막을 떼어내는 타입으로 피부 탄력을 증진시킨다.

③ 워시오프 타입(wash off type) : 피부에 수분을 흡수시키는 타입으로 보습 및 청량감을 주며 피부 진정효과가 있다.

④ 티슈오프 타입(tissue off type) : 팩을 바른 후 10~15분 후 티슈나 거즈로 닦아내는 타입으로 민감성피부에 효과적이다.

09 피부미용사의 위생관리에 대한 내용으로 틀린 것은?

① 구취나 체취가 나지 않도록 청결함을 유지해야 한다.

② 피부미용사는 관리 전후 수시로 손을 씻어서 청결하게 유지해야 한다.

③ 관리 전에만 비누나 뿌리는 알코올이나, 알코올 솜으로 손을 소독한다.

④ 관리 중 전화를 받거나 다른 물건을 만지는 경우 반드시 소독을 하고 다시 관리한다.

10 피부 질환 중 원발진에 속하는 것은?

① 수포, 반점, 인설   ② 반점, 홍반, 구진

③ 수포, 미란, 팽진   ④ 반점, 농포, 균열

답안 표기란				
06	①	②	③	④
07	①	②	③	④
08	①	②	③	④
09	①	②	③	④
10	①	②	③	④

제 3 장

실전모의고사

11 고객을 상담할 때 유의해야 할 사항이 아닌 것은?

① 고객의 견해를 잘 파악한다.

② 고객의 의견을 잘 들어주어 그에 따른다.

③ 해결책을 잘 제시하여 관리하는 데 주도적으로 한다.

④ 고객의 사정을 이해와 관심으로 지속적으로 관리한다.

12 클렌징제의 기능으로 올바르지 않은 것은?

① 피부의 산성막을 파괴해서는 안 된다.

② 피부의 수분을 탈수시키지 말아야 한다.

③ 피부의 피지막을 완전하게 제거해야 한다.

④ 메이크업, 피지, 먼지, 노폐물이 잘 제거되어야 한다.

13 다음 중 클렌징의 효과로 바르지 않은 것은?

① 미백효과로 얼굴이 밝아진다.

② 제품의 효율적 흡수를 돕는다.

③ 피부의 혈액순환을 촉진시킨다.

④ 피지, 먼지, 메이크업의 제거로 피부를 청결히 한다.

14 피부 관리에서 가능한 딥클렌징의 범주는?

① 표피 전체

② 표피 기저층

③ 각질층 전체

④ 죽은 각질층

15 다음 중 물리적인 딥클렌징이 아닌 것은?

① AHA

② 고마쥐

③ 스크럽제

④ 손 · 기기 이용

답안 표기란				
11	①	②	③	④
12	①	②	③	④
13	①	②	③	④
14	①	②	③	④
15	①	②	③	④

16 다음 중 스크럽 제품에 대한 설명이 가장 옳은 것은?

① 손상된 피부를 회복시키기 위한 제품이다.

② 늘어진 피부를 당겨주고 탄력을 강화시키는 제품이다.

③ 피부를 자극시켜 혈액순환을 촉진시키기 위한 제품이다.

④ 각질과 노폐물을 효과적으로 제거하기 위해 알갱이 입자를 첨가했다.

17 눈썹 정리를 하기 위한 준비 사항으로 가장 옳지 않은 것은?

① 눈썹 정리를 하기 위해 고객을 탈의실로 안내한다.

② 눈썹 관리 도구의 위생 상태를 확인하여 준비한다.

③ 얼굴형에 맞는 눈썹 형태와 고객의 요구를 확인한다.

④ 고객이 금속성 액세서리를 그대로 착용하도록 안내한다.

18 눈썹 염색하기의 안전 · 유의 사항에 대한 내용으로 옳지 않은 것은?

① 염색약의 색상은 평소의 눈 화장을 보완할 수 있는 색 등으로 선택한다.

② 염색제가 묻으면 안 되는 피부 주위에는 물을 바른 다음 염색을 하도록 한다.

③ 고객이 자주 사용하는 마스카라 색상과 아이라이너 색상을 고려하여 선택한다.

④ 속눈썹 염색 시는 반드시 눈 보호대(Eyeshield)나 화장 솜을 눈 아래에 붙여야 한다.

19 매뉴얼 테크닉의 정의에 해당되지 않는 것은?

① 피부 질환을 치료한다.

② 피부의 기능을 증진시킨다.

③ 신체의 신진대사를 원활히 하여 노폐물을 배출한다.

④ 손을 이용하여 피부에 적당한 자극을 주어 혈액순환을 높인다.

20 매뉴얼 테크닉의 마무리 동작으로 가장 적당한 방법은?

① 쓰다듬기　　　　　　② 문지르기

③ 반죽하기　　　　　　④ 두드리기

답안 표기란				
16	①	②	③	④
17	①	②	③	④
18	①	②	③	④
19	①	②	③	④
20	①	②	③	④

제 **3** 장

실전모의고사

21 피부유형에 대한 설명 중 틀린 것은?

① 정상 피부 – 유·수분 밸런스가 맞다.

② 노화 피부 – 피지 분비가 줄어들어 피부가 건조하다.

③ 지성 피부 – 피부 표면이 매끄럽지 못하고 귤껍질처럼 두껍다.

④ 복합성 피부 – 홍반, 염증 등의 피부 증세가 쉽게 나타난다.

22 팩의 효과를 가장 잘못 설명한 것은?

① 신진대사를 촉진시키며 혈액순환을 도와준다.

② 피지나 노폐물을 제거하여 피부 청정의 효과가 있다.

③ 여드름이 난 피부는 살균효과보다 진정효과를 더 많이 준다.

④ 각질 제거에 도움을 주며 보습이나 세포 재생에 도움을 준다.

23 얼굴에 도포 후 일정 시간이 경과하면 물로 씻어 제거하는 타입의 팩은?

① 왁스 타입(Wax type)

② 필 오프 타입(Peel-off type)

③ 티슈오프 타입(Tissue off type)

④ 씻어 내는 타입(Wash-off type)

24 지성 피부 타입에 적합한 기초화장품은?

① 대부분의 기초화장품

② 젤 타입의 기초화장품

③ 오일타입의 기초화장품

④ 크림 타입의 기초화장품

25 다음 중 많은 모세혈관들의 집합체로 여과작용을 주로 하는 기관은?

① 간

② 신장

③ 폐

④ 심장

답안 표기란				
21	①	②	③	④
22	①	②	③	④
23	①	②	③	④
24	①	②	③	④
25	①	②	③	④

26 생명체의 구조적, 기능적 단위는?

① 세포
② 조직
③ 기관
④ 골격

답안 표기란				
26	①	②	③	④
27	①	②	③	④
28	①	②	③	④
29	①	②	③	④
30	①	②	③	④

27 다음 중 십이지장에 들어온 음식물을 중화시켜 알칼리로 만드는 기관은?

① 간장
② 심장
③ 소장
④ 췌장

28 혈액응고 물질이 있어 지혈작용을 하는 것은?

① 혈장
② 백혈구
③ 혈소판
④ 적혈구

29 몸의 외표면이나 체강 및 위 · 장과 같은 내장성 기관의 내면을 싸고 있는 세포조직은?

① 상피조직
② 근육조직
③ 신경조직
④ 결합조직

30 골격계의 기능이 아닌 것은?

① 지지기능
② 보호기능
③ 조혈기능
④ 열생산기능

제 **3** 장

실전모의고사

답안 표기란				
31	①	②	③	④
32	①	②	③	④
33	①	②	③	④
34	①	②	③	④
35	①	②	③	④

31 후리마돌을 이용한 몸매딥클렌징 마무리 과정에 대한 내용으로 가장 틀린 것은?

① 토닉으로 정돈한다.

② 타월로 피부를 정돈한다.

③ 핸드드라이로는 피부를 정돈하는 것이 안 좋다.

④ 피부유형 및 상태에 따라 온습포 또는 냉습포로 닦아 낸다.

32 몸매클렌징 종류 중 지방과 단백질을 분해하는 효소 성분으로 민감 피부에도 사용이 가능한 것은?

① 젤 타입   ② 워터 타입

③ 크림 타입   ④ 파우더 타입

33 복부 관리에 관한 내용으로 가장 틀린 것은?

① 내장 질환이 있는 사람에게 가장 적절하다.

② 복부 부위에 탄력과 긴장감을 회복시키는 능력이다.

③ 매뉴얼테크닉과 피부미용기기를 활용하여 지친 복부 피부를 완화시킨다.

④ 복부 피부상태와 피부유형별 제품을 선택하여 수분과 유분의 보습 효과를 높인다.

34 발, 다리관리의 부적용 대상이 아닌 것은?

① 염증성 열이 나는 사람

② 뼈가 너무 단단한 사람

③ 염증성 부종이 있는 사람

④ 정맥류 증상이 있는 사람

35 발, 다리의 팩 · 마스크 수행 과정에 대한 내용으로 가장 옳지 않은 것은?

① 발, 다리 부위에 맞는 팩제를 선택한다.

② 1회용 장갑을 이용하여 발, 다리 전체 부위에 팩 · 마스크를 도포한다.

③ 발, 다리 전체 부위를 감싸 주고 일정 시간 기다린다.

④ 손바닥을 사용하여 팩제를 제거한다.

36 제모 시 주의사항으로 잘못된 것은?

① 제모 전 장시간의 목욕 또는 사우나를 금한다.

② 제모 후 수영하거나 사우나, 물속에 오래 있어도 된다.

③ 염증 상처 피부 질환이 있는 사람은 제모를 금해야 한다.

④ 제모 직후 메이크업이나 향수 등을 제모 부위에 사용하지 않도록 한다.

37 털을 일시적으로 제거할 수 있는 제모 방법이 아닌 것은?

① 화학적인 제모

② 핀셋을 이용한 제모

③ 전기침에 의한 제모

④ 면도기를 이용한 제모

38 하드 왁스에 대한 내용으로 옳지 않은 것은?

① 하드 왁스로 제모하면 관리 시간이 길다.

② 특히 다리나 등 같은 넓은 부위에는 권장하지 않는다.

③ 초보 피부미용사의 경우 소프트 왁스보다 시간이 상당히 오래 걸린다.

④ 끈적임이 있어서 피부에 접착시켜 떼어 낼 경우 각질도 같이 없어진다.

39 림프 관리 부적용 대상은?

① 부종이 있는 피부

② 염증성 질환 피부

③ 모세 혈관 확장 피부

④ 민감하고 예민한 피부

40 림프계의 정의에 대한 내용으로 틀린 것은?

① 심장 혈관계와 관련을 가진다.

② 림프관의 망에 의해 체액 순환을 돕는다.

③ 혈관과는 다른 종류의 순환계로 림프, 림프관으로 구성되어 있다.

④ 세포 주변에 존재하는 과도한 체액과 단백질, 지방, 죽은 세포 등을 흡수하여 혈관계 안으로 되돌려 주는 역할을 한다.

답안 표기란				
36	①	②	③	④
37	①	②	③	④
38	①	②	③	④
39	①	②	③	④
40	①	②	③	④

제**3**장

실전모의고사

41 손가락 끝이나 손바닥 전체를 이용하여 림프 순환 배출 방향으로 가벼운 압으로 쓸어 주는 동작은?

① 펌프 기법
② 회전 기법
③ 퍼올리기 기법
④ 정지 상태 원동작

42 공중위생영업소 위생관리 등급에서 최우수업소의 등급은?

① 녹색등급
② 백색등급
③ 황색등급
④ 적색등급

43 미용업 영업자의 준수사항으로 옳지 않은 것은?

① 영업소 내부에 최종지불요금표를 게시 또는 부착
② 영업장 안의 조명도는 100룩스 이상이 되도록 유지
③ 피부미용을 위해 의약품 또는 의료기기를 사용하지 말 것
④ 점빼기 · 귓볼뚫기 · 쌍꺼풀수술 · 문신 · 박피술 등의 의료행위를 하지 말 것

44 피부에 미치는 갈바닉 전류의 양극(+) 효과는?

① 모공세정
② 피부진정
③ 혈관확장
④ 피부유연화

45 건성 피부의 관리법으로 가장 옳지 않은 것은?

① 유분이 지나치게 함유된 화장품은 피한다.
② 알칼리성 비누를 통한 지나친 세안을 자제한다.
③ 계절에 따라 보습제 및 화장품의 선택을 일정하게 한다.
④ 세안 후 바로 보습 효과가 우수한 화장품을 발라 주어야 한다.

답안 표기란				
41	①	②	③	④
42	①	②	③	④
43	①	②	③	④
44	①	②	③	④
45	①	②	③	④

46 불만 고객의 정의가 아닌 것은?

① 서비스 품질에 대한 만족도가 매우 높은 고객

② 문제점과 취약점을 개선할 수 있는 기회를 주는 고객

③ 자신이 겪은 불편 · 불만을 표현하고 해결을 요구하는 고객

④ 피부관리실의 발전과 향상에 있어서 없어서는 안 되는 고객

47 진공흡입기의 설명이 맞지 않는 것은?

① 노폐물 제거 효과가 있다.

② 혈액의 흐름을 빠르게 한다.

③ 한 부분을 집중적으로 반복 사용한다.

④ 근육결에 따라 압력을 조절하여 사용한다.

48 진공 흡입기를 사용하여 신체 각 부위를 관리하는 방법으로 옳지 않은 것은?

① 림프절에 따라 20분~30분 (한 부위에 3번 겹쳐) 정도 관리한다.

② 온습포를 이용하여 닦은 후 토닉을 이용하여 피부 정돈을 마무리한다.

③ 관리 후에는 손을 이용하여 1회~2회 정도 관리한 후 가볍게 마무리한다.

④ 피부 상태에 따라 적당한 강도를 조절한 후 피부 표면에 밀착시켜 컵
이 들뜨지 않게 사용한다.

49 바이브레이터에 대한 내용으로 옳지 않은 것은?

① 관리 전 적외선 등, 냉습포로 사전 처리를 한다.

② 관리 부위에 적당한 헤드를 선택한다.

③ 관리 부위에 탈크 파우더를 가루가 날리지 않도록 조심해서 발라 준다.

④ 고객에 맞는 압력(rpm)을 택하여 관리한다.

50 증기욕(사우나)에 대한 내용으로 옳지 않은 것은?

① 건식사우나는 습식사우나에 비해 온도가 낮다.

② 습식사우나는 건식사우나에 비해 온도가 낮다.

③ 각질 연화 작용으로 모공에 쌓여 있는 지방과 노폐물이 배출된다.

④ 사우나 시 고객의 머리 아래 어깨에 타월을 감싸 사우나 스팀이 새어
나오지 않도록 한다.

답안 표기란				
46	①	②	③	④
47	①	②	③	④
48	①	②	③	④
49	①	②	③	④
50	①	②	③	④

제**3**장

실전모의고사

답안 표기란				
51	①	②	③	④
52	①	②	③	④
53	①	②	③	④
54	①	②	③	④
55	①	②	③	④

51 컬러 테라피 사용 시 혈액 순환을 증진하고 세포 활성화 및 재생의 효과를 나타내는 색으로 가장 옳은 것은?

① 빨강   ② 주황
③ 노랑   ④ 보라

52 우드 램프에 나타난 피부색이 짙은 자주색일 때, 피부 상태로 가장 옳은 것은?

① 정상 피부
② 건성 피부
③ 노화 피부
④ 민감성 피부

53 피부 유형별 스티머 기구와의 피부 거리와 사용 시간이 알맞게 연결된 것은?

① 노화 피부 – 30cm – 15분
② 정상 피부 – 35cm – 20분
③ 민감성 피부 – 10cm – 5분
④ 알레르기성 피부 – 40~50cm – 15분

54 스프레이 분무기에 대한 사용법으로 옳지 않은 것은?

① 스프레이 분무기 용기에 피부 타입에 맞는 화장수를 가득 채운다.
② 노즐의 끝부분을 조절해 분무량을 조절한다.
③ 분무를 한 후 피부를 가볍게 손으로 두드려 잘 흡수시킨다.
④ 스프레이 분무기 튜브에 구멍이 막히지 않도록 잘 세척하여 건조하여 보관한다.

55 산업화 발전으로 생산연령 인구가 도시로 인구가 몰리는 형으로 적합한 것은?

① 종형   ② 별형
③ 항아리형   ④ 피라미드형

56	①	②	③	④
57	①	②	③	④
58	①	②	③	④
59	①	②	③	④
60	①	②	③	④

56 다음 법정 감염병 중 제2급 감염병이 아닌 것은?

① 콜레라

② B형간염

③ 장티푸스

④ 세균성이질

57 면허증을 타인에게 대여한 때의 행정처분 기준으로 옳은 것은?

① 1차위반 – 면허 정지 2월

② 2차위반 – 면허 정지 6월

③ 3차위반 – 면허 정지 6월

④ 4차위반 – 면허 취소

58 다음 중 청문을 실시하여야 할 경우에 해당되지 않는 것은?

① 영업소 개선명령

② 면허취소 · 면허정지

③ 공중위생영업의 정지

④ 일부 시설의 사용중지

59 다음 중 전류에 대한 설명 중 틀린 것은?

① 전류란 (−)전하를 지닌 전자의 흐름을 말한다.

② 전자의 이동 방향과 전류의 방향은 같은 방향이다.

③ 전류는 도선을 따라 전지의 (+)극에서 (−)극으로 흐른다.

④ 전류의 세기란 1초 동안 도선을 따라 움직이는 전하량을 말한다.

60 냉스톤에 사용되는 대리석에 대한 내용으로 가장 틀린 것은?

① 차가운 성질을 지닌 암석으로 단단하다.

② 찬 기운을 가장 오랫동안 간직하는 성질을 지니고 있다.

③ 리프팅 관리와 홍조 등에 사용하며 열 기운을 내리는 데 효과적이다.

④ 방해석의 미세한 입자로 된 석회암이 높은 열과 강한 압력을 받아 결정화된 암석이다.

실전모의고사 제2회

수험번호
수험자명

⏱ 제한 시간 : 60분   전체 문제 수 : 60   맞춘 문제 수 :

01 피부미용의 기능적 영역이 아닌 것은?

① 관리적 기능   ② 방법적 기능
③ 심리적 기능   ④ 장식적 기능

02 불교문화의 영향으로 향을 많이 사용한 나라는?

① 신라   ② 백제
③ 고려   ④ 고구려

03 소독 시 주의사항에 대해 틀린 것은?

① 소독약은 미리 만들어서 쓰는 것이 좋다.
② 약품에 따라 밀폐해서 냉암소에 보관한다.
③ 라벨(Label)은 더러워지지 않도록 다른 것과 구별한다.
④ 소독할 물건의 성질에 유의하여 적당한 소독약이나 소독법을 선택하여 실시한다.

04 피부미용 비품 위생관리 실시에 대한 내용으로 옳은 것은?

① 피부미용 시 사용하는 비품을 정리 · 정돈한다.
② 소독제에 대한 유효 기간을 점검하지 않아도 무방하다.
③ 위생관리 지침에 따라 작업자와 협의 없이 준비 · 수행한다.
④ 사용한 비품과 사용하지 않은 비품을 구분하지 않아도 좋다.

05 대기권과 오존층에 의해 흡수되어 지표에 거의 도달하지 않으며 살균작용이나 소독에 사용하는 광선은?

① UVA   ② UVB
③ UVC   ④ 적외선

답안 표기란				
01	①	②	③	④
02	①	②	③	④
03	①	②	③	④
04	①	②	③	④
05	①	②	③	④

06 다음 중 화장품의 유성 원료가 아닌 것은?

① 라놀린
② 바세린
③ 글리세린
④ 유동파라핀

07 물 1리터에 오일 5~10방울 혼합한 물에 수건을 적셔 피부에 올려놓는 에센셜 오일의 흡입 방법은?

① 흡입법
② 입욕법
③ 습포법
④ 마사지법

08 향의 농도에 따른 분류 중에서 가벼운 감각의 향으로 향을 처음 접하는 사람들에게 적합한 유형은?

① 오데코롱
② 오데퍼퓸
③ 샤워코롱
④ 오데토일렛

09 다음 화장품 중 분류가 다른 것은?

① 로션
② 린스
③ 화장수
④ 세안크림

10 다음에서 설명하는 피부 분석용 피부미용기기 종류는?

> 특수 인공 자외선 A를 피부에 투과하여 수분, 피지, 면포, 각질 등의 피부 상태를 다양한 색깔로 관찰하고 분석할 수 있는 기기이다.

① 확대경
② 현미경
③ 우드램프
④ 유분 측정기

답안 표기란				
06	①	②	③	④
07	①	②	③	④
08	①	②	③	④
09	①	②	③	④
10	①	②	③	④

제 **3** 장

실전모의고사

11 민감성 피부에 대한 내용으로 옳은 것은?

① 피부 결이 섬세하고, 톤이 맑으며, 주름이 거의 보이지 않는다.

② 유분이 부족하여 피부의 수분을 보유하지 못하고, 피부가 당기는 느낌이 있다.

③ 피부 조직이 얇아서 특정 부위의 피부가 붉어지거나 염증이 나타나는 피부이다.

④ 피지선의 기능이 비정상적으로 항진되어 피지가 과다하게 분비되는 피부 타입을 의미한다.

12 1차 클렌징에 대한 설명으로 옳은 것은?

① 화장수로 닦아내는 과정을 말한다.

② 피지나 먼지 등을 없애는 단계를 말한다.

③ 메이크업 리무버로 포인트 메이크업을 지우는 과정을 말한다.

④ 클렌징 로션을 이용하여 얼굴 전면과 목, 가슴을 골고루 닦아내는 과정을 말한다.

13 복합성 피부 타입의 설명으로 옳지 않은 것은?

① 피부 결이 전체적으로 균일하다.

② 피지 분비량이 일정하지 않은 피부이다.

③ 두 가지 이상의 피부유형이 나타나는 피부이다.

④ 얼굴과 목 등이 부위별로 다른 피부유형을 나타낸다.

14 딥클렌징에 대한 설명 중 바르지 않은 것은?

① 피부 타입과는 상관없이 사용한다.

② 제품의 잔여물이 청결하게 닦여야 한다.

③ 타월 및 해면 사용을 올바르게 해야 한다.

④ 다음 단계를 위하여 토닉을 사용해야 한다.

15 얼굴딥클렌징의 안전 · 유의 사항으로 옳지 않은 것은?

① 딥클렌징제가 코, 입, 눈에 들어가지 않도록 주의한다.

② 화장품은 깨끗한 손으로 덜며, 뚜껑을 닫아 화장품의 오염을 막는다.

③ 고객이 편안할 수 있도록 안정감 있고 쾌적한 실내 환경을 조성한다.

④ 터번 착용 시 고객의 귀가 접히지 않도록 주의하면서 머리카락을 감싼다.

	답안 표기란			
11	①	②	③	④
12	①	②	③	④
13	①	②	③	④
14	①	②	③	④
15	①	②	③	④

16 다음 중 자연 소독법인 것은?

① 자외선 멸균법

② 건열 멸균법

③ 자비 소독법

④ 유통 증기 멸균법

17 아치형 눈썹의 특징으로 옳은 것은?

① 젊고 활동적인 이미지

② 동적이며 야성적인 이미지

③ 매혹적이고 요염한 여성적 이미지

④ 지적이며 단정하고 세련된 이미지

18 SPF에 대한 설명이 아닌 것은?

① UVB를 차단하는 지수이다.

② UVA를 차단하는 지수이다.

③ 차단지수가 높을수록 차단력이 높다.

④ 'Sun protection factor'로 '자외선 차단지수'라고 한다.

19 매뉴얼 테크닉에서 조화롭게 적용하는 테크닉이 아닌 것은?

① 강약

② 속도

③ 리듬

④ 강한 마찰

20 매뉴얼 테크닉의 기본 동작 중 신진대사를 촉진시켜 신경 조직 기능을 활성화시키는 가장 효과적인 방법은?

① 쓰다듬기

② 문지르기

③ 두드리기

④ 반죽하기

답안 표기란				
16	①	②	③	④
17	①	②	③	④
18	①	②	③	④
19	①	②	③	④
20	①	②	③	④

제 **3** 장

실전모의고사

21 지성 피부의 특징에 대한 설명 중 틀린 것은?

① 피부 투명감이 부족하다.

② 피부 결이 섬세하고 부드럽다.

③ 손으로 만지면 기름이 묻어난다.

④ 피지 분비가 왕성하여 피부 표면이 번들거리고 끈적거린다.

22 피부에 긴장감을 주며 얇은 필름막이 형성되어 떼어내는 타입은?

① 왁스 타입(Wax type)

② 씻어 내는 타입(Wash-off)

③ 필 오프 타입(Peel-off type)

④ 티슈오프 타입(Tissue off type)

23 팩의 특징 및 작용에 대한 설명으로 틀린 것은?

① 지친 피부의 회복과 순환을 활성화시킨다.

② 얼굴에 바른 후 공기가 통하기 때문에 잘 굳지 않는다.

③ 모세 혈관이 수축되고 피부 온도가 저하되어 보습력을 부여한다.

④ 이산화 탄소는 통과시킬 수 없지만 열, 수분은 통과시킬 수 있다.

24 건성 피부 타입에 적합한 기초화장품은?

① 대부분의 기초화장품

② 젤 타입의 기초화장품

③ 오일 타입의 기초화장품

④ 크림과 로션 타입의 기초화장품

25 디스인크러스테이션을 가급적 피해야 할 피부 유형은?

① 중성피부

② 건성피부

③ 지성피부

④ 여드름피부

답안 표기란				
21	①	②	③	④
22	①	②	③	④
23	①	②	③	④
24	①	②	③	④
25	①	②	③	④

26 다음 중 불수의근에 속하지 않는 근육은?

① 심근
② 골격근
③ 내장근
④ 평활근

27 다음 중 담즙, 췌장액들이 섞여서 소화되고 영양분을 흡수하는 기관은?

① 위장
② 소장
③ 대장
④ 간장

28 혈액의 기능으로 바르지 못한 것은?

① 호흡작용
② 운반작용
③ 배설작용
④ 소화운동

29 다음 중 상피조직의 기능이 아닌 것은?

① 보호기능
② 흡수기능
③ 분비기능
④ 결합기능

30 장골에 해당하는 것은?

① 견갑골
② 두개골
③ 상완골
④ 수근골

답안 표기란				
26	①	②	③	④
27	①	②	③	④
28	①	②	③	④
29	①	②	③	④
30	①	②	③	④

제 **3** 장

실전모의고사

31 냉습포의 효과가 아닌 것은?

① 진정효과가 있다.
② 염증을 완화시킨다.
③ 피부 수렴효과가 있다.
④ 혈액순환을 촉진시켜 준다.

32 병원균, 비병원균, 아포 등을 완전 사멸시켜 무균 상태로 만드는 것은?

① 방부
② 소독
③ 멸균
④ 소각

33 복부관리의 목적에 대한 내용으로 가장 틀린 것은?

① 현대인에게 복부는 매우 중요한 부위이다.
② 복부의 장기를 따뜻하게 관리하여 편안한 상태로 유지시킬 수 있는 관리이다.
③ 복부관리는 피부 상태와 유형에 따라 화장품으로 보습 효과를 주는 것이 가장 중요하다.
④ 여성들의 경우 산후에 처진 피부, 튼살 등을 매뉴얼테크닉 등으로 건강한 피부로 만족도를 높일 수 있다.

34 가슴관리 시 주의 사항으로 가장 틀린 것은?

① 청결하게 해야 한다.
② 유두를 만지면 안 된다.
③ 근육의 결을 따라서 테크닉해야 한다.
④ 림프의 반대 방향에 따라 테크닉해야 한다.

35 몸매관리 마무리에 대한 내용으로 가장 틀린 것은?

① 피부 부위별 유형에 따른 기초화장품을 선택하여 바른다.
② 부위별 몸매관리가 끝난 후 토닉으로 pH를 높이는 단계이다.
③ 관리 후 상담에서는 몸매 피부의 상태를 고객에게 알려 준다.
④ 가벼운 동작으로 부위에 맞는 이완 동작으로 마무리하는 작업이다.

답안 표기란				
31	①	②	③	④
32	①	②	③	④
33	①	②	③	④
34	①	②	③	④
35	①	②	③	④

36 제모의 방법으로 옳은 것은?

① 털을 모근까지 제거하는 방법

② 전기를 이용해 제거하는 방법

③ 피부 표면에서 털을 끊는 방법

④ 가는 털은 제거하지 않는 방법

37 다음 중 제모에 관해 바르게 설명한 것은?

① 일시적인 제모로 전기핀셋 탈모를 들 수 있다.

② 면도기를 사용할 때는 피부 표면에서 털을 모근까지 자른다.

③ 온왁스는 가슴이나 팔 다리 등 신체의 넓은 부위를 이용한다.

④ 왁싱 후 24시간 이내에는 사우나 또는 수영이나 목욕을 하지 말아야 한다.

38 제모로 인한 부작용 중 피부가 붉어짐을 말하며 보통 모공 주위에 나타나는 것은?

① 홍반   ② 타박상

③ 피부탈락   ④ 알레르기 반응

39 림프 관리 적용 대상은?

① 혈전증이 있는 피부

② 알레르기가 있는 피부

③ 악성 종양이 있는 피부

④ 셀룰라이트가 많은 피부

40 림프 관리의 주요한 작용은?

① 혈액순환 저하

② 피부 조직 강화

③ 림프 순환 약화

④ 노폐물 등을 림프절로 운반

답안 표기란				
36	①	②	③	④
37	①	②	③	④
38	①	②	③	④
39	①	②	③	④
40	①	②	③	④

제 **3** 장

실전모의고사

답안 표기란				
41	①	②	③	④
42	①	②	③	④
43	①	②	③	④
44	①	②	③	④
45	①	②	③	④

41 림프절에 대한 내용으로 옳지 않은 것은?

① 다양한 부위에 집단을 이루는 경향이 있다.

② 목, 겨드랑이, 복부, 골반, 서혜부, 가슴 등에 많이 분포한다.

③ 여과된 체액을 재흡수하여 40% 정도까지 림프액을 분해한다.

④ 림프 속의 미생물 및 이물질, 유해 미립자 등을 여과하고 탐식한다.

42 냉스톤의 효과로 가장 거리가 먼 것은?

① 근육의 통증과 근육 경련을 감소시킨다.

② 염증(Inflammation) 감소에 도움을 준다.

③ 인체 조직의 가벼운 외상과 근육 부상에 회복을 돕는다.

④ 림프의 흐름을 원활하게 하여 노폐물 배출을 촉진시킨다.

43 속눈썹을 길고 짙게 해주는 것은?

① 섀도

② 마스카라

③ 아이라이너

④ 아이브로우펜슬

44 다음 중 소독에 영향을 가장 적게 미치는 것은?

① 수분

② 온도

③ 시간

④ 대기압

45 관리 후 상담 시 조언 내용으로 가장 적절하지 않은 것은?

① 홈 케어의 중요성에 대한 조언

② 피부미용사의 전문성에 대한 조언

③ 음식 및 기호 식품, 수면 등의 식생활 습관 조언

④ 고객이 선택한 홈 케어 제품에 대한 사용 방법 조언

46 정상 피부에 대한 내용으로 가장 옳지 않은 것은?

① 피부의 유 · 수분 밸런스가 균형 있는 상태이다.

② 정상 피부란 한선과 피지선의 활동이 정상적인 상태이다.

③ 외부 · 생리적 요인 등에 의해 변화될 수 없는 피부를 말한다.

④ 피부 조직이 정밀하고, 피부의 생리 기능이 양호한 피부상태를 말한다.

47 석션(Suction)컵과 진공(Vaccum) 흡입력을 이용한 마사지 기기로써 림프액과 혈액의 흐름을 빠르게 하고 기초대사량을 높이는 효과가 있는 기기는?

① 고주파기기

② 초음파기기

③ 고타진동기기

④ 진공흡입기기

48 스티머의 효과가 아닌 것은?

① 습윤 작용으로 피부보습이 증가된다.

② 노화된 지방을 제거하는데 용이하다.

③ 신진대사와 혈액순환을 활성화 시킨다.

④ 테크닉, 팩제, 각질제거제를 사용할 때 함께 사용하면 효과가 증대된다.

49 후리마돌 사용 시 주의 사항이 아닌 것은?

① 브러시는 말라 있는 상태에서 사용한다.

② 피부에 목적에 맞는 제품을 발라서 사용한다.

③ 후리마돌은 오래하면 자극이 되므로 5분 이상 하지 않는다.

④ 브러시로 얼굴을 눌러 사용하면 안 되고 한곳에 머물러 두지 않는다.

50 바이브레이터의 헤드가 침봉이 굵은 것의 효과는?

① 쓰다듬기   ② 문지르기

③ 두드리기   ④ 진동하기

답안 표기란				
46	①	②	③	④
47	①	②	③	④
48	①	②	③	④
49	①	②	③	④
50	①	②	③	④

제 **3** 장

실전모의고사

51 여드름 후 상처 재생에 가장 알맞은 컬러 테라피의 색상은?

① 노랑

② 초록

③ 파랑

④ 보라

52 우드램프로 피부 상태를 판단할 때 지성 피부가 나타내는 색은?

① 암적색

② 청백색

③ 오렌지색

④ 밝은 보라색

53 적외선 램프의 원리로 옳지 않은 것은?

① 이동식으로 높낮이 조절 장치가 있다.

② 발광등은 비발광등보다 훨씬 뜨겁게 느껴진다.

③ 열이 발생해 물질을 따뜻하게 하는 성질이 있어 열선이라 한다.

④ 소독, 멸균과 관절 및 근육의 치료 효과를 볼 수 있으므로 근적외선이 많이 쓰인다.

54 족욕기에 대한 내용으로 적절하지 않은 것은?

① 발과 다리의 부종이 감소된다.

② 발과 다리의 혈액 순환을 활성화한다.

③ 피부 상처나 제모 후에도 족욕기를 이용할 수 있다.

④ 물의 온도가 처음부터 높아 고객이 불편하지 않도록 주의한다.

55 지역사회의 보건수준을 나타내는 가장 대표적인 지표가 되는 것은?

① 평균수명

② 영아사망률

③ 보통사망률

④ 비례사망지수

답안 표기란				
51	①	②	③	④
52	①	②	③	④
53	①	②	③	④
54	①	②	③	④
55	①	②	③	④

56 다음 중 파리가 전파할 수 있는 감염병은?

① 황열
② 공수병
③ 장티푸스
④ 조류독감

57 다음 중 화학적 소독법에 해당하는 것은?

① 자비소독법
② 간헐멸균법
③ 크레졸 소독법
④ 고압증기 멸균법

58 시 · 도지사 또는 시장 · 군수 · 구청장의 개선명령을 이행하지 아니한 때 1차위반 시 행정처분은?

① 경고
② 영업 정지 1월
③ 영업 정지 2월
④ 영업장 폐쇄명령

59 공중위생영업자가 준수하여야 할 위생관리기준을 정한 것은?

① 대통령령
② 환경부령
③ 국무총리령
④ 보건복지부령

60 '공중위생영업의 신고를 한 자는 공중위생영업을 폐업한 날부터 (   ) 이 내에 시장 · 군수 · 구청장에게 신고하여야 한다.' (   )안에 들어갈 말로 옳은 것은?

① 10일
② 20일
③ 30일
④ 40일

답안 표기란				
56	①	②	③	④
57	①	②	③	④
58	①	②	③	④
59	①	②	③	④
60	①	②	③	④

제**3**장

실전모의고사

실전모의고사 제3회

수험번호
수험자명

⏱ 제한 시간 : 60분　　전체 문제 수 : 60　　맞춘 문제 수 :

답안 표기란				
01	①	②	③	④
02	①	②	③	④
03	①	②	③	④
04	①	②	③	④
05	①	②	③	④

01 쑥이 미백용 미용 재료로 사용되었던 시대는?

① 상고시대　　　　② 삼국시대

③ 고려시대　　　　④ 조선시대

02 피부미용실 내의 위생관리에 대한 내용으로 틀린 것은?

① 간접 조명은 없는 것이 좋다.

② 냉난방 시설을 갖추어야 한다.

③ 냉 · 온수를 사용할 수 있어야 한다.

④ 방음 시설이 잘 되어 있어야 한다.

03 도구, 기구 소독, 손 소독으로 가장 많이 사용되는 소독은?

① 자비 소독

② 에탄올 소독

③ 크레졸 소독

④ 석탄산수 소독

04 표피 중에서 면역기능을 담당하는 랑게르한스세포가 존재하는 층은?

① 각질층　　　　② 기저층

③ 과립층　　　　④ 유극층

05 장파장으로 태양광선 중 약 56%를 차지하고 있으며 열을 발생하는 붉은 색의 열선은 무슨 광선에 속하는가?

① 감마선

② 자외선

③ 적외선

④ 가시광선

06 계면활성제와 사용 제품의 연결이 바르지 않은 것은?

① 양쪽성 – 클렌징 폼, 치약, 손상용 샴푸 등이다.
② 양이온성 – 헤어 린스, 헤어 트리트먼트 등이다.
③ 음이온성 – 세안용 비누, 샴푸, 면도용 거품크림 등이다.
④ 비이온성 – 기초 화장품, 유화제, 가용화제, 분산제 등이다.

07 얼굴의 결점을 은폐하고 입체감을 표현하여 밝고 건강하게 보이게 하는 화장품은?

① 블러셔
② 아이섀도
③ 마스카라
④ 아이라이너

08 파우더의 일반적인 기능에 대한 설명으로 옳은 것은?

① 입술에 색채감을 준다.
② 속눈썹을 길게 컬링한다.
③ 피부가 번들거리는 것을 방지한다.
④ 기미, 주근깨 등의 결점을 커버한다.

09 다음 중 기초화장품에 해당하는 것은?

① 제모제
② 영양크림
③ 파운데이션
④ 네일 폴리시

10 고객의 피부 분석 시 기기를 사용하여 분석하는 방법을 잘못 설명한 것은?

① 우드램프로 피부 진피층을 관찰한다.
② pH 측정기로 피부의 pH를 분석한다.
③ 피하지방 측정기를 통해 지방 정도를 분석한다.
④ 스킨스캐너를 통하여 피부의 보습 상태를 분석한다.

답안 표기란				
06	①	②	③	④
07	①	②	③	④
08	①	②	③	④
09	①	②	③	④
10	①	②	③	④

제**3**장 실전모의고사

11 견진을 통해 피부 상태를 알 수 있는 방법을 잘못 짝지은 것은?

① 피부결 – 색소 침착 부위와 상태를 살펴본다.

② 건조한 상태 – 거칠어 보이는지 등을 살펴본다.

③ 각질 상태 – 하얗게 들떠 있는 부분이 있는지 살펴본다.

④ 안색 – 안면의 얼굴색과 부분적인 색의 분포도를 살펴본다.

12 지성피부 또는 여드름피부에 가장 적합한 클렌징 제품은?

① 클렌징 젤

② 클렌징 크림

③ 클렌징 로션

④ 클렌징 오일

13 클렌징 크림의 설명으로 맞지 않는 것은?

① 친유성 크림상태 제품이다.

② 메이크업 세정력이 뛰어나다.

③ 중성과 건성피부에 적합하다.

④ 클렌징 로션보다 유성성분 함량이 적다.

14 딥클렌징의 효과로 가장 거리가 먼 것은?

① 흉터를 치료한다.

② 각질 제거를 도와준다.

③ 피부표면을 매끈하게 한다.

④ 피부관리 시 영양의 침투를 도와준다.

15 복합 과일산으로 과도한 죽은 각질 세포를 녹여 감소시키는 성분인 딥클렌징 제품은?

① AHA

② 스크럽

③ 고마쥐

④ 후리마돌

답안 표기란				
11	①	②	③	④
12	①	②	③	④
13	①	②	③	④
14	①	②	③	④
15	①	②	③	④

16 눈썹의 기능에 대한 내용으로 옳은 것은?

① 표정을 짓는 데 사용되지는 않는다.

② 얼굴 전체의 느낌을 좌우하지는 않는다.

③ 그늘을 만들어 태양 광선으로부터 보호한다.

④ 이마에서 흐르는 땀이나 빗물 등이 앞으로 흘러내리게 도와준다.

17 눈썹 정리 시 주의 사항으로 옳지 않은 것은?

① 눈썹이 자라는 역방향으로 눈썹을 제거한다.

② 눈썹산이나 눈썹 윗부분을 지나치게 정리하지 않는다.

③ 눈썹 밑부분을 중심으로 눈두덩이 부위는 깨끗하게 정리한다.

④ 고객의 취향을 고려하여 얼굴 형태에 맞게 눈썹 형태를 제시해 주고 정리한다.

18 다음 중 네일 화장품에 속하지 않는 제품은?

① 탑코트

② 네일폴리시

③ 블러셔

④ 베이스코트

19 다음 중 매뉴얼 테크닉의 효과가 아닌 것은?

① 조직의 노폐물을 제거한다.

② 경직된 근육의 긴장을 풀어준다.

③ 결체조직의 탄력성을 떨어뜨린다.

④ 혈액순환 및 림프순환을 촉진시킨다.

20 매뉴얼 테크닉 기본동작 중 반죽하기의 효과는?

① 진정작용을 한다.

② 피부에 탄력을 준다.

③ 근육의 혈액을 촉진한다.

④ 모공의 피지를 배출시킨다.

답안 표기란				
16	①	②	③	④
17	①	②	③	④
18	①	②	③	④
19	①	②	③	④
20	①	②	③	④

제**3**장

실전모의고사

21 건성 피부에 대한 특징으로 틀린 것은?

① 피부 결이 거칠고 유연성이 없다.

② 일반적으로 모공이 보이고, 잔주름이 잘 나타난다.

③ 피부 표면이 수분 부족으로 건조하고 메말라 보인다.

④ 피지 분비량이 부족하여 윤기가 없고 피부가 당긴다.

22 다음 중 씻어 내는 타입(Wash-off) 타입이 아닌 것은?

① 젤 타입

② 거품 타입

③ 왁스 타입

④ 크림 타입

23 석고 마스크의 설명으로 옳지 않은 것은?

① 늘어진 피부를 끌어올려 모델링 효과를 준다.

② 예민피부와 모세혈관 확장 피부에게 효과적이다.

③ 화장품의 유효 성분이 침투하도록 베이스를 충분히 바른다.

④ 도포 후 팩의 열작용으로 온도가 높아져 혈액순환이 촉진된다.

24 민감성 피부 타입에 대한 내용으로 옳지 않은 것은?

① 피부가 건조하기 쉬우며 자극에 예민하다.

② 화장품 성분에 따라 민감해지기 쉬우므로 조심해야 한다.

③ 젤 타입은 적합하지만 오일 타입의 기초화장품은 적합하지 않다.

④ 피부 결이 섬세한 반면, 피부 조직이 얇아서 자주 붉어지기도 한다.

25 간의 기능이라고 볼 수 없는 것은?

① 해독작용

② 조혈작용

③ 형태 유지작용

④ 탄수화물과 단백질의 대사작용

답안 표기란				
21	①	②	③	④
22	①	②	③	④
23	①	②	③	④
24	①	②	③	④
25	①	②	③	④

26 심장의 설명으로 틀린 것은?

① 4개의 방으로 나뉘어져 있다.

② 혈액의 역류를 방지하는 판막이 있다.

③ 양쪽 폐 사이에서 왼쪽으로 약간 치우쳐 있다.

④ 심장 자체의 영양 공급을 담당하는 관상정맥이 있다.

답안 표기란				
26	①	②	③	④
27	①	②	③	④
28	①	②	③	④
29	①	②	③	④
30	①	②	③	④

27 다음은 혈액의 구성에 대한 설명이다. 바르지 않은 것은?

① 성인의 혈액 총량은 약 5~6 ℓ 이다.

② 혈액은 불투명하며 점성의 액체로 80%의 수분을 포함한다.

③ 혈액은 약 80%의 혈장과 약 20%의 혈구 성분으로 구성되어 있다.

④ 혈액은 선홍색의 산소가 풍부한 동맥혈과 이산화탄소가 많은 암적색의 정맥혈이 있다.

28 세포질의 구성 중에서 세포의 호흡에 관여하며 이화작용 및 동화작용에 의해 에너지를 생산하는 기관은?

① 리보솜

② 소포체

③ 리소좀

④ 미토콘드리아

29 연골조직이 포함하는 조직은?

① 신경조직

② 결합조직

③ 상피조직

④ 근육조직

30 다음 중 중추신경계가 아닌 것은?

① 대뇌

② 소뇌

③ 연수

④ 뇌신경

제 3 장

실전모의고사

	답안 표기란			
31	①	②	③	④
32	①	②	③	④
33	①	②	③	④
34	①	②	③	④
35	①	②	③	④

31 몸매딥클렌징의 효율성 증진 방법에 대한 설명으로 옳지 않은 것은?

① 제품의 적용 방법이 적합하도록 한다.

② 제품의 사용 방법을 정확히 준수한다.

③ 피부 유형에 맞는 제품을 선택해야 한다.

④ 다음 단계를 위하여 스크럽제로 정리한다.

32 효소(Enzyme)를 이용한 몸매딥클렌징 2차 실행 과정으로 가장 틀린 것은?

① 거리를 가깝게 하여 스팀을 분사한다.

② 스팀 분사 시 약 5~10분 정도 스팀을 분사한다.

③ 일회용 해면을 이용하여 조심스럽게 닦아 낸다.

④ 온습포 또는 피부상태에 따라서 냉습포를 닦아 낸다.

33 복부관리의 대한 내용으로 옳지 않은 것은?

① 장기운동이 원활해진다.

② 혈액순환이 잘 이루어진다.

③ 처진 피부가 탄력을 얻는다.

④ 피부에 보습을 많이 주지는 않는다.

34 물리적인 진동 자극으로 뭉친 근육 이완과 신진 대사, 혈액 순환 촉진에 사용되는 몸매 피부미용기기는?

① G5

② 고주파

③ 초음파

④ 흡입기

35 근을 조절하고 운동 과정을 교정하는 기능을 가진 뇌는?

① 뇌간   ② 중뇌

③ 대뇌   ④ 소뇌

36 영구 제모의 내용으로 잘못된 것은?

① 모근까지 제거할 수 있는 방법이다.

② 방법으로 직류와 단파 방법이 있다.

③ 전기침 방법은 여러 번 시술해야 효과적이다.

④ 털의 모유두에 손상을 주어 제거하는 방법이다.

37 제모 시 부적용 대상으로 가장 옳지 않은 것은?

① 생리 중이 아니거나 임신 중인 경우

② 정맥류 등의 혈관의 이상이 있는 경우

③ 아토피, 켈로이드, 화농성 여드름 피부

④ 스테로이드 약을 장기 복용하고 있는 경우

38 팔 제모하기에 대한 내용으로 가장 옳지 않은 것은?

① 전체적인 부위가 제모될 때까지 반복한다.

② 하완부 전체 제모 후 상완부 전체를 제모한다.

③ 제모 전용 오일로 피부에 남아 있는 왁스를 제거한다.

④ 모발이 남아 있을 시 족집게를 사용하여 제거하되 털이 자라난 반대 방향으로 뽑는다.

39 림프 순환 장애로 인한 체액과 지방의 과잉 축적과 결합 조직의 변성이 연속적으로 발생함으로써 생긴 것은?

① 천식   ② 여드름

③ 알레르기   ④ 셀룰라이트

40 림프 관리를 적용할 수 있는 경우는?

① 열이 있는 감기 환자

② 심장 질환이 있는 환자

③ 림프절이 심하게 부어있는 피부

④ 수술 후 상처 회복이 필요한 피부

답안 표기란				
36	①	②	③	④
37	①	②	③	④
38	①	②	③	④
39	①	②	③	④
40	①	②	③	④

제 **3** 장

실전모의고사

41 손가락 끝에는 힘을 주지 않으며 손가락의 안쪽과 바닥을 이용하여 손목을 위로 움직이는 동작은?

① 회전 기법
② 펌프 기법
③ 퍼올리기 기법
④ 정지 상태 원동작

42 전류의 세기를 측정하는 단위로 옳은 것은?

① 암페어
② 주파수
③ 볼트
④ 와트

43 다음 중 지방성 피부에 가장 적당한 화장수는?

① 수렴 화장수
② 유연 화장수
③ 알코올
④ 글리세린

44 스톤 테라피 기법 중 스톤의 매끄럽고 평평한 부위를 이용하여 근육 부위를 미끄러지듯이 가볍고 부드럽게 하는 동작은?

① 엣징(Edging)
② 탭핑(Tapping)
③ 플러싱(Flushing)
④ 글라이딩(Gliding)

45 관리 후 상담 시 질문 내용에 해당되지 않는 것은?

① 다음 관리 계획과 관리 시간 예약
② 피부관리 중 고객 불편 사항 유무에 대한 파악
③ 고객 만족도 조사 및 추가적인 관리에 대한 제안
④ 관리 후 피부상태 변화에 대한 주관적 변화 문진

답안 표기란				
41	①	②	③	④
42	①	②	③	④
43	①	②	③	④
44	①	②	③	④
45	①	②	③	④

46 정상 피부의 아침 홈 케어 조언에 대한 내용으로 가장 옳지 않은 것은?

① 세안 시 젤 타입의 클렌징으로 세안

② 토너 사용 후 눈 주변에 젤 타입의 아이 제품 도포

③ 보습용 에센스를 얼굴 및 목 전체에 도포

④ 보습 크림을 얼굴 및 목 전체에 도포한 후 자외선 차단제로 마무리

47 진공흡입기의 효과로 가장 옳지 않은 것은?

① 영양물질을 피부 깊숙이 침투시킨다.

② 지방이나 모공의 피지, 노폐물을 제거한다.

③ 피부를 자극하여 피지선의 기능을 활성화시킨다.

④ 림프순환을 촉진하여 노폐물의 배출을 촉진시킨다.

48 증기욕(사우나)에 대한 내용으로 옳지 않은 것은?

① 건조하여 피부 보습이 감소된다.

② 근육 내 젖산이 증가되는 것을 예방한다.

③ 체온이 상승하여 신진대사와 혈액 순환을 촉진시킨다.

④ 온열 효과로 모공 확장이 되며 물질의 흡수 효과를 높여 준다.

49 바이브레이터 사용 시 부적용 대상이 아닌 것은?

① 멍든 부위

② 털이 적은 사람

③ 최근 수술한 사람

④ 정맥류가 심한 사람

50 후리마돌 부적용 대상이 아닌 것은?

① 건성 피부

② 지성 피부

③ 찰과상이 있는 경우

④ 피부 질환이 있는 경우

답안 표기란				
46	①	②	③	④
47	①	②	③	④
48	①	②	③	④
49	①	②	③	④
50	①	②	③	④

제 **3** 장

실전모의고사

51 컬러 테라피 사용 시 림프 순환 촉진, 부종 감소, 스트레스 관리 등에 효과를 나타내는 색으로 가장 옳은 것은?

① 빨강　　　　　　　　② 주황

③ 노랑　　　　　　　　④ 초록

52 우드램프에서 보이는 색과 피부의 상태를 옳게 연결한 것은?

① 노화 피부 – 암적색

② 정상 피부 – 밝은 보라색

③ 두꺼운 각질층 부위 – 암갈색

④ 지성 피부, 여드름 피부 – 청백색

53 확대경 사용에 대한 내용으로 옳지 않은 것은?

① 피부를 클렌징한 후 토닉을 이용하여 정돈한다.

② 고객에게 아이 패드를 올려 준다.

③ 피부 관찰을 하기 위해 확대경을 베드 옆으로 가져온다.

④ 10cm 이상의 적당한 거리를 둔 후 확대경의 스위치를 켠다.

54 스티머와 베이퍼라이저에 대한 내용으로 옳지 않은 것은?

① 물통 세척 시 세제를 사용하여 깨끗하게 세척한다.

② 오존에 의한 살균 작용 및 박테리아 제거 효과가 있다.

③ 온열 효과로 모공 확장이 되며 물질의 흡수 효과를 높여 준다.

④ 모세 혈관 확장 피부, 민감 피부, 당뇨환자 등은 사용을 주의한다.

55 예방법으로 생균백신을 사용하는 것은?

① 결핵

② 콜레라

③ 파상풍

④ 디프테리아

답안 표기란				
51	①	②	③	④
52	①	②	③	④
53	①	②	③	④
54	①	②	③	④
55	①	②	③	④

56 발생 또는 유행 시 24시간 이내에 신고하고 발생을 계속 감시할 필요가 있는 감염병은?

① 라싸열

② 마버그열

③ 말라리아

④ E형 간염

57 기후와 온열의 조건 중에서 4대 온열인자는?

① 기온, 바람, 습도, 기압

② 기온, 기습, 기류, 복사열

③ 강수, 기습, 바람, 복사열

④ 기온, 기압, 기류, 감각온도

58 면허의 취소 또는 정지 중에 미용업을 한 사람에 대한 벌칙사항은?

① 6월 이하의 징역

② 200만원 이하의 벌금

③ 300만원 이하의 벌금

④ 500만원 이하의 벌금

59 위생관리의무 등을 위반한 공중위생영업자에 대한 조치사항으로 옳은 것은?

① 개선명령

② 업무정지

③ 영업정지

④ 자격정지

60 이 · 미용 업소 내에 반드시 게시하지 않아도 되는 것은?

① 이 · 미용요금표

② 이 · 미용업 신고증

③ 개설자의 면허증 원본

④ 준수 사항 및 주의사항

답안 표기란				
56	①	②	③	④
57	①	②	③	④
58	①	②	③	④
59	①	②	③	④
60	①	②	③	④

제 **3** 장

실전모의고사

실전모의고사 제4회

수험번호
수험자명

⏱ 제한 시간 : 60분　전체 문제 수 : 60　맞춘 문제 수 :

01 피부미용의 목적이 아닌 것은?
① 분장을 통해 새로운 '나'의 모습을 연출한다.
② 노화예방을 통해 건강하고 아름다운 피부를 유지한다.
③ 질환적 피부를 제외한 피부를 관리를 통해 개선시킨다.
④ 심리적, 정신적 안정 등을 통해 피부를 건강한 상태로 유지한다.

02 피부미용실 내의 위생관리에 대한 내용으로 옳지 않은 것은?
① 뚜껑이 있는 휴지통이 비치되어 있어야 한다.
② 사용하는 기구와 비품들은 자비 소독법만으로 살균·소독한다.
③ 심신의 안정을 취할 수 있도록 편안하고 안락한 분위기가 마련되어야 한다.
④ 기기의 부품과 브러시 등은 사용 후 중성 세제로 세척하여 자외선 소독기에 넣는다.

03 소독방법의 종류 중 자연 소독법에 해당하는 것은?
① 자비소독법　② 건열 멸균법
③ 자외선 멸균법　④ 유통 증기 멸균법

04 병원체가 장기 내에 침입하여 증식하는 상태를 뜻하는 말은?
① 감염　② 번식
③ 살균　④ 오염

05 다음 중 모주기의 순서로 맞는 것은?
① 휴지기 – 퇴행기 – 성장기
② 퇴행기 – 휴지기 – 성장기
③ 성장기 – 휴지기 – 퇴행기
④ 성장기 – 퇴행기 – 휴지기

답안 표기란

01	① ② ③ ④
02	① ② ③ ④
03	① ② ③ ④
04	① ② ③ ④
05	① ② ③ ④

06 유화(Emulsion)에서 O/W 에멀젼의 주성분은 무엇인가?

① 물
② 기름
③ 유지
④ 유화제

07 계면활성제의 종류 중 정전기 발생 억제효과의 성질을 갖는 것은?

① 양쪽성 계면활성제
② 양이온성 계면활성제
③ 음이온성 계면활성제
④ 비이온성 계면활성제

08 오데토일렛이 속하는 화장품의 분류는?

① 세정용 화장품
② 모발용 화장품
③ 방향용 화장품
④ 메이크업용 화장품

09 화장품의 수성 원료로서 파우더를 제외한 거의 모든 화장품에 기본적으로 사용되는 것은?

① 라놀린
② 메탄올
③ 정제수
④ 고급알코올

10 피부 형태 분석에서 촉진 방법 중 옳은 것은?

① 탄력감
② 모공의 크기
③ 피부의 투명도
④ 색소침착 상태

답안 표기란				
06	①	②	③	④
07	①	②	③	④
08	①	②	③	④
09	①	②	③	④
10	①	②	③	④

제**3**장

실전모의고사

	답안 표기란			
11	①	②	③	④
12	①	②	③	④
13	①	②	③	④
14	①	②	③	④
15	①	②	③	④

11 고객 피부관리 프로그램 계획하기에 대한 내용으로 옳지 않은 것은?

① 관리해야 할 주기를 계획한다.

② 홈 케어 관리 방법은 설명하지 않는다.

③ 고객의 상담 내용 등을 파악하여 계획한다.

④ 피부유형에 맞는 화장품을 선별하여 계획한다.

12 다음 중 포인트 메이크업 클렌징의 설명으로 틀린 것은?

① 눈썹 – 눈썹결 방향으로 강하게 닦아서 닦아낸다.

② 아이섀도 – 눈썹꼬리 방향으로 가볍게 눌러 닦아낸다.

③ 아이라인 – 면봉을 이용하여 눈꼬리 쪽으로 가볍게 닦아낸다.

④ 입술 – 윗입술은 위에서 아래로 아랫입술은 아래에서 위로 닦아낸다.

13 수분이 부족한 피부에 좋고 건성 피부나 예민한 피부에도 좋은 클렌징 제품은?

① 오일 타입

② 크림 타입

③ 티슈 타입

④ 파우더 타입

14 딥클렌징에 대한 설명으로 틀린 것은?

① 칙칙하고 각질이 두꺼운 피부에 효과적이다.

② 민감성 피부는 가급적 사용하지 않는 것이 좋다.

③ 스크럽 제품은 여드름 피부에 사용하면 효과적이다.

④ 화장품을 이용한 방법과 기기를 이용한 방법으로 구분된다.

15 고마쥐(Gommage)에 대한 내용으로 옳지 않은 것은?

① 전분 성분인 셀룰로오즈가 기본 원료이다.

② 복합 동 · 식물성 각질 분해 효소도 함유하고 있다.

③ 모세 혈관 확장 피부나 화농성 여드름 피부는 사용을 권장한다.

④ 도포 후 어느 정도 건조되면 피부의 근육 결 방향으로 밀어낸다.

16 강한 자외선에 노출될 때 생길 수 있는 현상과 가장 거리가 먼 것은?

① 광노화

② 아토피 피부염

③ 홍반반응

④ 비타민 D 합성

답안 표기란				
16	①	②	③	④
17	①	②	③	④
18	①	②	③	④
19	①	②	③	④
20	①	②	③	④

17 전류에 대한 내용으로 옳지 않은 것은?

① 전자들이 전도체를 따라 한 방향으로 흐르는 것이다.

② (+)극에서 (−)극을 향해 흐른다.

③ 전류의 종류에는 직류와 교류가 있다.

④ 전류는 낮은 곳에서 높은 곳으로 흐른다.

18 눈썹 염색에 대한 내용으로 틀린 것은?

① 염색용 볼은 금속성을 사용해야 한다.

② 눈썹 염색 시 주의 사항을 준수하여 수행하도록 한다.

③ 고객을 눕힌 자세에서 고개를 45도 정도 젖히게 한다.

④ 눈썹 염색을 실시하기 24시간 전에 반드시 패치 테스트를 실시한다.

19 매뉴얼 테크닉의 기본 동작 중 흔들어 주기에 대한 설명이 아닌 것은?

① 피부 탄력 저하

② 경직된 근육 이완

③ 혈액과 림프순환 원활

④ 'vibration'이라고도 한다.

20 매뉴얼 테크닉의 유의점으로 알맞은 것은?

① 모든 동작을 최대한 빠르게 진행한다.

② 매뉴얼 테크닉의 동작은 반복하지 않도록 한다.

③ 모든 동작은 근육결의 방향과 반대로 실시한다.

④ 매뉴얼 테크닉 전 관리사의 손을 따뜻하게 하여 고객에게 편안함을 준다.

답안 표기란				
21	①	②	③	④
22	①	②	③	④
23	①	②	③	④
24	①	②	③	④
25	①	②	③	④

21 T존은 피지 분비량이 많아 번들거리고, U존은 윤기가 없고 건조한 피부 타입은?

① 정상 피부

② 건성 피부

③ 지성 피부

④ 복합성 피부

22 피지 흡착효과가 뛰어나고 안색 정화효과가 있어 여드름, 지성피부에 효과적인 팩의 종류는?

① 젤상   ② 점토상

③ 크림상   ④ 파우더상

23 시트 타입(Sheet type)에 대한 설명으로 틀린 것은?

① 영양물질을 건조시킨 시트 타입이다.

② 유효 성분이 흡수된 후 제거하는 방법이다.

③ 피부에 탄력을 증진시키기 보다는 영양 공급과 보습 효과가 뛰어나다.

④ 사용이 간편한 형태의 마스크로 화장수나 에센스를 침적시킨 부직포 타입도 있다.

24 유연 화장수에 대한 설명으로 옳지 않은 것은?

① 모공을 수축시키는 효과가 있다.

② 보습제, 유연제가 함유되어 있다.

③ 흔히 스킨 소프트너(Skin Softner)라고 한다.

④ 피부의 각질층을 촉촉하고 부드럽게 하는 목적으로 사용된다.

25 심장에서 판막이 하는 역할은?

① 수분을 조절한다.

② 체온을 조절한다.

③ 호흡작용을 한다.

④ 혈액의 역류를 방지한다.

26 세포막에 대한 설명으로 옳지 않은 것은?

① 세포 내의 물질들을 보호한다.
② 세포를 둘러싸고 있는 이중막이다.
③ 단백질 합성, 성장 및 분열 등을 조절한다.
④ 주성분인 단백질, 지질, 그리고 탄수화물로 구성되어 있다.

27 등의 근에서 척주와 두개골 및 골반을 연결하여 척주의 굴신 또는 회전운동을 하는 근은?

① 광배근
② 심배근
③ 승모근
④ 견갑거근

28 성인의 척수신경으로 옳은 것은?

① 15쌍
② 29쌍
③ 30쌍
④ 31쌍

29 혈액의 응고나 지혈작용에 관여하는 세포는?

① 항원
② 백혈구
③ 적혈구
④ 혈소판

30 주름과 융모를 통해 영양분을 흡수하며 연동운동, 분절운동, 진자운동 등이 있는 기관은?

① 구강　　　　　　② 대장
③ 소장　　　　　　④ 식도

답안 표기란				
26	①	②	③	④
27	①	②	③	④
28	①	②	③	④
29	①	②	③	④
30	①	②	③	④

제 **3** 장

실전모의고사

31 모세혈관확장피부나 예민피부의 마무리 단계에서 하는 습포의 형태는?

① 냉습포

② 온습포

③ 건습포

④ 중온습포

32 공중위생영업자의 지위를 승계한 자가 1월 이내에 신고해야 할 대상은?

① 도지사

② 읍면 동장

③ 보건복지부장관

④ 시장 · 군수 · 구청장

33 복부관리의 부적용 대상이 아닌 것은?

① 임산부

② 생리 중인 사람

③ 접촉성 피부염인 사람

④ 아토피 피부가 아닌 사람

34 둔부관리에 대한 내용으로 옳지 않은 것은?

① 피부에 보습 효과를 준다.

② 근육의 피로를 풀어 준다.

③ 색소 침착은 예방하지 못한다.

④ 생활 습관에서 오는 둔부의 불균형을 잡아 준다.

35 몸매관리 마무리 화장품의 사용 목적이 아닌 것은?

① 셀룰라이트를 강화

② 보습력 유지 및 강화

③ 피부의 림프 흐름 활성화

④ 정체된 피부의 순환을 완화

답안 표기란				
31	①	②	③	④
32	①	②	③	④
33	①	②	③	④
34	①	②	③	④
35	①	②	③	④

36 왁스를 금해야 하는 경우에 해당되지 않는 것은?

① 건성피부   ② 상처 부위

③ 당뇨병 환자   ④ 사마귀 또는 점 부위의 털

37 소프트 왁스에 대한 내용으로 옳은 것은?

① 페이스 제모 시에는 눈썹에만 적용한다.

② 신체의 광범위한 부위는 효과적으로 제거할 수 없다.

③ 제모하는 방법에 따라서는 스트립 왁스(Strip wax)라고도 한다.

④ 꿀과 비슷한 농도로써 약 1~1.5cm 정도의 굵고 긴 체모를 제거하기 좋다.

38 발 건강을 위한 발 마사지의 효과로 가장 틀린 것은?

① 긴장을 완화시킨다.

② 피로를 회복시켜준다.

③ 피부 표면의 더러움을 제거시켜준다.

④ 혈액순환과 림프 순환을 촉진시킨다.

39 퍼올리기 기법에 대한 내용으로 가장 틀린 것은?

① 팔과 다리에 적용하는 동작이다.

② 손바닥을 펴고 손등이 아래로 향하게 하여 위쪽으로 올리면서 압을 준다.

③ 손가락에 힘을 주고 엄지를 제외한 네 손가락을 가지런히 하여 압을 준다.

④ 손목의 회전과 함께 위로 쓸어 올리듯이 하는 동작이다.

40 림프 관리 시 한 부위를 실시하는 경우의 1회 관리 시간으로 가장 적절한 것은?

① 최소 10~20분   ② 최소 20~30분

③ 최소 30~40분   ④ 최소 40~50분

답안 표기란				
36	①	②	③	④
37	①	②	③	④
38	①	②	③	④
39	①	②	③	④
40	①	②	③	④

제**3**장 실전모의고사

41 림프 관리 시 유의 사항으로 가장 틀린 것은?

① 한 달 정도의 지속적인 관리가 필요하다.

② 림프 관리의 효과를 위해서는 주 2회 총 10회 이상 시행한다.

③ 각 동작은 1~5초의 간격으로 한 자리에서 5~7회 이상을 반복한다.

④ 가볍고 부드럽게 서서히 압을 가하고 서서히 빼는 동작을 일정하게 시행한다.

42 피부에서 피지가 하는 작용과 관계가 가장 먼 것은?

① 유화작용

② 살균작용

③ 수분 증발 억제

④ 열 발산 방지작용

43 손톱, 발톱의 설명으로 옳지 않은 것은?

① 손끝과 발끝을 보호한다.

② 물건을 잡을 때 받침대 역할을 한다.

③ 정상적인 손발톱의 교체는 대략 6개월 가량 걸린다.

④ 개인에 따라 성장의 속도는 차이가 있지만 매일 10mm가량 성장한다.

44 화장품의 원료 중 아줄렌(Azulene)은 어디에서 얻어지는 성분인가?

① 알개(Algae)

② 알로에베라(Aloe Vera)

③ 캐모마일(Chamomile)

④ 프로폴리스(Propolis)

45 상담 후 고객관리카드작성에 대한 내용으로 가장 틀린 것은?

① 고객의 만족도를 적을 수 있다.

② 유지 고객인지를 파악할 수 없다.

③ 관리 후 피부의 변화를 적을 수 있다.

④ 예약 관리의 스케줄을 미리 정할 수 있다.

답안 표기란				
41	①	②	③	④
42	①	②	③	④
43	①	②	③	④
44	①	②	③	④
45	①	②	③	④

46 지성 피부에 대한 내용으로 가장 옳지 않은 것은?

① 보습 전용 에센스로 수분을 공급하는 것이 좋다.

② 피지선 기능이 비정상적으로 항진되어 피지가 과소 분비된 상태이다.

③ 모공 속 피지와 노폐물을 제거하여 여드름을 예방하고, 피지를 조절한다.

④ 피부 표면이 번들거리고, 모공이 넓고 각질이 두꺼워져 칙칙해 보이는 피부상태를 말한다.

47 진공 흡입기의 효과가 아닌 것은?

① 마사지 효과가 있다.

② 신진대사를 촉진시킨다.

③ 얼굴에는 사용하지 않고 전신에 사용한다.

④ 셀룰라이트와 체지방을 감소시키는 효과가 있다.

48 증기욕(사우나) 사용 시 주의 사항이 아닌 것은?

① 휴식 시 타월이나 가운으로 체온이 내려가지 않도록 감싼다.

② 처음부터 사우나의 온도가 높도록 해야 혈액 순환이 촉진된다.

③ 사우나에서 나오면 10분 이상 휴식을 취한 후 움직이도록 한다.

④ 몸의 온도가 높아져 탈수와 탈진이 올 수 있으니 관리 도중 수분 공급을 한다.

49 후리마돌을 사용하기에 대한 내용으로 옳지 않은 것은?

① 전원을 켠 후 관리사의 손등에서 피부 상태에 맞는 회전 속도를 확인한다.

② 브러시를 피부 표면에 수직으로 세워서 꺾이거나 눌리지 않게 한다.

③ 손목의 힘으로 원을 그리며 얼굴의 굴곡에 따라 이동한다.

④ 1분~5분 이상 사용하지 않는다.

50 진동에 의해 온몸을 순환을 촉진시키는 비전류의 물리적 기기는?

① 분무기　　　　　　　　② 스티머

③ 왁스워머　　　　　　　④ 바이브레이터

답안 표기란				
46	①	②	③	④
47	①	②	③	④
48	①	②	③	④
49	①	②	③	④
50	①	②	③	④

제 **3** 장

실전모의고사

51 컬러 테라피 사용 시 신경계, 간 기능 강화에 효과가 있는 색으로 가장 옳은 것은?

① 주황　　　　　　　　　② 노랑

③ 초록　　　　　　　　　④ 파랑

52 육안으로 보기 어려운 피지, 민감도 등의 상태를 파악할 수 있는 자외선과 가시광선을 방출하는 기기는?

① 스팀기　　　　　　　　② 확대경

③ 우드램프　　　　　　　④ 진공흡입기

53 확대경에 대한 내용으로 옳지 않은 것은?

① 확대 배율이 다양하며, 일반적으로 3~5배의 배율이 사용된다.

② 잔주름, 색소 침착, 모공 상태, 작은 결점 등을 관찰할 수 있다.

③ 화이트헤드, 블랙헤드를 비롯한 피지 압출 시에는 사용할 수 없다.

④ 육안으로 판독하기 힘든 피부 문제와 표면 상태를 자세히 관찰할 수 있다.

54 적외선 램프 사용 시 주의 사항으로 가장 옳지 않은 것은?

① 적외선 사용 시에는 90도 각도를 유지하며 조사한다.

② 적외선 램프 사용 도중 홍반, 부어오름 등이 있으면 즉시 중단한다.

③ 얼굴관리 사용 시 반드시 눈과 입술은 마른 화장 솜을 덮어 보호하도록 한다.

④ 고객의 피부 민감도에 따라서 램프의 거리와 시간을 반드시 조절하여 사용한다.

55 음압격리와 같은 높은 수준의 격리가 필요한 제1급에 해당하는 법정 감염병은?

① 매독　　　　　　　　　② 폴리오

③ 일본뇌염　　　　　　　④ 신종인플루엔자

답안 표기란				
51	①	②	③	④
52	①	②	③	④
53	①	②	③	④
54	①	②	③	④
55	①	②	③	④

56 노인층에 가장 적절한 보건교육 방법은?

① 뉴스   ② 강연회

③ 개별접촉   ④ 집단교육

57 공장폐수의 오염도를 측정하는 지표는?

① 용존산소(DO)

② 수소이온농도(pH)

③ 화학적산소요구량(COD)

④ 생물화학적산소요구량(BOD)

58 이 · 미용업 영업소에서 손님에게 음란한 물건을 관람 · 열람하게 했을 때 3차위반 시 행정처분은?

① 경고

② 영업정지 15일

③ 영업정지 1월

④ 영업장 폐쇄명령

59 미용영업소 외의 장소에서 미용업무를 행한 자에 대한 과태료 금액은?

① 20만 원

② 50만 원

③ 70만 원

④ 100만 원

60 몸매딥클렌징의 내용으로 옳지 않은 것은?

① 효소는 크림 타입과 파우더 타입이 있다.

② 화학적 방법의 특징은 보통 피부에 적합하다.

③ 후리마톨(Frimator)은 일반적으로 사용하는 방법이다.

④ 전기 세정은 직류를 이용하여 (−)극에서 딥클렌징 앰플을 사용하여 세정 작용을 한다.

답안 표기란				
56	①	②	③	④
57	①	②	③	④
58	①	②	③	④
59	①	②	③	④
60	①	②	③	④

제**3**장

실전모의고사

실전모의고사 제5회

수험번호
수험자명

제한 시간 : 60분 전체 문제 수 : 60 맞춘 문제 수 :

01 피부 미용의 실제적 영역에 대한 내용으로 옳지 않은 것은?

① 제모
② 발 관리
③ 모발 관리
④ 눈썹 정리

02 피부미용실 작업장 환경에 대한 설명으로 옳지 않은 것은?

① 쾌적하고 아늑한 작업장이 되어야 한다.
② 환풍이 잘되어 공기 순환이 이루어져야 한다.
③ 상담실과 작업장은 구분되어 있으면 안 된다.
④ 화장품 정리대는 청결하고 위생적으로 준비되어 있어야 한다.

03 비품 소독 분류 방법에 대한 내용으로 틀린 것은?

① 타월은 끓은 물에 삶아야 한다.
② 도구는 소독제로 닦으면 안 된다.
③ 용기는 살균 소독기나 소독제로 깨끗이 닦아야 한다.
④ 기구는 유효 기간이 지나지 않은 소독제를 이용하여 퍼프에 적셔 닦아 준다.

04 직원위생 예의에 대한 내용으로 틀린 것은?

① 작업장에서 껌을 씹지 않는다.
② 지나친 향의 향수는 뿌리지 않는다.
③ 위생복은 청결하고 구김이 없어야 한다.
④ 고객과의 대화 시 딱딱한 용어를 사용한다.

05 다음 중 건성피부의 특징이 아닌 것은?

① 잔주름이 많다.
② 피지의 분비가 부족하다.
③ 피부의 수분이 부족하다.
④ 눈 주위에 다크서클이 있다.

답안 표기란

01	① ② ③ ④
02	① ② ③ ④
03	① ② ③ ④
04	① ② ③ ④
05	① ② ③ ④

06 유연화장수에 대한 설명으로 틀린 것은?

① 보통피부와 건성피부에 적합하다.
② 쉐이크 로션, 카라민 로션 등이 있다.
③ 각질층 보습, 발한과 피지 분비를 억제한다.
④ 스킨로션, 스킨소프너라고 하며 피부를 매끄럽게 한다.

07 메이크업 화장품 중 베이스 메이크업에 속하지 않는 것은?

① 블러셔   ② 파우더
③ 파운데이션   ④ 메이크업 베이스

08 다음에서 설명하는 화장품의 요건은?

사용 기간 중 변질, 변색, 변취, 미생물 오염 등이 없어야 한다.

① 안전성   ② 안정성
③ 사용성   ④ 유효성

09 팩의 효과로 옳지 않은 것은?

① 피부 신진대사 촉진과 적당한 긴장감을 부여한다.
② 수분 유지의 보습 작용으로 피부 유연 효과가 있다.
③ 흡착 작용에 의한 피부 노폐물 제거로 청정 작용을 한다.
④ 외부 공기와의 영구적 차단으로 영양 성분 흡수가 용이하다.

10 피부 형태 분석에서 촉진 방법 중 옳지 않은 것은?

① 피부 두께를 분석하기 위해 아프지 않게 가볍게 집어 본다.
② 피지 분비량을 분석하기 위해 손에 묻어나는 기름기의 양을 측정하기 위해 만져본다.
③ 피부결 상태를 분석하기 위해 피부의 거침 정도를 알아보기 위해 쓰다듬어 볼 수 있다.
④ 예민도를 분석하기 위해 손톱으로 조금 세게 십자를 그어 턱이나 이마 부위의 예민도를 측정한다.

답안 표기란				
06	①	②	③	④
07	①	②	③	④
08	①	②	③	④
09	①	②	③	④
10	①	②	③	④

제 3 장
실전모의고사

11 피부 분석 카드에 기입해야 할 사항으로 가장 거리가 먼 것은?

① 고객명, 연락처, 성별
② 취미, 특기사항, 재산정도
③ 생년월일, 주소, 이메일 주소
④ 직업, 결혼 유무, 병력과 부적응증

답안 표기란				
11	①	②	③	④
12	①	②	③	④
13	①	②	③	④
14	①	②	③	④
15	①	②	③	④

12 클렌징 로션에 대한 알맞은 설명은?

① 이중 세안이 필요하다.
② 친수성의 로션상태이다.
③ 모든 피부에 적합하지는 않다.
④ 클렌징 크림보다는 세정력이 강하다.

13 얼굴 클렌징에 대한 내용으로 옳지 않은 것은?

① 일정한 속도와 리듬감을 유지한다.
② 근육결의 반대 방향으로 시술한다.
③ 동작은 근육이 처지지 않도록 한다.
④ 고객의 눈이나 코 속으로 화장품이 들어가지 않도록 한다.

14 미세한 알갱이가 들어 있는 제품으로 각질과 모공 관리에 사용하는 딥클렌징 제품은?

① 효소
② AHA
③ 스크럽
④ 고마쥐

15 얼굴딥클렌징 작업 시 고려 사항이 아닌 것은?

① 타월 및 일회용 해면을 올바르게 사용한다.
② 사용 방법에 맞게 위생적으로 정확하게 적용한다.
③ 피부유형에 맞게 제품을 선택하고 특성에 맞게 사용한다.
④ 관리 후 다음 단계를 위한 토닉은 사용하지 않아도 된다.

16 피부 색소인 멜라닌을 주로 함유하고 있는 세포층은?

① 기저층　　　　　　　② 각질층

③ 과립층　　　　　　　④ 유극층

17 혈액 내에는 크게 3가지 혈구가 들어있는데 많은 것부터 차례로 나열한 것은?

① 적혈구 – 혈소판 – 백혈구

② 혈소판 – 백혈구 – 적혈구

③ 혈소판 – 벅혈구 – 백혈구

④ 백혈구 – 혈소판 – 적혈구

18 갈바닉전류가 사용되는 관리 기기는?

① 석션기

② 이온토프레시스

③ 고주파기기

④ 근육단련기

19 매뉴얼 테크닉의 기본 동작 중 주름이 생기기 쉬운 부위에 주로 많이 쓰이는 동작은?

① 문지르기

② 쓰다듬기

③ 두드리기

④ 흔들어 주기

20 얼굴매뉴얼테크닉 시 안전 · 유의 사항으로 가장 거리가 먼 것은?

① 관리사는 올바른 자세를 유지하도록 한다.

② 매뉴얼테크닉 시 고객과의 대화를 활발하게 한다.

③ 매뉴얼테크닉이 잘 되도록 적절한 양의 화장품을 사용한다.

④ 고객이 편안할 수 있도록 안정감 있고 쾌적한 실내 환경을 조성한다.

답안 표기란				
16	①	②	③	④
17	①	②	③	④
18	①	②	③	④
19	①	②	③	④
20	①	②	③	④

제 **3** 장

실전모의고사

21 피부유형과 적용 영양 물질과의 연결이 가장 틀린 것은?

① 건성 피부 – 유 · 수분 영양 성분 적용

② 복합성 피부 – 피부 진정 및 보습 제품 적용

③ 정상 피부 – 오일이 함유되어 있지 않은 제품 적용

④ 지성 피부 – 피지 조절 및 피부 정화 작용 제품 적용

22 천연팩에 대한 설명으로 잘못된 것은?

① 계절의 신선한 과일이나 야채를 이용한다.

② 사용하기 하루 전 또는 이틀 전에 만들어서 사용한다.

③ 건조 시간은 화장품 팩과 비슷한 15~20분 후 떼어낸다.

④ 즙을 만들어서 밀가루 율무 등을 혼합해 농도를 맞추어 사용한다.

23 기포 발생으로 기화열이 생겨 청량감을 부여하는 팩의 종류는?

① 왁스상

② 점토상

③ 크림상

④ 에어로졸상

24 기초화장품의 설명이 틀린 것은?

① 데이 크림 – 낮에 바르는 영양 크림

② 나이트 크림 – 밤에 바르는 영양 크림

③ 아이 크림 – 입 주위에 바르는 영양 크림

④ 자외선 크림 – 자외선을 차단시키는 로션이나 크림

25 세포질의 구성 중에서 세포의 노폐물을 분해하고 처리하는 기관은?

① 골지체

② 리소좀

③ 리보솜

④ 미토콘드리아

답안 표기란				
21	①	②	③	④
22	①	②	③	④
23	①	②	③	④
24	①	②	③	④
25	①	②	③	④

26 몸의 근육이나 내장기관을 형성하는 조직은?

① 근육조직

② 결합조직

③ 신경조직

④ 상피조직

답안 표기란				
26	①	②	③	④
27	①	②	③	④
28	①	②	③	④
29	①	②	③	④
30	①	②	③	④

27 골의 특징이 아닌 것은?

① 골격계는 뼈만으로 구성되어 있다.

② 인체의 골격은 206개의 뼈로 구성되어 있다.

③ 인체를 유지하면서 근육을 부착시켜 운동을 가능하게 한다.

④ 무기질(칼슘, 인) 45%, 유기질(콜라겐) 35%, 물 20%로 구성되어 있다.

28 신경계를 이루는 가장 작은 단위의 신경세포는?

① 연수

② 뉴런

③ RNA

④ 시냅스

29 식균작용을 하여 세균 감염으로부터 몸을 보호하는 세포는?

① 혈장

② 적혈구

③ 백혈구

④ 혈소판

30 골반 양측에 있는 1쌍의 기관으로 난자를 생산하여 배란시키는 기관은?

① 질

② 난소

③ 방광

④ 자궁

제 **3** 장

실전모의고사

답안 표기란				
31	①	②	③	④
32	①	②	③	④
33	①	②	③	④
34	①	②	③	④
35	①	②	③	④

31 독소형 식중독을 일으키는 세균이 아닌 것은?

① 웰치균 ② 포도상구균
③ 보툴리누스균 ④ 장염비브리오균

32 영업소 외의 장소에서 이용 및 미용의 업무를 할 수 있는 경우가 아닌 것은?

① 주민이 이용하는 공원에서 이용 또는 미용을 하는 경우
② 혼례에 참여하는 자에 대하여 혼례 직전에 이용 또는 미용을 하는 경우
③ 질병의 사유로 영업소에 나올 수 없는 자에 대하여 이용 또는 미용을 하는 경우
④ 방송 등의 촬영에 참여하는 사람에 대하여 그 촬영 직전에 이용 또는 미용을 하는 경우

33 복부관리 시 안전 · 유의 사항으로 옳지 않은 것은?

① 식후 1시간 후에는 복부관리는 금한다.
② 복부 장기에 무리한 압력을 가하지 않도록 주의한다.
③ 몸매관리 수행 전 복부관리 부적용 대상 유무부터 파악한다.
④ 복부의 매뉴얼테크닉은 대장의 연동 운동 방향으로 실시한다.

34 손, 팔 관리에 대한 내용으로 잘못된 것은?

① 우리 인체에서 가장 자외선에 노출이 많은 부위이다.
② 매뉴얼테크닉을 적절히 안배하고 뼈를 강하게 관리한다.
③ 노출이 심한 부위라서 건조함과 주름관리에 신경을 써야 한다.
④ 손과 팔은 우리 몸의 기관 중 노동으로 가장 혹사당하는 부위라고 할 수 있다.

35 몸매관리 마무리하기에 관한 내용으로 가장 옳지 않은 것은?

① 마무리 기초화장품 중 토닉은 피부의 pH를 정상화한다.
② 관리 후 몸매 이완 시 불편함이 없는지 확인하며 관리한다.
③ 마무리 기초화장품 중 로션 · 크림, 오일은 피부의 수분을 증가시킨다.
④ 마무리 기초화장품 중 자외선 차단제는 자외선으로부터 피부를 보호한다.

36 제모 후 주의 사항에 대한 내용으로 옳지 않은 것은?

① 제모 부위를 자극하지 않도록 몸에 끼는 옷도 가급적 삼간다.

② 제모 후 30일 이내에는 스크럽이나 필링제를 사용하지 않는다.

③ 제모 부위는 빨갛게 달아오르거나 가려울 수 있으나 손으로 긁지 않는다.

④ 제모 후 24시간 이내 탈취제나 데오드란트, 향기 나는 제품을 사용하지 않는다.

37 하드 왁스에 대한 내용으로 옳지 않은 것은?

① 하드 왁스는 천연 밀납 성분이 많이 포함되어 있지 않다.

② 제모하는 방법에 따라서는 논스트립 왁스(Non Strip wax)라고도 한다.

③ 얼굴 전체, 몸매 부분(겨드랑이, 어깨, 등, 복부 등) 제모 시 주로 사용한다.

④ 피부가 붉어지거나 예민해지는 것을 방지할 수 있어 민감하고 연약한 피부에 사용한다.

38 겨드랑이 제모에 관한 내용으로 가장 옳지 않은 것은?

① 워머기의 전원을 켜고 37~42℃로 하드 왁스를 준비해 둔다.

② 유 · 수분 제거제를 도포하여 부드럽게 러빙하여 유분 및 각질을 제거한다.

③ 털이 여러 방향으로 나 있는 경우에는 한 군데 이상의 작은 부분으로 나누어 제거한다.

④ 털이 대체로 일정한 방향으로 나 있는 경우에는 한꺼번에 제거한다.

39 림프의 정의에 대한 내용으로 틀린 것은?

① 골수에서 만들어진다.

② 혈액보다 점성이 덜하며 산성 용액이다.

③ 모세 혈관에서 나온 혈장이 림프관으로 들어가 림프가 된다.

④ 인체에 두루 분포되어 있으며 신체 대사에 중요한 물질이다.

40 손가락 전체를 인체의 평평한 부분에 댄 후 피부를 약간 신장시키듯이 늘려서 손바닥 전체를 피부에 밀착시키고 옆으로 회전하는 동작은?

① 펌프 기법

② 회전 기법

③ 퍼올리기 기법

④ 정지 상태 원동작

답안 표기란				
36	①	②	③	④
37	①	②	③	④
38	①	②	③	④
39	①	②	③	④
40	①	②	③	④

제 **3** 장

실전모의고사

41 림프 관리 시 가장 적절한 손 압력은?

① 5mm/Hg

② 50mm/Hg

③ 깃털 무게 정도의 압력

④ 500원짜리 동전을 피부에 올려 놓은 압력

42 피부와 영양에 대한 설명으로 옳지 않은 것은?

① 에너지의 주요 공급원인 탄수화물은 1g당 9kcal의 열량을 낸다.

② 전신의 신진대사가 원활히 이루어져야 한다.

③ 단백질, 지방, 탄수화물을 균형 있게 골고루 섭취한다.

④ 필요한 물질을 섭취하고, 신체에서 활용하여 생명을 유지하는 것을 영양이라 한다.

43 피부 질환 중 속발진에 속하는 것은?

① 가피, 인설, 결절

② 낭종, 인설, 켈로이드

③ 가피, 미란, 태선화

④ 낭종, 찰상, 균열

44 기능성 화장품의 설명으로 가장 아닌 것은?

① 피부의 수분 균형에 도움을 주는 제품이다.

② 피부의 미백에 도움을 주는 제품이다.

③ 피부의 주름 개선에 도움을 주는 제품이다.

④ 피부를 자외선으로부터 보호하는 데 도움을 주는 제품이다.

45 고객 일정에 따른 스케줄 관리의 중요성에 대한 내용이 가장 아닌 것은?

① 시간을 활용할 수 있다.

② 예약 시간을 사전에 확인할 수 있다.

③ 매출 증대라는 경제적인 효과를 만들어 낸다.

④ 고객이 원하는 프로그램에 대한 만족도를 높일 수 있다.

답안 표기란				
41	①	②	③	④
42	①	②	③	④
43	①	②	③	④
44	①	②	③	④
45	①	②	③	④

46 지성 피부의 아침 홈 케어 조언으로 가장 거리가 먼 것은?

① 수렴 화장수로 피지와 모공에 긴장감 부여

② 알로에 젤, 피지 조절 크림으로 적절한 수분 공급

③ 자외선 차단제로 마무리하여 피부 손상 방지

④ 주 1회 도포형 효소 클렌저를 이용하여 각질 정리

47 진공 흡입기 사용 시 주의사항이 아닌 것은?

① 림프절로 얼굴 굴곡에 따라 컵을 움직인다.

② 한 부위에 오래 사용하면 멍이 생길 수 있으므로 주의한다.

③ 갈바닉 기기 관리 후에는 진공 흡입(Vaccum suction)을 사용한다.

④ 벤토즈(Ventouse)에 금이 있는 경우 고객에게 상처를 줄 수 있으니 항상 점검한다.

48 진공 흡입기의 부적용 대상이 아닌 것은?

① 건성피부   ② 민감 피부

③ 일광화상 피부   ④ 모세 혈관 확장 피부

49 증기욕(사우나) 기구를 사용하는 피부관리에 대한 내용으로 가장 옳지 않은 것은?

① 사용하기 약 10분 전에 스위치를 켜서 낮은 온도로 예열을 한다.

② 일반적으로 증기욕(사우나)의 시간은 약 15~20분 정도가 적당하다.

③ 사우나 사용 후에는 위생적으로 알칼리성 세제를 이용하여 소독한다.

④ 고객의 옆에서 관리사는 수분 공급을 하며 냉 타월을 준비하여 머리 뒤와 얼굴을 가볍게 닦아 준다.

50 후리마돌 사용에 대한 내용으로 옳지 않은 것은?

① 브러시가 피부 표면에 직각이 되도록 한다.

② 관리 중 브러시를 교체할 때는 전원을 끈 상태에서 교체한다.

③ 머리카락이 흘러내린 경우는 브러시와 엉키지 않도록 주의한다.

④ 사용 후 물기를 제거한 브러시는 알코올로 소독한 후 보관한다.

답안 표기란				
46	①	②	③	④
47	①	②	③	④
48	①	②	③	④
49	①	②	③	④
50	①	②	③	④

제**3**장

실전모의고사

51 컬러 테라피에서 파랑 색상의 효과로 가장 옳은 것은?

① 근육 기능 활성
② 내분비성 기능 조절
③ 세포 재생, 호흡 기관 강화
④ 심리적 안정 및 기분 전환 효과, 식욕 억제

52 우드램프로 피부 상태를 판단할 때 색소 침착 피부가 나타내는 색은?

① 노란색
② 청백색
③ 암갈색
④ 짙은 자주색

53 스프레이 분무기(Spray)에 대한 내용으로 가장 옳지 않은 것은?

① 피부의 세정 작용을 높여 준다.
② 건조한 피부에 보습 효과와 얼굴에 청량감을 부여한다.
③ 피지 압출 후 모공의 세척과 압출 부위의 소독 효과가 있다.
④ 스프레이의 내용물을 희석할 경우에는 입자가 섞이지 않도록 기름을
  사용한다.

54 족욕기에 대한 내용으로 옳지 않은 것은?

① 버블 사용 시 물을 족욕기의 90% 정도 채운다.
② 발에 열이 나거나 운동 후 족욕 시 물의 온도를 높지 않게 한다.
③ 발과 다리의 근육 이완, 통증 완화 및 무릎 관절의 유연성이 증가
  된다.
④ 발과 다리의 혈액 순환 증가와 신진대사 활성화로 노폐물 배출이 촉
  진된다.

55 법정감염병 중 제3급 감염병에 속하지 않는 것은?

① 풍진   ② 공수병
③ 뎅기열   ④ 렙토스피라증

답안 표기란				
51	①	②	③	④
52	①	②	③	④
53	①	②	③	④
54	①	②	③	④
55	①	②	③	④

56 무색, 무취, 무독성 가스로 실내공기 오염의 지표로 사용하는 가스는?

① 산소 　　　　　　　　 ② 수소
③ 일산화탄소 　　　　　　 ④ 이산화탄소

57 몸매클렌징에 대한 내용으로 틀린 것은?

① 마지막엔 가볍게 핸드드라이한다.
② 습포 사용 후에는 토닉으로 정돈한다.
③ 위생을 위해서 일회용 해면을 사용하여 닦아낸다.
④ 무조건 온습포로 남은 잔여물을 깨끗이 닦아 낸다.

58 몸매딥클렌징의 물리적 방법 중 스티머(Steamer)에 대한 내용으로 옳지 않은 것은?

① 혈액 순환을 도와 적당한 수분을 공급한다.
② 동 · 식물성 각질 분해 요소를 함유하고 있다.
③ 초미립자의 수증기가 분무되어 모공을 열어 준다.
④ 테크닉이나 브러싱을 하는 동안 죽은 각질이 부드럽게 제거된다.

59 1회용 면도날을 2인 이상의 고객에게 사용하였을 때 행정처분 기준이 맞지 않는 것은?

① 1차위반 – 경고
② 2차위반 – 영업 정지 5일
③ 3차위반 – 영업 정지 10일
④ 4차위반 – 면허 정지

60 미용업소의 위생관리 의무를 지키지 아니한 자의 벌칙은?

① 200만 원 이하의 과태료
② 200만 원 이하의 벌금
③ 300만 원 이하의 과태료
④ 300만 원 이하의 벌금

답안 표기란				
56	①	②	③	④
57	①	②	③	④
58	①	②	③	④
59	①	②	③	④
60	①	②	③	④

제 **3** 장

실전모의고사

실전모의고사 제6회

수험번호
수험자명

⏱ 제한 시간 : 60분   전체 문제 수 : 60   맞춘 문제 수 :

	답안 표기란
01	① ② ③ ④
02	① ② ③ ④
03	① ② ③ ④
04	① ② ③ ④
05	① ② ③ ④

01 피부미용 비품 위생관리하기 작업 준비물에 해당하지 않는 것은?

① 타월
② 메탄올
③ 스파츌라
④ 제모 도구 일절

02 작업실 내부의 부품을 소독하는 것에 대한 내용으로 옳지 않은 것은?

① 면봉이나 솜으로 소독한다.
② 화장품 용기 및 웨건을 소독제로 닦는다.
③ 끓는 물에 삶지 않고 깨끗한 물로 씻는다.
④ 소독 물품을 목적에 따라 분류하여 놓는다.

03 표피의 가장 아래층은?

① 유극층
② 투명층
③ 각질층
④ 기저층

04 다음 중 피부 점막의 상피세포를 형성하고 유지시키며, 결핍되면 야맹증이나 각막연화증을 일으킬 수 있는 비타민은?

① 비타민 C
② 비타민 E
③ 비타민 A
④ 비타민 D

05 흔히 땀띠라고 하며 한관 부위가 폐쇄되면서 땀이 배출되지 못하고 축척되어 발생되는 피부 질환은?

① 한진
② 농포
③ 열창
④ 비립종

06 파운데이션에 대한 설명으로 옳은 것은?

① 자외선 차단효과가 없다.

② 화장의 지속성을 높여주지 않는다.

③ 피부에 광택, 탄력, 투명감을 부여한다.

④ 피부 보호의 기능은 없다.

답안 표기란				
06	①	②	③	④
07	①	②	③	④
08	①	②	③	④
09	①	②	③	④
10	①	②	③	④

07 속눈썹을 뚜렷하게 하여 눈의 윤곽을 강조하는 화장품은?

① 립스틱

② 파우더

③ 아이섀도

④ 아이라이너

08 다음 중 동물성 오일에 해당되지 않는 것은?

① 쇠기름

② 라놀린

③ 밍크 오일

④ 아보카도 오일

09 자외선을 산란시키는 성질을 가진 것은?

① 솔비톨

② 이산화티타늄

③ 프로필렌글리콜

④ 옥틸살리실레이트

10 고객과의 질문을 통하여 피부 상태를 판별하는 방법으로 옳은 것은?

① 문진

② 견진

③ 촉진

④ 패치 테스트

제**3**장

실전모의고사

11 고객 피부관리 프로그램 계획 시 유의할 점으로 옳지 않은 것은?

① 고객에게 심리적 부담을 주지 않는다.

② 피부관리를 위해서는 방문 횟수를 강요해야 한다.

③ 피부관리에 중요한 식품 · 영양에 관한 조언을 한다.

④ 고객에게 신뢰감을 줄 수 있는 정직한 태도로 대한다.

12 클렌징의 목적과 가장 관계있는 것은?

① 티눈 제거

② 산성막 제거

③ 피지 및 노폐물 제거

④ 자외선으로 피부 보호

13 다음 중 건성피부의 제품 선택으로 틀린 것은?

① 알코올 성분의 토너

② 보습기능이 강화된 토너

③ 영양 보습 성분이 있는 오일이나 에센스

④ 클렌저는 밀크 타입이나 유분기가 있는 크림 타입

14 후리마돌(Frimator)에 대한 내용으로 옳지 않은 것은?

① 미리 손등에 회전 속도를 테스트한다.

② 피부 표면에 붙어 있는 먼지와 노폐물을 제거한다.

③ 피부에 자극이 없는 부드러운 천연모의 브러시를 선택한다.

④ 직류 전류의 음극(−)을 연결하여 모공 세정용 디스인크러스테이션 앰플을 침투시킨다.

15 딥클렌징의 개념으로 옳지 않은 것은?

① 피부미용에서 가장 중요한 작업이다.

② 일반적으로 주 3~5회 실시하는 것이 좋다.

③ 다음 단계 유효 성분의 흡수를 높이는 작업이다.

④ 1차 클렌징으로 지워지지 않는 모공 속 먼지나 노폐물, 죽은 각질 등을 닦아 내는 과정이다.

답안 표기란				
11	①	②	③	④
12	①	②	③	④
13	①	②	③	④
14	①	②	③	④
15	①	②	③	④

16 일자형 눈썹이 가장 어울리는 얼굴형으로 옳은 것은?

① 긴 얼굴형
② 둥근 얼굴형
③ 역삼각형 얼굴형
④ 길이가 짧은 얼굴형

17 바이러스성 피부 질환에 해당하지 않는 것은?

① 대상포진
② 비립종
③ 단순포진
④ 편평사마귀

18 샴푸의 구비 요건으로 맞지 않는 것은?

① 정전기를 방지하고 빗질을 좋게 한다.
② 적절한 세정력을 가져야 한다.
③ 거품이 풍부하고 세정력이 우수하며, 약산성~중성이다.
④ 주요 성분으로는 음이온 계면활성제와 양쪽성 계면활성제를 사용한다.

19 매뉴얼테크닉의 종류 중 기본동작이 아닌 것은?

① 꼬집기
② 두드리기
③ 문지르기
④ 흔들어주기

20 피지 분비가 줄어들어 피부가 건조하고 수분이 부족하여 피부가 거칠어지고 주름이 많이 생기는 피부 유형으로 가장 적절한 것은?

① 예민 피부
② 정상 피부
③ 지성 피부
④ 노화 피부

답안 표기란				
16	①	②	③	④
17	①	②	③	④
18	①	②	③	④
19	①	②	③	④
20	①	②	③	④

제3장 실전모의고사

21 영양물질의 종류 중 진정을 도와주는 물질로 포함되는 것은?

① 콜라겐
② 티트리
③ 살리실산
④ 카모마일

22 팩을 사용할 때 주의사항으로 바르지 못한 설명은?

① 자연팩은 미리 만들어 두면 좋지 않다.
② 민감한 피부는 피부 적응 검사를 해 본다.
③ 팩을 바른 후 30분 이상 경과하지 않는다.
④ 피부 타입에 관계없이 크림 타입은 모든 피부에 잘 맞는다.

23 마스크의 특징 및 작용에 대한 설명으로 옳은 것은?

① 영양물질 흡수율은 낮다.
② 모공과 모낭이 축소된다.
③ 외부 공기를 차단시킨다.
④ 이산화 탄소, 수분, 열이 통과한다.

24 팩의 기능이 아닌 것은?

① 피부의 청정 작용
② 피하지방의 분해작용
③ 피부의 혈액 순환 촉진
④ 피부의 보습력과 탄력 상승

25 뉴런의 구성이 아닌 것은?

① 수상돌기
② 축삭돌기
③ 입방상피
④ 신경세포체

답안 표기란				
21	①	②	③	④
22	①	②	③	④
23	①	②	③	④
24	①	②	③	④
25	①	②	③	④

26 늑골이 속하는 뼈의 분류는?

① 단골
② 장골
③ 부정골
④ 편평골

답안 표기란				
26	①	②	③	④
27	①	②	③	④
28	①	②	③	④
29	①	②	③	④
30	①	②	③	④

27 목의 앞면에 넓게 자리하고 목의 상하 운동을 주관하는 근육은?

① 승모근
② 광경근
③ 전사각근
④ 흉쇄유돌근

28 심장에서 온몸으로 나가는 혈액이 흐르는 관은?

① 정맥
② 동맥
③ 림프관
④ 모세혈관

29 해독작용으로 체내에 들어온 유해 물질을 해독하는 기관은?

① 간
② 위
③ 대장
④ 췌장

30 췌장에서 분비되는 지방 분해 효소는?

① 트립신
② 인슐린
③ 리파아제
④ 아밀라아제

제**3**장

실전모의고사

31 스크럽(Scrub)을 이용한 몸매딥클렌징 과정으로 가장 틀린 것은?

① 1차 클렌징으로 피부를 씻어 낸다.
② 알갱이가 있는 제품을 유리볼에 적당량 덜어 놓는다.
③ 스크럽(Scrub) 제품과 도구(유리볼, 물, 붓) 등을 준비한다.
④ 쓸어서 펴바르기, 밀착하여 펴바르기 등을 활용해 30분간 테크닉해 준다.

32 몸매클렌징 종류 중 클렌징 성분을 물티슈에 적신 것으로 휴대용으로 좋은 것은?

① 로션 타입   ② 오일 타임
③ 티슈 타입   ④ 크림 타입

33 손, 팔 관리가 피부에 미치는 효과가 아닌 것은?

① 각질세포를 제거한다.
② 피부의 탄력을 방지한다.
③ 림프 배농을 촉진시킨다.
④ 신진 대사를 원활하게 해준다.

34 몸매 피부미용기기 중 흡입기에 대한 설명으로 옳은 것은?

① 몸매에 사용하는 미세 전류 미용기기이다.
② 압력에 의해 흡입과 배출을 하는 미용 기구이다.
③ 심부열을 발산하여 피부에 영양물질을 흡수시킨다.
④ 음파 에너지로써 미세 진동을 일으켜 영양물질 흡수 등에 도움이 된다.

35 팩 · 마스크의 효과로 가장 적절하지 않은 것은?

① 각질 제거 및 피지 조절을 한다.
② 피부의 지방 세포를 소멸시킨다.
③ 피부에 수분과 영양을 공급한다.
④ 청정 작용과 피부의 탄력을 증가시킨다.

답안 표기란				
31	①	②	③	④
32	①	②	③	④
33	①	②	③	④
34	①	②	③	④
35	①	②	③	④

36 제모 시 부적용 대상으로 가장 옳지 않은 것은?

① 간질

② 혈우병

③ 포진, 단순포진

④ 피부의 감각이 있는 곳

답안 표기란				
36	①	②	③	④
37	①	②	③	④
38	①	②	③	④
39	①	②	③	④
40	①	②	③	④

37 제모로 인한 부작용 중 화끈거림에 대한 내용으로 가장 틀린 것은?

① 차가운 시트를 사용하여 진정시킨다.

② 심하다면 의학적 처치법을 찾는 것을 추천한다.

③ 피부미용사는 관리 내내 제품의 온도를 체크해야 한다.

④ 경미한 경우엔 즉시 올리브 오일을 발라 주면 도움이 될 수 있다.

38 기초제모의 안전·유의 사항으로 가장 옳지 않은 것은?

① 작성된 고객관리카드를 확인하여 제모 부적용 대상자인지를 확인한다.

② 스파츌라는 반드시 사용 후 세척하며 더블 디핑은 하지 않아야 한다.

③ 제모 전후에는 위생을 고려해 제품 및 원형 바트 등 모든 재료의 뚜껑을 닫는다.

④ 제모 부위의 왁스 도포 전 온도 테스트, 왁스 도포 등으로 인해 불편함을 겪지 않도록 유의해야 한다.

39 림프 순환의 흐름 방향으로 가장 틀린 것은?

① 모든 림프 순환의 방향은 주변 림프절이다.

② 최종적으로는 신장 방향으로 이루어진다.

③ 배꼽을 기준으로 상복부는 액와 방향으로 적용한다.

④ 배꼽을 기준으로 하복부는 서혜부 방향으로 적용한다.

40 림프관리 적용 피부인 것은?

① 감염성 피부   ② 문제성 지성 피부

③ 결핵을 앓았던 사람   ④ 혈전증이 있는 사람

제**3**장

실전모의고사

41 림프 관리의 효과로 가장 틀린 설명은?

① 과도하게 긴장된 근육을 수축시킨다.

② 노폐물을 제거하여 피부 부종을 완화시킨다.

③ 림프 순환을 촉진시켜 면역 기능을 높여 준다.

④ 가볍고 부드러운 기법으로 고객에게 심리적 안정감을 준다.

42 진피의 콜라겐 섬유가 비정상적으로 성장하여 융기한 것은?

① 찰상   ② 미란

③ 켈로이드   ④ 태선화

43 팩이나 크림의 침투효과를 높이고 혈액순환 촉진, 근육조직의 이완, 신진 대사를 촉진시키는 태양광선은?

① 감마선

② 적외선

③ 자외선

④ 가시광선

44 스톤 테라피 시 유의 사항으로 가장 틀린 것은?

① 냉스톤은 절대 소금과 섞이면 안 된다.

② 사용한 온스톤은 소독용 알코올로 닦은 후 보관한다.

③ 스톤은 월 1회 이상 에너지 재충전을 위해 햇볕과 달빛에 노출시킨다.

④ 척추와 전면 차크라 레이아웃 시 고객의 몸을 살펴보면서 스톤을 배열한다.

45 불만 고객 처리의 중요성이 아닌 것은?

① 부정적 구전 효과를 최소화

② 고객의 사생활 파악을 최대화

③ 불만 고객이 침묵 고객보다 나음

④ 고객 유지율 증가에 따른 이윤 창출

답안 표기란				
41	①	②	③	④
42	①	②	③	④
43	①	②	③	④
44	①	②	③	④
45	①	②	③	④

46 홈 케어 조언에 대한 내용으로 가장 옳지 않은 것은?

① 생활 환경 및 습관에 대해 조언한다.

② 제품에 대한 선별 및 사용법에 대해 조언한다.

③ 자기관리가 병행되어야 좋은 피부상태를 지속시킬 수 있음을 인식시켜 준다.

④ 전문가의 관리만으로 건강한 피부 유지가 가능하지만 홈 케어도 필요함을 인식시켜 준다.

47 진공 흡입기 사용 시 주의사항으로 가장 옳은 것은?

① 한 부위를 3번 정도 겹쳐서 관리한다.

② 관리 부위에 맞는 크기의 벤토즈(Ventouse)를 선택한다.

③ 사용하기 전에 피부에 크림이나 오일은 도포하지 않는다.

④ 농포성 여드름 피부를 관리할 때는 석션을 사용하는 것이 좋다.

48 증기욕(사우나) 부적용 대상이 아닌 것은?

① 임산부

② 심장 질환자

③ 식사 전 30분 이내

④ 피부 상처나 제모 후

49 바이브레이터에 대한 내용으로 가장 옳지 않은 것은?

① 체격이 큰 남성 고객 관리 시 관리사의 피로를 유의한다.

② 매뉴얼 테크닉과 같은 혈액 순환 및 신진대사를 촉진한다.

③ 핸드마사지보다 짧은 시간에 근육 이완 효과를 줄 수 있다.

④ 근육 이완 및 근육통에 효과적이며 전신관리에 많이 이용된다.

50 스티머를 이용한 피부관리에 대한 내용으로 옳지 않은 것은?

① 물통에 증류수 또는 정제수를 정지선을 넘지 않게 채워 준다.

② 사용하기 전 약 10분 전에 스위치를 켜서 예열을 한다.

③ 고객의 눈 위에 젖은 화장 솜을 올려 둔다.

④ 얼굴과 스티머(Steamer)의 거리는 약 5~10cm를 유지한다.

답안 표기란				
46	①	②	③	④
47	①	②	③	④
48	①	②	③	④
49	①	②	③	④
50	①	②	③	④

제**3**장

실전모의고사

51 컬러(Color)테라피의 주의 사항으로 가장 옳지 않은 것은?

① 고객의 몸에 부착된 모든 금속류는 제거한다.

② 기구 주변의 공간이 밝아야 컬러(Color)테라피 효과를 얻을 수 있다.

③ 관리 부위의 최대 효과를 위해서 빛을 나선형 또는 직선 방향으로 움직이며 사용한다.

④ 가시광선을 적용하고자 하는 부위를 클렌징한 후 무알코올을 이용하여 피부를 정돈한다.

52 우드램프에 대한 내용으로 가장 옳지 않은 것은?

① UV는 색소 침착의 원인이 되므로 오랫동안 관찰하지 않는다.

② 반짝이는 하얀 형광색으로 보이는 부분은 피부의 지방층이다.

③ 우드램프(Wood's lamp)의 등이 피부에 직접 닿지 않도록 한다.

④ 관리사와 고객은 빛이 나오는 부위를 직접적으로 쳐다보지 않는다.

53 확대경의 사용 시 주의 사항으로 옳지 않은 것은?

① 어두운 곳에서 사용해야 한다.

② 사용 전 조임 부분을 확인한 후 사용한다.

③ 고객의 눈에 아이 패드를 올린 후 사용한다.

④ 확대경에 부착된 조명이 고객의 얼굴에 바로 비치지 않도록 스위치를 끈 후 이동한다.

54 적외선 램프에 대한 내용으로 옳지 않은 것은?

① 신진대사 활동이 증가한다.

② 피부 감각이 없을 때 사용을 촉진한다.

③ 상처 부위에는 적외선 램프를 사용하지 않는다.

④ 땀과 피지의 분비를 활발해져 노폐물이 원활해진다.

55 인간이 활동하기 좋은 온도와 습도로 가장 적절한 것은?

① 15~16℃, 50~55% ② 17~18℃, 60~65%

③ 20~22℃, 55~60% ④ 21~23℃, 60~65%

답안 표기란				
51	①	②	③	④
52	①	②	③	④
53	①	②	③	④
54	①	②	③	④
55	①	②	③	④

56 세균성 식중독의 특성이 아닌 것은?

① 잠복기가 짧다.
② 2차 감염률이 높다.
③ 수인성 전파는 드물다.
④ 다량의 균이 발생한다.

57 다음 중 습열멸균법에 속하는 것은?

① 자비소독법
② 일광소독법
③ 자외선멸균법
④ 초음파멸균법

58 박테리아(세균)의 종류가 아닌 것은?

① 간균
② 진균
③ 구균
④ 나선균

59 일반적으로 위생서비스 수준의 평가 주기는?

① 1년
② 2년
③ 3년
④ 5년

60 다음 중 미용사 면허를 받을 수 있는 자는?

① 약물중독자
② 정신질환자
③ 감염병 환자
④ 면허 취소 후 2년이 경과한 자

답안 표기란				
56	①	②	③	④
57	①	②	③	④
58	①	②	③	④
59	①	②	③	④
60	①	②	③	④

제 **3** 장

실전모의고사

실전모의고사 제7회

⏱ 제한 시간 : 60분 　　전체 문제 수 : 60 　　맞춘 문제 수 :

01 피부미용실에서의 청결을 유지하는 것에 대한 장점으로 옳은 것은?

① 짙은 화장을 할 수 있다.
② 숍에 대한 신뢰가 내려간다.
③ 피부관리사의 지식이 늘어난다.
④ 고객의 불안 심리를 없애게 한다.

02 피부미용사의 위생관리에 대한 내용으로 옳은 것은?

① 소리가 나도 편안한 흰색 신발을 착용을 권장한다.
② 긴 머리는 풀어도 좋지만, 자연스러운 화장을 한다.
③ 청결을 유지한다면 색깔 있는 네일 에나멜을 발라도 좋다.
④ 관리 중 목걸이, 반지와 팔찌 등의 장신구는 착용하지 않는다.

03 다음 중 모발의 주성분으로 옳은 것은?

① 지방
② 단백질
③ 탄수화물
④ 무기염류

04 탄수화물의 작용으로 옳은 것은?

① 저장 성분이다.
② 에너지원이 된다.
③ 세포질을 구성한다.
④ 손상된 조직을 재생한다.

05 만성적인 마찰과 자극에 의해 피부가 두껍고 단단하며 아토피 같은 만성 소양성 피부 질환은?

① 각화
② 반흔
③ 농가진
④ 태선화

답안 표기란

01	①	②	③	④
02	①	②	③	④
03	①	②	③	④
04	①	②	③	④
05	①	②	③	④

06 고분자 보습제의 성분 중 하나로 수분을 흡수하는 보습력이 매우 좋은 것은?

① 솔비톨
② 콜라겐
③ 엘라스틴
④ 히알루론산염

답안 표기란				
06	①	②	③	④
07	①	②	③	④
08	①	②	③	④
09	①	②	③	④
10	①	②	③	④

07 가용화 원리에 의해 만들어진 제품이 아닌 것은?

① 향수
② 선크림
③ 에센스
④ 헤어 토닉

08 기초 화장품 중 보호용 화장품에 속하지 않는 것은?

① 팩   ② 로션
③ 크림   ④ 화장수

09 방취용 화장품에 포함하는 것은?

① 풋로션
② 바디워시
③ 핸드크림
④ 데오도란트 로션

10 피부분석을 하는 목적으로 옳지 않은 것은?

① 피부분석을 통해 그에 맞는 적절한 운동 처방을 하기 위해서
② 체계적이고 올바른 피부관리를 위한 기초자료로 사용하기 위해서
③ 고객의 피부 상태에 맞는 적절한 화장품과 관리방법을 선택하기 위해서
④ 고객의 피부 유형과 상태를 정확히 파악하여 정상상태로 개선 · 유지하기 위해서

제**3**장

실전모의고사

11 피부유형별 피부관리 제품 적용하기에 대한 내용으로 옳지 않은 것은?

① 중성 피부는 영양 크림을 적용한다.

② 건성 피부는 유분 앰플을 적용한다.

③ 건성 피부는 보습 에센스를 적용한다.

④ 지성 피부는 피지 조절 앰플을 적용한다.

12 클렌징 워터에 대한 내용으로 옳지 않은 것은?

① 아주 조금 끈적임이 있다.

② 세정용 화장수의 일종이다.

③ 눈 · 입술 · 메이크업 제거용으로 사용한다.

④ 가벼운 화장을 지우거나 피부를 닦아낼 때 사용한다.

13 다음 중 지성피부의 특성으로 가장 거리가 먼 것은?

① 잔주름이 많이 보인다.

② 피부의 두께가 두꺼워 보인다.

③ 피지 분비가 왕성하게 작용한다.

④ 외관상 얼굴 전제에 유분기가 번질거린다.

14 AHA 사용 시 주의 사항으로 옳은 것은?

① 스팀의 온도가 적당해야 한다.

② 자극적으로 강하게 문지르지 않는다.

③ 닦아 낼 때 반드시 온습포를 사용한다.

④ 10% 미만의 농도를 사용하며 시간을 엄수한다.

15 딥클렌징의 효과로 가장 옳은 것은?

① 화학적 화상을 유발한다.

② 효과적인 주름 관리가 되도록 해준다.

③ 심한 민감성 피부의 민감도가 완화된다.

④ 피지가 모낭 입구 밖으로 원활하게 나오도록 해준다.

답안 표기란				
11	①	②	③	④
12	①	②	③	④
13	①	②	③	④
14	①	②	③	④
15	①	②	③	④

16 다음 중 외인성 노화의 원인이 아닌 것은?

① 광선
② 유전
③ 중력
④ 뜨거운 세안수

17 전류가 잘 흐르지 않는 물질로 절연체를 일컫는 말은?

① 전도체
② 부도체
③ 반도체
④ 도체

18 눈썹 염색에서 색상 선택 시 고려할 사항으로 가장 옳지 않은 것은?

① 고객의 나이
② 고객의 직업
③ 고객의 피부색
④ 고객의 머리카락

19 다음 중 진정효과와 림프 촉진효과가 있는 매뉴얼 테크닉 동작은?

① 쓰다듬기
② 두드리기
③ 문지르기
④ 흔들어 주기

20 영양물질의 종류 중 미백을 도와주는 물질로 포함되지 않는 것은?

① 알부틴
② 로열젤리
③ 비타민 C
④ 감초 추출물

답안 표기란				
16	①	②	③	④
17	①	②	③	④
18	①	②	③	④
19	①	②	③	④
20	①	②	③	④

제 **3** 장

실전모의고사

21 영양물질 도포 및 흡수 방법으로 틀린 것은?

① 이온 영동법
② 손으로 발라서 흡수
③ 자외선을 조사해 흡수
④ 고주파를 이용한 방법

22 팩의 사용 방법에 대한 설명으로 틀린 것은?

① 팩은 피부유형에 따라 적합한 종류를 선택하여 사용한다.
② 피부유형에 알맞은 팩을 선택하여 팩제를 팩 볼에 덜어 사용한다.
③ 팩 붓을 이용하여 일정한 두께로 바르고 체온이 높은 순서로 고르게 바른다.
④ 복합성 피부인 경우 피부 부위별 특성에 따라 두 종류 이상을 선택하여 사용한다.

23 팩의 종류 중 젤리상의 팩이 가장 효과적인 피부는?

① 모든 피부
② 건성 피부
③ 노화 피부
④ 예민성 피부

24 피부 보호를 위해 피부 관리의 마지막 순서에 바르는 화장품은?

① 화장수
② 아이크림
③ 클렌징 로션
④ 자외선 차단제

25 체중의 약 40%를 차지하고 근섬유과 결합조직으로 구성된 것은?

① 골격근
② 심장근
③ 평활근
④ 저작근

답안 표기란				
21	①	②	③	④
22	①	②	③	④
23	①	②	③	④
24	①	②	③	④
25	①	②	③	④

26 자율신경으로서 부교감 신경의 반응에 해당되는 것은?

① 혈압상승

② 동공축소

③ 심박동 증가

④ 한선 분비 촉진

27 중추신경계를 구성하는 것은?

① 뇌와 척수

② 심장과 대뇌

③ 뇌신경과 척수

④ 뇌간과 교감신경

28 림프의 주된 기능으로 가장 옳은 것은?

① 동맥보호

② 면역작용

③ 체온조절

④ 체질보호

29 다음 중 남성의 내생식기로서 방광 바로 아래 위치하여 정자운동 촉진 및 보호작용을 하는 기관은?

① 요도

② 음낭

③ 정관

④ 전립선

30 소화기계로만 짝지어지지 않은 것은?

① 간, 신장

② 비장, 위

③ 소장, 대장

④ 구강, 소장

답안 표기란				
26	①	②	③	④
27	①	②	③	④
28	①	②	③	④
29	①	②	③	④
30	①	②	③	④

제**3**장 실전모의고사

31 몸매클렌징에 대한 내용으로 틀린 것은?

① 클렌징을 하는 테크닉은 마사지 동작과 구별해야 한다.

② 클렌징 테크닉은 손바닥 전체를 사용하여 강하게 문지른다.

③ 피부 자체의 분비물을 지우는 피부미용의 가장 기본이 되는 시작 단계이다.

④ 피부유형에 맞는 제품을 선택하여 쓸어서 펴바르기 등의 테크닉을 활용한다.

32 후리마돌(Frimator) 몸매딥클렌징 실행 과정에 대한 설명으로 옳지 않은 것은?

① 딥클렌징에 사용할 브러시(크기)를 선택한다.

② 딥클렌징 로션을 몸매 부위에 골고루 펴 바른다.

③ 몸매 부위 근육의 방향에 따라서 브러시를 회전한다.

④ 시간은 15~20분이 적당하며 피부 상태에 따라 시간을 조절할 수 있다.

33 전기 자극으로 근육을 직접적으로 운동시켜 신진 대사와 세포 활성화에 큰 작용을 하는 몸매 피부미용기기는?

① G5   ② 흡입기

③ 저주파   ④ 초음파

34 둔부 및 둔부관리에 대한 설명으로 가장 틀린 것은?

① 둔부 아래 부위는 피부층이 두껍고 피지선이 적다.

② 둔부관리시에 보습력이 좋은 화장품 사용을 권장한다.

③ 둔부관리 후 고객 상담 시 쿠션감이 좋은 의자나 방석을 사용하도록 권장한다.

④ 둔부의 경우 피부가 접히거나 마찰이 자주 일어나기 때문에 다른 부위보다 피부색이 짙다.

35 고주파기의 효과가 적합하지 않은 것은?

① 근육 수축효과   ② 온열효과

③ 살균효과   ④ 피부 재생효과

답안 표기란				
31	①	②	③	④
32	①	②	③	④
33	①	②	③	④
34	①	②	③	④
35	①	②	③	④

36 왁스 제모의 장점에 대한 내용으로 가장 틀린 것은?

① 넓은 부위의 모를 빠른 시간에 제거할 수 있다.

② 털의 제거와 동시에 각질이 제거되어 피부가 매끄러워진다.

③ 전기 요법으로 제거가 불가능한 솜털까지 깨끗하게 제거할 수 있다.

④ 모근 제거로 인해 다음 모의 성장이 느려지며 모가 두껍고 수가 감소한다.

37 콜드 왁스에 대한 내용으로 가장 옳지 않은 것은?

① 슈가링 왁스도 콜드 왁스에 속한다.

② 소프트 왁스나 하드 왁스에 비해 잘 제거된다.

③ 데울 필요 없이 체온으로 녹여 바로 사용할 수 있는 왁스이다.

④ 얼굴용, 다리용의 패치 타입 형태의 홈 케어 제품으로 판매되고 있다.

38 다리 제모하기의 방법으로 가장 옳지 않은 것은?

① 워머기의 전원을 켜고 40~45℃ 온도로 소프트 왁스를 준비해 둔다.

② 제모할 부위의 털의 길이는 약 0.5~1cm가 적당하므로 미리 손질해 둔다.

③ 우드 스파츌라로 적당량의 왁스를 덜어 털이 난 방향으로 45~90도 각도로 얇고 균일하게 도포한다.

④ 무릎 부위와 종아리는 대상자를 세워 놓고 수행한다.

39 림프 테크닉에 대한 내용으로 가장 옳지 않은 것은?

① 림프 테크닉 수행 시 이완기를 압력기보다 길게 해주어야 한다.

② 일정한 압력, 속도, 방향을 유지하여 큰 림프절 주위부터 관리한다.

③ 시술 전 항균 비누나 소독제로 손을 청결히 하고 손과 팔의 긴장을 풀어 준다.

④ 림프 관리 후 최소 10~15분 정도는 고객이 조용히 휴식을 취할 수 있게 해 준다.

40 림프관에 대한 내용으로 가장 틀린 것은?

① 림프를 림프절로 운반하는 역할을 한다.

② 림프가 이동하는 통로로 림프절을 서로 연결한다.

③ 구조적으로는 정맥과 비슷하고 혈관에 비해 벽이 두껍다.

④ 정맥과 동일한 림프관 판막이 있어 림프의 역류를 방지한다.

답안 표기란				
36	①	②	③	④
37	①	②	③	④
38	①	②	③	④
39	①	②	③	④
40	①	②	③	④

제 **3** 장

실전모의고사

41 체액의 순환 중 공급량과 재흡수량이 균형을 잃어 조직액이 비정상적으로 증가되어 조직이 팽창되는 상태는?

① 수두
② 습진
③ 부종
④ 사마귀

42 폐에 대한 설명이 틀린 것은?

① 좌우 한 쌍의 장기로 우폐가 좌폐보다 조금 크다.
② 근육이 있어 스스로 수축운동을 한다.
③ 폐문을 통하여 혈관, 기관지, 신경 등이 출입한다.
④ 호흡운동은 늑골, 횡격막 및 늑간근의 상하운동이다.

43 O/W형은 어떤 타입을 말하는가?

① 오일에 물이 분산되어 있다.
② 물과 오일이 같이 섞여 있다.
③ 물에 오일이 분산되어 있다.
④ 친유성으로 기름이 적게 분산되어 있다.

44 콩, 계란 노른자에서 추출되는 성분으로 보습제나 유연제로 사용되는 것은?

① 엘라스틴
② 세라마이드
③ 히알루론산
④ 레시틴

45 고객 유지 관리하기에 대한 내용으로 옳지 않은 것은?

① 고객에 대한 정보(신상 정보, 생활 환경, 취미 등)를 정리할 수 있어야 한다.
② 관리 후 재방문을 하지 않는 고객의 문제가 무엇인지 파악하여 분석할 수 있어야 한다.
③ 기념일에 관심을 갖고 부가적 서비스를 제공하는 것은 고객의 사생활을 침범하는 것이다.
④ 고객 불만에 경청하고 원인을 분석하여 작성하고 문제점을 파악하여 중점적으로 관리한다.

답안 표기란				
41	①	②	③	④
42	①	②	③	④
43	①	②	③	④
44	①	②	③	④
45	①	②	③	④

46 피부관리실 운영 방법에 대한 내용으로 옳지 않은 것은?

① 피부관리실 운영에 있어 가장 중요한 것은 새로운 고객을 유치하는 것이다.

② 피부관리실을 찾는 고객이 서비스 품질에 대한 만족도를 높이는 것이 중요하다.

③ 피부관리실의 고객 서비스에 대한 단기적인 불만족은 고객 불평의 원인이 된다.

④ 피부관리실의 고객 서비스에 대한 장기적인 불만족은 고객의 이탈을 가져온다.

47 진공 흡입기의 부적용 대상이 아닌 것은?

① 늘어진 피부

② 성형 수술 후

③ 지방이 많아 살찐 사람

④ 당뇨약을 복용하는 사람

48 바이브레이터 사용 시 주의 사항으로 가장 옳지 않은 것은?

① 너무 마른 복부는 아예 하지 않는 것이 좋다.

② 옆구리 부위와 신장 부위는 약하게 하거나 피하는 것이 좋다.

③ 어깨에 메거나 옆구리에 끼어 떨어뜨리지 않도록 안정감 있게 사용한다.

④ 헤드를 바꾸고자 할 때는 스위치를 끈 상태에서 고객이 볼 수 있도록 고객의 몸 위에서 교체한다.

49 후리마돌(Frimatol)에 대한 내용으로 옳지 않은 것은?

① 모공 속 피지를 제거한다.

② 혈액 순환과 림프 순환을 촉진시킨다.

③ 죽은 각질 제거로 피부 톤을 맑게 한다.

④ 크기와 목적에 따라서 회전의 속도는 일정하다.

50 바이브레이터에 대한 내용으로 옳지 않은 것은?

① 자외선 살균 소독기에 넣어서 소독한다.

② 헤드의 경우 두 번만 사용 하고 폐기한다.

③ 바이브레이터는 일광 화상 부위에는 부적용 대상이다.

④ 고무와 침봉으로 된 헤드는 중성 세제를 이용하여 세척한다.

답안 표기란				
46	①	②	③	④
47	①	②	③	④
48	①	②	③	④
49	①	②	③	④
50	①	②	③	④

제 **3** 장

실전모의고사

답안 표기란				
51	①	②	③	④
52	①	②	③	④
53	①	②	③	④
54	①	②	③	④
55	①	②	③	④

51 컬러 테라피의 부적용 대상이 아닌 것은?

① 노화 피부

② 광알레르기성 피부

③ 콜라겐이나 보톡스 주입 후

④ 면역 억제제를 복용하는 사람

52 우드램프로 피부 상태를 판단할 때 건성 피부가 나타내는 색은?

① 청백색

② 노란색

③ 짙은 자주색

④ 밝은 보라색

53 스티머(Steamer), 베이퍼라이저(Vaporizer)에 대한 설명으로 옳지 않은 것은?

① 얼굴관리 전용 기기로써 증기만을 공급하는 형태만 있다.

② 스티머와 고객의 얼굴 사이 거리를 30~50cm로 유지한다.

③ 죽은 각질이 쉽게 떨어져 나가고 여드름성 요소가 연화되어서 쉽게 제거된다.

④ 에어컨, 선풍기, 환기 장치가 증기의 방향에 영향을 주지 않도록 방향을 고려하여 사용한다.

54 스프레이 분무기에 대한 내용으로 옳지 않은 것은?

① 증류수만을 얼굴에 작은 입자로 뿌려 준다.

② 눈, 코, 입에 들어가지 않도록 주의해 분무한다.

③ 민감한 피부나 여드름 감염 우려를 줄일 수 있다.

④ 피부 건조를 방지하고 여드름 추출 후 모공 세정 효과가 있다.

55 세계보건기구에서 정의하는 보건행정의 범위에 속하지 않는 것은?

① 사회발전   ② 모자보건

③ 환경위생   ④ 의료 및 보건간호

56 소독력이 센 순서대로 나열한 것은?

① 멸균 > 살균 > 소독 > 방부
② 멸균 > 소독 > 살균 > 방부
③ 살균 > 멸균 > 방부 > 소독
④ 살균 > 방부 > 멸균 > 소독

57 일반적인 미생물의 번식에 가장 중요한 요소로만 나열된 것은?

① 적외선, pH, 온도
② 자외선, 수분, 온도
③ 영양소, 수분, 온도
④ 영양소, 시간, 온도

58 미용업 영업신고를 한 자가 주요사항을 변경하고자 할 때 신고를 해야 하는데 신고사유에 해당하는 변경사항이 아닌 것은?

① 종업원의 수
② 영업소의 상호
③ 영업소의 소재지
④ 영업장 면적의 3분의 1이상의 증감

59 미용업의 영업신고 시 제출해야 할 구비서류가 아닌 것은?

① 인감증명
② 면허증 원본
③ 영업시설 및 설비 개요서
④ 교육필증(미리 교육을 받은 경우)

60 미용업을 개설하고자 할 때에 일정한 시설과 설비를 갖춘 후 신고하여야 할 대상은?

① 보건소장
② 시 · 도지사
③ 시장 · 군수 · 구청장
④ 보건복지부 장관

답안 표기란				
56	①	②	③	④
57	①	②	③	④
58	①	②	③	④
59	①	②	③	④
60	①	②	③	④

제 3 장

실전모의고사

피부미용사 필기

Esthetician

실전모의고사

정답 및 해설

ESTHETICIAN

실전모의고사 제1회

01 ③	02 ①	03 ④	04 ④	05 ②
06 ②	07 ③	08 ③	09 ③	10 ②
11 ②	12 ③	13 ①	14 ④	15 ①
16 ④	17 ④	18 ②	19 ①	20 ①
21 ④	22 ③	23 ④	24 ②	25 ②
26 ①	27 ④	28 ③	29 ①	30 ④
31 ③	32 ④	33 ①	34 ②	35 ④
36 ②	37 ③	38 ④	39 ②	40 ③
41 ④	42 ①	43 ②	44 ②	45 ②
46 ①	47 ③	48 ①	49 ①	50 ①
51 ①	52 ④	53 ①	54 ①	55 ②
56 ②	57 ②	58 ①	59 ②	60 ①

01 정답 ③

피부미용은 과학적 지식을 바탕으로 다양한 미용적인 관리를 행하므로 하나의 과학이라고 할 수 있으며 미의 본질을 다룬다는 의미에서 하나의 예술이라고도 볼 수 있다.

02 정답 ①

르네상스시대에 알코올이 발명되어 화장수와 향수 제조에 사용했다.

03 정답 ④

소독은 사람에게 유해한 미생물을 파괴시켜 감염 및 증식력이 없는 약한 살균 작용을 말한다.
① '제부'에 대한 설명이다.
② '방부'에 대한 설명이다.
③ '멸균'에 대한 설명이다.

04 정답 ④

헤어 트리트먼트, 헤어 팩, 헤어 코트는 트리트먼트용으로 사용된다.

05 정답 ②

피부 분석 시 사용되는 기기로는 우드 램프, 확대경 등이 있다.

06 정답 ②

화장품의 4대 요건은 안전성, 안정성, 사용성, 유효성이다.

07 정답 ③

피부의 노화 치료는 기초 화장품의 기능이 아니다.

08 정답 ③

워시오프 타입(wash off type)은 팩을 바른 다음 20~30분 후 물이나 해면으로 닦아내는 타입으로 상쾌한 사용감을 준다.

09 정답 ③

관리 전뿐만 아니라 후에도 비누나 뿌리는 알코올이나, 알코올 솜으로 손을 소독한다.

10 정답 ②

원발진은 반점, 홍반, 소수포, 대수포, 팽진, 구진, 농포, 결절, 낭종, 종양 등이 있다.

11 정답 ②

고객의 의견을 잘 듣고, 전문적인 상담을 제시할 수 있어야 한다.

12   정답 ③

클렌징 시 피부의 피지막을 제거하면 안 된다.

13   정답 ①

미백효과로 얼굴이 밝아지는 것은 기능성 화장품의 효과이다.

14   정답 ④

피부 관리에서 딥클렌징의 범주는 죽은 각질층을 제거하는 것이다.

15   정답 ①

AHA는 화학적 딥클렌징 중 하나이다.

16   정답 ④

스크럽은 각질과 노폐물을 효과적으로 제거하기 위해 알갱이 입자를 첨가한 제품이다.

17   정답 ④

고객의 개인 소지품과 귀중품은 개인 사물함에 의복과 함께 보관하도록 안내한다.

18   정답 ②

염색제가 묻으면 안 되는 피부 주위에는 바셀린을 바른 다음 염색을 하도록 한다.

19   정답 ①

피부 질환의 치료는 의료 분야에 해당 하는 영역이다. 매뉴얼 테크닉은 주무르기, 쓰다듬기, 두드리기, 마찰하기 등을 통해 인체의 혈액순환 및 신진대사를 촉진시켜 피부의 기능을 증진시키는 것을 말한다.

20   정답 ①

마무리 단계에서는 양 손바닥을 이용하여 쓸어서 펴바르기 (쓰다듬기, effleurage) 동작으로 한다.

21   정답 ④

복합성 피부는 이마, 코, 턱 등 T-Zone 부위가 지성이며, 볼 부위의 U-Zone이 건성으로 두 가지 이상의 타입인 피부를 말한다. 홍반, 염증 등의 피부 증세가 쉽게 나타나는 것은 예민 피부이다.

22   정답 ③

여드름용 팩은 염증 완화, 살균효과, 미백효과 등이 있다.

23   정답 ④

물로 제거하는 타입은 씻어 내는 타입(Wash-off type)이다.

24   정답 ②

지성 피부 타입은 피지가 과다하게 분비되는 피부유형이다. 모공이 정상 피부보다 넓고 각질층이 두꺼운 피부로 환경적 요인도 무시할 수는 없지만 유전적 원인이 크게 작용하며 피부 표면이 번들거린다. 젤 타입의 기초화장품이 적합하다.

25   정답 ②

신장은 뇨의 성분을 혈액에서 걸러내며 소변의 99%를 세뇨관에서 재흡수해서 이를 농축시키고 운반한다.

26   정답 ①

세포는 독립적으로 생명을 유지하는 최소 단위로, 인체는 약 75조 개의 세포로 이루어져 있다.

27 　　　　　　　　정답 ④

췌장액 속에는 탄수화물 분해효소인 아밀라아제, 단백질 분해효소인 트립신, 지방 분해효소인 리파아제가 있다.

28 　　　　　　　　정답 ③

혈소판은 혈액의 응고나 지혈작용에 관여한다.

29 　　　　　　　　정답 ①

상피조직은 보호, 흡수, 분비, 배설, 수송 등의 기능을 한다. 편평상피, 입방상피, 원주상피, 이행상피 등이 있다.

30 　　　　　　　　정답 ④

골격계의 기능으로는 지지기능, 보호기능, 조혈기능, 운동기능, 저장기능이 있다. 열생산기능은 근육계의 기능이다.

31 　　　　　　　　정답 ③

핸드드라이 또는 타월로 피부를 정돈한다. 핸드드라이란 토닉 정리후 가벼운 손동작으로 피부표면을 말려 주는 동작이다.

32 　　　　　　　　정답 ④

① **젤 타입** : 세정력이 우수하고 손놀림이 용이하며 자극이 적고 지성, 여드름 피부에 적합하다.
② **워터 타입** : 끈적임이 없고 건성 피부에 알맞다.
③ **크림 타입** : 유성 성분이 많고 정상, 건성 피부에 적합하다.

33 　　　　　　　　정답 ①

내장 질환이 있는 사람은 복부 관리의 부적용 대상이다.

34 　　　　　　　　정답 ②

뼈가 약한 사람이 발, 다리관리의 부적용 대상이다.

35 　　　　　　　　정답 ④

스파츌라를 사용하여 팩제를 제거한다.

36 　　　　　　　　정답 ②

제모 후 24시간 내에 목욕이나 사우나를 금한다.

37 　　　　　　　　정답 ③

전기침에 의한 제모는 영구적인 제모법이다.

38 　　　　　　　　정답 ④

④는 소프트 왁스에 대한 설명이다.

39 　　　　　　　　정답 ②

인체는 염증이 생긴 부분이 퍼져 나가지 않도록 막고 있는데, 림프 관리를 하면 염증이 퍼져 나가지 못하도록 막고 있는 부분이 파괴되면서 염증이 전신에 퍼지게 된다.

40 　　　　　　　　정답 ③

림프계는 혈관과는 다른 종류의 순환계로 림프, 림프관, 림프절로 구성되어 있다.

41 　　　　　　　　정답 ④

정지 상태 원동작은 손가락 끝이나 손바닥 전체를 이용하여 림프 순환 배출 방향으로 가벼운 압으로 쓸어 주는 동작으로 림프절이 모여 있는 곳에 시행하거나 얼굴과 목에 적용되는 동작이다.

42 정답 ①

핵심 뷰티

위생관리등급의 구분(보건복지부령)

- 최우수업소 : 녹색등급
- 우수업소 : 황색등급
- 일반관리대상 업소 : 백색등급

43 정답 ②

영업장 안의 조명도는 75룩스 이상이 되도록 유지한다.

44 정답 ②

모공세정, 혈관확장, 피부유연화는 음극(−)의 효과이다.

45 정답 ③

계절에 따라 보습제 및 화장품의 선택을 달리하여 환경에 민감하지 않도록 냉난방 조절로 실내의 습도 유지에 주의하여 수분 증발을 방지한다.

46 정답 ①

서비스 품질에 대한 만족도가 매우 높은 고객은 불만 고객이 아니다.

47 정답 ③

한 부위만 여러 번 사용하여 멍이 들거나 피부가 민감해지지 않도록 쓴다.

48 정답 ①

림프절에 따라 5분~8분 (한 부위에 3번 겹쳐) 정도 관리한다.

49 정답 ①

관리 전 적외선 등, 온습포로 사전 열처리를 한다.

50 정답 ①

건식사우나는 습식사우나에 비해 온도가 높다.

51 정답 ①

빨강(600~700nm)은 혈액 순환 증진, 세포 활성화 및 재생, 셀룰라이트 및 지방 분해 효과가 있고, 지루성 여드름, 혈액 순환이 안 되는 피부, 노화 피부에 활용된다.

52 정답 ④

우드 램프로 피부 상태를 판단할 때 민감성 피부는 짙은 자주색으로 나타난다.

53 정답 ①

스티머는 심한 화농성 여드름 피부, 일광 손상된 피부, 알레르기 발생 피부 및 천식 환자, 찰과상 피부는 부적용 대상이다.
② 정상 피부 – 35cm – 10분
③ 민감성 피부 – 40~50cm – 5분
④ 알레르기성 피부 – 40~50cm – 5분

54 정답 ①

스프레이 분무기(Spray)용기에 피부 타입에 맞는 화장수를 2/3 정도까지만 넣는다.

55 정답 ②

① **종형** : 출생률과 사망률이 낮은 형
③ **항아리형** : 평균수명이 높고 인구가 감퇴하는 형
④ **피라미드형** : 높은 출산률과 낮은 사망률을 가진 후진국형

56

정답 ②

B형간염은 제3급 감염병에 속한다.

57

정답 ②

면허증을 타인에 대여 시 1차위반은 면허 정지 3월, 2차위반
은 면허 정지 6월, 3차위반은 면허 취소이다.

58

정답 ①

⊕ 핵심 뷰티 ⊕

**보건복지부장관 또는 시장·군수·구청장이
청문을 실시해야 하는 처분**

- 면허취소 · 면허정지
- 공중위생영업의 정지
- 일부 시설의 사용중지
- 영업소폐쇄명령
- 공중위생영업 신고사항의 직권 말소

59

정답 ②

전류의 방향은 시간에 따라 주기적으로 변하는 것(교류)과 변
하지 않는 전류(직류)가 있다.

60

정답 ①

대리석은 차가운 성질을 지닌 암석으로 깨어지기 쉽기 때문
에 다룰 때 주의가 요구된다.

● 실전모의고사 제2회 ●

01 ②	02 ①	03 ①	04 ①	05 ③
06 ③	07 ③	08 ①	09 ②	10 ③
11 ③	12 ③	13 ①	14 ①	15 ②
16 ①	17 ③	18 ②	19 ④	20 ③
21 ②	22 ③	23 ④	24 ④	25 ②
26 ②	27 ②	28 ④	29 ④	30 ③
31 ③	32 ③	33 ④	34 ④	35 ②
36 ①	37 ④	38 ①	39 ④	40 ④
41 ③	42 ④	43 ②	44 ④	45 ②
46 ③	47 ④	48 ②	49 ①	50 ③
51 ④	52 ③	53 ②	54 ③	55 ②
56 ③	57 ③	58 ①	59 ④	60 ②

01

정답 ②

기능적 영역에는 관리적 기능, 심리적 기능, 장식적 기능이
있다. 방법적 영역은 피부관리의 방법적 영역으로 매뉴얼테
크닉, 피부미용기기 이용 등이 있다.

02

정답 ①

신라는 불교문화의 영향으로 향을 많이 사용했다.

03

정답 ①

소독약은 사용할 때마다 필요한 양 만큼 조금씩 새로 만들어
서 쓴다.

04

정답 ①

② 소독제에 대한 유효 기간을 점검한다. 모든 소독용 제품은
   유효 기간을 확인해야 한다.
③ 위생관리 지침에 따라 작업자와 협의하여 준비 · 수행한다.
④ 사용한 비품과 사용하지 않은 비품을 구분할 수 있어야
   한다.

05　정답 ③

UVC에 대한 설명이다. 최근 들어 환경오염 등의 문제로 오존층이 파괴되면서 생태계를 위협하고 있으며, 피부에 피부암을 일으킬 수 있다.

06　정답 ③

글리세린은 화장품의 수성 원료이다. 유성 원료에는 동물성오일(거북이 오일, 밍크 오일, 라놀린, 난황 오일), 식물성유(아보카도 오일, 올리브 오일, 피마자 오일, 호호바 오일), 광물성유(유동파라핀, 바세린) 등이 있다.

07　정답 ③

습포법에 대한 설명이다.

08　정답 ①

오데코롱은 가벼운 감각의 향으로 향을 처음 접하는 사람들에게 적합하다. 부향률은 3~5%이며 지속 시간은 1~2시간이다.

09　정답 ②

로션, 화장수, 세안크림은 기초화장품에 포함되고 린스는 모발용 화장품에 포함된다.

10　정답 ③

우드램프에 대한 설명이다.

11　정답 ③

① 정상 피부, 중성 피부에 대한 설명이다.
② 건성 피부에 대한 설명이다.
④ 지성 피부에 대한 설명이다.

핵심 뷰티

민감성 피부

• 피부가 건조하여 당기는 경우가 있으며 환경이나 온도에 민감하다.
• 모세혈관이 확장되기 쉽다.
• 피부 조직이 얇아서 특정 부위의 피부가 붉어지거나 염증이 나타나는 피부이다.
• 자극에 의한 색소 침착이 쉽게 생길 수 있다.
• 작은 자극에도 민감하게 반응하며 알레르기, 홍반, 수포, 두드러기 등이 발생하기 쉽다.

12　정답 ③

1차 클렌징이란 포인트 메이크업을 지우는 과정이다.

13　정답 ①

피부 결이 전체적으로 균일하지 않고 T-zone 주위에는 유분기가 많은 반면, 뺨 부위는 건조하여 눈가에 잔주름이 보이고 색소가 침착되기도 쉽다.
④ 얼굴의 T-zone과 U-zone 또는 목의 피부가 지성, 건성, 정상 등 부위별로 다른 피부유형을 나타낸다.

14　정답 ①

딥클렌징은 고객의 피부에 가장 적합한 방법으로 해야 한다.

15　정답 ②

화장품은 스파츌라를 이용하여 덜며, 뚜껑을 닫아 화장품의 오염을 막는다.

16　정답 ①

② 가열 소독법이다.
③, ④ 습열 소독법이다.

17   정답 ③

아치형 눈썹은 매혹적이고 요염한 여성적 이미지이며 이마가 넓은 경우, 역삼각형 얼굴형에 어울린다.
① 일자형 눈썹에 대한 내용이다.
② 상승형 눈썹에 대한 내용이다.
④ 각진형 눈썹에 대한 내용이다.

18   정답 ②

SPF는 UVB를 차단하는 지수이다.

19   정답 ④

매뉴얼 테크닉은 손을 이용하여 다섯 가지 기본 동작으로 리듬, 강약, 속도, 시간, 밀착 등을 조화롭게 적용하는 테크닉이다.

20   정답 ③

두드리기는 근육 위축과 지방 과잉 축적을 방지하고 신진대사를 촉진시켜 신경 조직 기능을 활성화시키는 효과가 있다.

21   정답 ②

피부 결이 섬세하고 부드러운 것은 정상 피부에 대한 설명이다. 지성 피부는 피부 결이 오렌지 껍질처럼 곱지 못하고 거칠다.

22   정답 ③

얇은 필름막이 형성되어 떼어내는 타입은 필 오프 타입(Peel-off type)이다.

23   정답 ④

차단막이 형성되지 않으므로 이산화 탄소, 열, 수분을 통과시킬 수 있다.

24   정답 ④

건성 피부 타입은 유분과 수분이 적게 분비되어 피부 표면에 주름이 생기기 쉬운 피부이다. 피지 분비가 부족하여 수분을 보유하기 어렵고 모공이 작아 피부 표면은 매끄럽지만 탄력과 윤기가 없다. 크림과 로션 타입의 기초화장품이 적합하다.

25   정답 ②

건성피부는 디스인크러스테이션을 가급적 피하는 것이 좋다. 모세혈관확장 피부, 민감성 피부, 주사 피부는 하지 않는 것이 좋다.

26   정답 ②

불수의근이란 의지와 관계없이 자율적으로 움직이는 근육으로 내장근(평활근), 심근이 있다.

27   정답 ②

소장은 담즙, 췌장액들이 섞여서 소화 되고 영양분을 흡수하는 기관으로 직경 3cm, 길이 약 6~7m의 십이지장, 공장, 회장으로 구성되어 있다.

28   정답 ④

혈액의 기능은 호흡작용, 영양물질의 운반작용, 배설작용, 면역작용, 수분 조절작용, 삼투압 및 이온평형 조절작용, 체온 조절작용, 혈압유지 조절작용 등이다.

29   정답 ④

상피조직은 보호, 흡수, 분비, 배설, 수송 등의 기능을 한다.

⊕   **핵심 뷰티**   ⊕

상피조직

- 정의 : 몸의 외표면이나 체강 및 위·장과 같은 내장성 기관의 내면을 싸고 있는 세포조직이다.
- 기능 : 보호, 흡수, 분비, 배설, 수송 등의 기능을 한다.
- 종류 : 편평상피, 입방상피, 원주상피, 이행상피 등이 있다.

30 정답 ③

상완골, 대퇴골, 요골, 척골 등이 장골에 속한다.
①, ② 견갑골, 두개골은 편평골에 속한다.
④ 수근골은 단골에 속한다.

31 정답 ④

혈액순환을 촉진시켜 주는 것은 온습포의 효과이다.

32 정답 ③

① **방부** : 병원 미생물의 발육과 작용을 제거 또는 정지시켜
부패나 발효를 방지하는 것
② **소독** : 병원성 미생물(병원체)을 죽이거나 병원성을 약화
시키는 것
④ **소각** : 오염되었거나, 오염이 의심되는 소독대상 물건 중
소각해야 할 물건을 불에 완전히 태우는 것

33 정답 ③

복부관리는 피부 상태와 유형에 따라 화장품으로 보습 효과
를 주는 것도 중요하지만 여성들의 경우 산후에 처진 피부,
튼살 등을 매뉴얼테크닉, 그리고 화장품이나 미용기기를 활
용하여 건강한 피부로 만족도를 높일 수 있다.

34 정답 ④

가슴관리 시 림프의 방향에 따라 테크닉해야 한다.

35 정답 ②

몸매관리 마무리는 부위별 몸매관리가 끝난 후 토닉으로 pH
를 조절하는 단계이다.

36 정답 ①

제모는 털을 모근까지 제거한다.

37 정답 ④

왁싱 후에는 사우나와 목욕을 일정 시간 내에 하지 말아야
한다.

38 정답 ①

홍반(Erythema)은 피부가 붉어짐을 말하며 보통 모공(Follicle
opening) 주위에 나타난다. 왁스 관리에서 나타나는 정상적
인 반응이고 관리의 결과로써 나타난다. 홍반이 나타나면 그
부위에는 제품, 압력, 열을 피하고 진정 로션을 발라 주면 붉
은 기를 완화하는 데 도움이 된다.

39 정답 ④

림프 관리는 부종, 정맥류 다리, 염증, 여드름, 셀룰라이트 등
에 적용하면 효과적이다.

40 정답 ④

림프 관리는 노폐물 배출을 돕고 조직의 영양 대사를 원활하
게 해 준다.

41 정답 ③

여과된 체액을 재흡수하여 40% 정도까지 림프액을 농축한다.

42 정답 ④

④는 온스톤의 효과에 대한 내용이다.

43 정답 ②

마스카라는 속눈썹을 길고 짙게 해준다.

44 정답 ④

소독에 영향을 미치는 것은 농도, 온도, 반응시간이다. 따라서
대기압은 소독에 영향을 가장 적게 미친다고 말할 수 있다.

45　정답 ②

피부미용사의 전문성에 대한 조언은 관리 후 상담 시 조언 내용으로 적절하지 않다. 관리 후 상담이 중요한 것은 고객이 계속하여 관리를 받을 것인지 결정하기 때문이다.

46　정답 ③

정상 피부도 외부 · 생리적 요인 등에 의해 변화될 수 있으므로 지속적인 관리가 필요하다.

47　정답 ④

석션(Suction)컵과 진공(Vaccum) 흡입력을 이용한 마사지 기기로써 흡인관인 유리 벤토즈(Ventouse)의 공기압을 적용하며, 다양한 크기와 모양의 벤토즈(Ventouse)를 이용하여 피부조직을 들어 올려(Sucking) 림프관을 확장시키고, 림프 흐름에 따라 벤토즈(Ventouse)를 이동하여 림프액의 흐름을 원활히 한다.

48　정답 ②

노화된 각질을 제거하는데 용이하다.

49　정답 ①

브러시는 젖어 있는 상태에서 사용한다.

50　정답 ③

① 원형, 곡형 스펀지
② 1봉
④ 침봉 고운 것

51　정답 ④

보라(420~460nm)는 림프계 활동 증진에 의한 면역성 증가, 체액의 균형 조절, 셀룰라이트, 슬리밍 효과가 있고 여드름 후 상처 재생에 활용된다.

52　정답 ③

우드 램프로 피부 상태를 판단할 때 지성 피부와 여드름인 피부는 오렌지색, 노란색으로 나타난다.

53　정답 ②

복사열의 질이나 침투 정도에 따라 발광등과 비발광등이 있으며 비발광등은 발광등보다 훨씬 뜨겁게 느껴진다.

54　정답 ③

족욕기는 물의 온도와 고압의 공기를 분사되는 기포를 이용하여 물의 강약을 조절하여 발부터 종아리까지를 자극함으로써 발과 다리의 혈액 순환과 신진대사를 활성화하는 원리이다. 피부 상처나 제모 후에는 부적용 대상이다.

55　정답 ②

영아사망률은 한 국가의 보건수준을 나타내는 지표이다. 생후 1년 안에 사망한 영아의 사망률이다.

56　정답 ③

장티푸스는 경구 침입 감염병으로 주로 파리에 의해 전파한다. 증상은 고열, 식욕감퇴, 서맥, 림프절 종창, 피부발진, 변비, 불쾌감 등이 있다.

57　정답 ③

크레졸 소독법은 화학적 소독법에 해당한다.

⊕　**핵심 뷰티**　⊕

크레졸

3~5%의 수용액을 사용하며, 오물, 손 소독 등에 사용한다.(손 소독에는 1~2%의 수용액을 사용한다.)

58 정답 ①

시·도지사 또는 시장·군수·구청장의 개선명령을 이행하지 않을 시에 1차위반 시 행정처분은 경고이며, 2차 위반 시 영업 정지 10일, 3차위반 시는 영업 정지 1월, 4차위반 시는 영업장 폐쇄명령이다.

59 정답 ④

공중위생영업자가 준수하여야 할 위생관리기준은 보건복지부령으로 정하고 있다.

60 정답 ②

공중위생영업의 신고를 한 자는 공중 위생영업을 폐업한 날부터 20일 이내에 시장·군수·구청장에게 신고하여야 한다.

실전모의고사 제3회

01 ①	02 ①	03 ②	04 ④	05 ③
06 ①	07 ①	08 ③	09 ②	10 ①
11 ①	12 ①	13 ④	14 ①	15 ①
16 ③	17 ①	18 ③	19 ③	20 ③
21 ②	22 ③	23 ②	24 ③	25 ③
26 ④	27 ③	28 ④	29 ②	30 ④
31 ④	32 ①	33 ④	34 ①	35 ④
36 ③	37 ①	38 ④	39 ④	40 ④
41 ②	42 ①	43 ①	44 ④	45 ④
46 ①	47 ①	48 ③	49 ③	50 ①
51 ④	52 ①	53 ④	54 ①	55 ①
56 ③	57 ②	58 ③	59 ①	60 ④

01 정답 ①

단군신화에서 쑥과 마늘을 먹고 인간이 되었다. 쑥과 마늘이 미백용 미용 재료로 사용되었다.

핵심 뷰티

상고시대
- 쑥과 마늘이 미백용 미용 재료로 사용되었다.
- 고대부터 백색을 선호했다.
- 겨울에는 돼지기름을 발라 피부를 보호하였다.

02 정답 ①

간접 조명(75룩스 이상)이 되어 있어야 한다.

03 정답 ②

에탄올 소독은 도구, 기구 소독, 손 소독으로 가장 많이 사용된다.
① 식기류, 의료소독에 사용된다.
③ 화장실 소독에 사용된다.
④ 도구, 기구 소독, 실내 소독에 사용된다.

04 정답 ④

유극층은 표피에서 가장 두꺼운 층으로 피부 손상을 복구할 수 있다. 또한 면역기능을 담당하는 랑게르한스세포가 존재한다.

05 정답 ③

적외선은 열선이라고도 하며 파장의 길이가 800nm 정도의 장파장으로 피부조직 깊숙이 침투하여 혈액순환 촉진, 근육 조직의 이완, 신진대사 촉진 등의 기능을 한다.

06 정답 ①

클렌징 폼, 손상용 샴푸 등은 음이온성 계면활성제이다.

07 정답 ①

블러셔는 얼굴의 결점을 은폐하고 입체감을 표현하여 밝고 건강하게 보이게 한다.

08 정답 ③

파우더는 피부색을 정돈하고 화사하게 표현해 주며, 메이크업 지속력을 높여준다. 땀이나 피지의 분비를 억제하고 피부가 번들거리는 것을 방지한다.
① 립스틱의 기능이다.
② 마스카라의 기능이다.
④ 파운데이션의 기능이다.

09 정답 ②

로션, 영양크림, 에센스 등은 기초화장품에 포함된다.

10 정답 ①

우드램프는 피부 표피의 상태를 분석한다.

11 정답 ①

색소 침착 부위와 상태를 살펴보는 것은 색소 침착 상태를 알 수 있는 방법이다. 피부결은 곱거나 거친 상태를 살펴본다.

12 정답 ①

클렌징 크림, 클렌징 로션, 클렌징 오일은 오일 성분이 함유되어 있어 지성 피부에는 부적합하다.

13 정답 ④

클렌징 크림은 유성성분이 많다.

14 정답 ①

딥클렌징으로 흉터를 치료하는 것은 어렵다.

15 정답 ①

AHA는 복합 과일산으로 과도한 죽은 각질 세포를 녹여 감소시키는 성분으로 글리콜릭산이 대표적이며 주로 얼굴에 사용한다. 피부미용 분야에서는 10% 이하의 아하(AHA)를 이용하여 각질 관리를 한다.

16 정답 ③

눈썹은 눈을 보호하며 그늘을 만들어 태양 광선으로부터 보호한다.
① 표정을 짓는 데 사용되어 의사소통시 보조적 기능을 수행한다.
② 얼굴의 균형을 잡아 주고 얼굴 전체의 느낌을 좌우하여 사람의 인상을 결정짓는다.
④ 이마에서 흐르는 땀이나 빗물 등이 옆으로 흘러내리게 도와준다.

17 정답 ①

눈썹이 자라는 방향으로 눈썹을 제거한다.

18 　　　　　　　　　　정답 ③

블러셔는 메이크업 화장품에 속한다.

19 　　　　　　　　　　정답 ③

매뉴얼 테크닉은 결체조직의 긴장과 탄력성을 부여한다.

20 　　　　　　　　　　정답 ③

어루만져 펴바르기(반죽하기, petrissage)는 반죽하듯 주물러서 근육의 혈행을 좋게 한다.

21 　　　　　　　　　　정답 ②

건성 피부는 일반적으로 모공이 보이지 않으며 잔주름이 잘 나타난다.

22 　　　　　　　　　　정답 ③

씻어 내는 타입(Wash-off) 타입에는 크림, 거품, 젤, 클레이 등이 있다.

23 　　　　　　　　　　정답 ②

석고 마스크는 열이 발생하기 때문에 예민피부, 화농성 여드름피부, 모세혈관 확장 피부 등에는 피한다.

24 　　　　　　　　　　정답 ③

민감성 피부 타입은 젤 타입과 오일 타입의 기초화장품이 적합하다.

25 　　　　　　　　　　정답 ③

형태 유지작용은 골격계에서 담당한다.

26 　　　　　　　　　　정답 ④

심장에 영양 공급을 하는 혈관은 관상 동맥이다.

27 　　　　　　　　　　정답 ③

혈액은 용적비율로 약 45%의 혈구 성분과 약 55%의 혈장으로 구성되어 있다.

28 　　　　　　　　　　정답 ④

미토콘드리아는 세포의 에너지원인 ATP를 합성, 공급하며 세포의 호흡에 관여한다. 호흡이 활발한 세포는 많은 미토콘드리아를 함유한다.

29 　　　　　　　　　　정답 ②

연골조직은 연골세포와 그것이 생산한 연골기질로 된 섬유성 결합조직의 일종이다.

30 　　　　　　　　　　정답 ④

뇌신경은 말초신경계 중 체성신경계이다.

31 　　　　　　　　　　정답 ④

다음 단계를 위하여 토닉으로 정리한다.

32 　　　　　　　　　　정답 ①

거리를 잘 조절하여 스팀을 분사한다(온습포를 올릴 수도 있다).

33 　　　　　　　　　　정답 ④

복부관리는 피부에 보습을 준다.

34
정답 ①

G5에 대한 설명이다.
② **고주파** : 심부열을 발산하여 피부에 영양물질을 흡수시키며 근육 이완, 지방 분해, 신진대사 촉진에 사용된다.
③ **초음파** : 음파 에너지로써 미세 진동을 일으켜 영양물질 흡수와 세포 활성, 노폐물 제거에 도움이 된다.
④ **흡입기** : 압력에 의해 흡입과 배출을 하는 미용 기구로써 림프 순환, 노폐물 제거, 혈액순환에 도움을 준다.

35
정답 ④

소뇌에 손상이 오면 운동기능이나 평형감각을 조절할 수 없어서 정밀하게 움직일 수 없게 되며, 걸음걸이도 불안정하게 된다.

36
정답 ③

전기침에 의한 제모는 전기를 이용하여 영구적으로 털의 모근까지 제거하는 방법이다.

37
정답 ①

생리 중이거나 임신 중인 경우 호르몬 변화에 의해 피부가 예민한 시기이므로 제모 시 부적용 대상이다.

38
정답 ④

모발이 남아 있을 시 족집게를 사용하여 제거하되 털이 자란 방향으로 뽑는다.

39
정답 ④

셀룰라이트(Cellulite)는 림프 순환 장애로 인한 체액과 지방의 과잉 축적과 결합 조직의 변성이 연속적으로 발생함으로써 생긴 것이다. 허벅지와 엉덩이에 주로 분포한다.

40
정답 ④

수술 후 상처 회복이 필요한 피부도 림프 관리를 적용할 수 있다.

41
정답 ②

펌프 기법은 손가락 끝에는 힘을 주지 않으며 손가락의 안쪽과 바닥을 이용하여 손목을 위로 움직이는 동작으로 팔과 다리에 많이 적용하는 동작이다.

42
정답 ①

전류의 세기를 측정하는 단위로 가장 옳은 것은 암페어이다.

43
정답 ①

수렴화장수는 이완된 피부를 수축시키면서 피지가 과잉분비되는 것을 억제함으로써 산뜻한 감촉을 준다.

44
정답 ④

글라이딩(Gliding)은 스톤의 매끄럽고 평평한 부위를 이용하여 근육 부위를 미끄러지듯이 가볍고 부드럽게 하는 동작이다.

45
정답 ④

관리 후 피부상태 변화에 대한 객관적 변화 문진을 질문한다.

46
정답 ①

세안 시 클렌저를 사용하지 않고 미지근한 물로 세안한다. 세안 시 젤 타입의 클렌징으로 세안하는 것은 지성 피부의 홈케어 조언이다.

47
정답 ①

진공흡입기는 영양물질을 피부에 침투시키는 것과는 관계가 없다.

48
정답 ①

습윤 작용으로 피부 보습이 증가된다.

49 　　　　　　　　　　　정답 ②

털이 많은 사람이 바이브레이터 사용 시 부적용 대상이다.

50 　　　　　　　　　　　정답 ①

찰과상이 있는 경우, 피부 질환이 있는 경우, 민감한 피부, 모세 혈관 확장 피부, 지성 피부, 주사, 일광 화상을 입은 피부가 후리마돌의 부적용 대상이다.

51 　　　　　　　　　　　정답 ④

초록(500~559nm)은 림프 순환 촉진, 부종 감소, 심리적 안정 작용 및 면역력 강화, 지방 분비 기능 조절, 스트레스 관리에 효과적이고, 심리적 스트레스성 여드름, 홍반 및 반점 피부에 활용된다.

52 　　　　　　　　　　　정답 ①

우드 램프로 피부 상태를 판단할 때 노화 피부는 암적색으로 나타난다.
② 정상 피부 – 청백색
③ 두꺼운 각질층 부위 – 하얀 가루 상태
④ 지성 피부, 여드름 피부 – 오렌지색, 노란색

53 　　　　　　　　　　　정답 ④

30cm 이상의 적당한 거리를 둔 후 확대경의 스위치를 켠다.

54 　　　　　　　　　　　정답 ①

물통 세척 시 세제는 고장의 원인이 되므로 사용하지 않는다.

55 　　　　　　　　　　　정답 ①

> ⊕　　　**핵심 뷰티**　　　⊕
>
> ### 인공능동면역
>
> - 생균백신 : 결핵, 홍역, 폴리오(경구)
> - 사균백신 : 장티푸스, 콜레라, 백일해, 폴리오(경피)
> - 순화독소 : 파상풍, 디프테리아

56 　　　　　　　　　　　정답 ③

말라리아는 제3급 감염병으로 발생을 계속 감시할 필요가 있어 발생 또는 유행 시 24시간 이내에 신고하여야 하는 감염병이다.
① 라싸열은 제1급 감염병에 속한다.
② 마버그열은 제1급 감염병에 속한다.
④ E형 간염은 제2급 감염병에 속한다.

57 　　　　　　　　　　　정답 ②

온열조건에 관여하는 4대 인자는 기온, 기습, 기류, 복사열이다.

58 　　　　　　　　　　　정답 ③

> ⊕　　　**핵심 뷰티**　　　⊕
>
> ### 300만원 이하의 벌금
>
> - 다른 사람에게 미용사 면허증을 빌려주거나 빌린 사람
> - 미용사 면허증을 빌려주거나 빌리는 것을 알선한 사람
> - 면허의 취소 또는 정지 중에 미용업을 한 사람
> - 면허를 받지 않고 미용업을 개설하거나 그 업무에 종사한 사람

59 　　　　　　　　　　　정답 ①

공중위생영업의 종류별 시설 및 설비기준을 위반한 공중위생영업자, 위생관리의무 등을 위반한 공중위생영업자, 위생관리의무를 위반한 공중위생시설의 소유자는 보건복지부령으로 정하는 바에 따라 그 개선을 명할 수 있다.

60 　　　　　　　　　　　정답 ④

영업소 내에 게시해야 할 사항은 이 · 미용업 신고증, 개설자의 면허증 원본, 최종지불요금표이다.

실전모의고사 제4회

01 ①	02 ②	03 ③	04 ①	05 ④
06 ①	07 ②	08 ③	09 ③	10 ①
11 ②	12 ①	13 ①	14 ③	15 ③
16 ②	17 ④	18 ①	19 ①	20 ④
21 ④	22 ②	23 ③	24 ①	25 ④
26 ③	27 ②	28 ④	29 ④	30 ③
31 ①	32 ④	33 ④	34 ③	35 ①
36 ①	37 ③	38 ③	39 ③	40 ②
41 ①	42 ①	43 ①	44 ③	45 ②
46 ②	47 ①	48 ②	49 ①	50 ④
51 ②	52 ①	53 ①	54 ①	55 ④
56 ③	57 ①	58 ②	59 ①	60 ③

01 　　　　　　　　　　　정답 ①

분장이 피부미용의 목적은 아니다.

02 　　　　　　　　　　　정답 ②

사용하는 기구와 비품들은 자비 소독법, 자외선 소독기, 고압 멸균기 등으로 살균 · 소독한다.

03 　　　　　　　　　　　정답 ③

자외선 멸균법은 1cm당 85㎼ 이상의 자외선을 20분 이상 쬐어 준다.
① 자비소독법은 습열 소독법으로 섭씨 100℃ 이상의 물속에 10분 이상 끓여 준다.
② 건열 멸균법은 가열 소독법으로 섭씨 100℃ 이상의 건조한 열에 20분 이상 쐬어 준다.
④ 유통 증기 멸균법은 습열 소독법으로 섭씨 100℃ 이상의 습한 열에 20분 이상 쐬어 준다.

04 　　　　　　　　　　　정답 ①

감염은 병원체가 장기 내에 침입하여 증식하는 상태를 말한다.
② 번식은 동물이나 식물의 수가 늘어 널리 퍼져나감을 뜻한다.
③ 살균은 세균을 없애는 것이다. 멸균과는 달리 내열성 포자는 잔재한다.
④ 오염은 음식물에 병원체가 부착된 상태를 말한다.

05 　　　　　　　　　　　정답 ④

모주기는 성장기 – 퇴행기 – 휴지기를 순환한다.

06 　　　　　　　　　　　정답 ①

O/W 에멀전의 주성분은 물이고, W/O 에멀전의 주성분은 오일이다.

07 　　　　　　　　　　　정답 ②

양이온성 계면활성제는 유연효과, 정전기 발생 역제효과가 있으며 주요 제품에는 헤어 린스, 헤어 트리트먼트 등이 있다.

08 　　　　　　　　　　　정답 ③

퍼퓸, 오데퍼퓸, 오데토일렛, 오데코롱, 샤워코롱은 방향용 화장품에 포함된다.

09 　　　　　　　　　　　정답 ③

화장품의 수성 원료에는 정제수(이온 교환수), 에탄올, 글리세린 등이 있다.

10 　　　　　　　　　　　정답 ①

색소침착 상태, 피부의 투명도, 모공의 크기 등은 문진이나 견진을 통하여 알아볼 수 있다.

11   정답 ②

홈 케어 관리 방법을 설명하고 피부유형에 맞는 제품을 추천하여 계획한다.

12   정답 ①

눈썹은 눈썹머리에서 눈썹꼬리 방향으로 닦아낸다.

13   정답 ①

오일 타입에 대한 설명이다.

14   정답 ③

스크럽은 화농성 여드름, 모세 혈관 확장 피부, 민감성 피부는 사용을 금한다.

15   정답 ③

모세 혈관 확장 피부나 화농성 여드름 피부는 사용을 금한다.

16   정답 ②

아토피 피부염은 자외선에 노출될 때 생길 수 있는 현상과는 거리가 멀다.

17   정답 ④

전류는 높은 곳에서 낮은 곳으로 흐른다.

18   정답 ①

염색용 볼은 비금속성을 사용해야 한다. 그렇지 않으면 금속이 촉매 작용을 하여 색조와 그릇 사이에서 화학 반응을 일으킨다.
③ 고객을 눕힌 자세에서 고개를 45도 정도 젖히게 하여 염색제가 눈에 들어가지 않도록 세심한 주의를 기울여

실시한다.
④ 눈썹 염색을 실시하기 24시간 전에 반드시 패치 테스트를 실시하여 부적용 대상인지 여부를 파악한 후 수행한다.

19   정답 ①

떨며 펴바르기(흔들어 주기, vibration)는 피부조직의 탄력을 증가시킨다.

20   정답 ④

① 모든 동작은 적절한 속도로 진행 한다.
② 매뉴얼 테크닉의 동작은 상황에 따라서 반복 동작도 가능하다.
③ 모든 동작은 근육결의 방향으로 실시한다.

21   정답 ④

T존은 피지 분비량이 많아 번들거리고, U존은 윤기가 없고 건조한 피부 타입은 복합성 피부이다.

> ⊕ **핵심 뷰티** ⊕
> ### 복합성 피부
> • 한 사람의 얼굴에 다른 두 가지의 타입(건성, 지성)의 피부 유형이 공존하는 피부를 말한다.
> • T존 부위(코, 이마)는 피지 분비가 많은 피부로 청결을 유지하는 관리가 이루어져야 한다.
> • U존 부위(턱, 볼)와 눈 주위는 수분 부족 피부로 보습 위주의 관리가 이루어져야 한다.

22   정답 ②

점토상은 피지 흡착효과가 뛰어나고 안색 정화효과가 있어 피지 분비 조절이 필요한 여드름, 지성피부에 효과적이다.

23   정답 ③

시트 타입(Sheet type)은 자극이 적고 영양 공급과 보습 효과가 뛰어나며 피부에 탄력을 증진시킨다.

24 정답 ①

수렴 화장수에 각질층에 수분을 공급하고 모공을 수축시키는 효과가 있다.

25 정답 ④

심장판막은 얇은 근육 막의 조그마한 조직 구조로, 피가 심장에서 이동을 하고, 심장으로 들어올 때에 혈액의 역류를 막고 흐름을 원활하게 한다.

26 정답 ③

③은 핵에 대한 설명이다.

27 정답 ②

심배근은 등 쪽의 깊은 곳에 있는 근으로 골반과 두개골 사이에 복잡하게 걸쳐 있으며, 척주의 굴신·회전운동을 돕는다.

28 정답 ④

말초신경계 중 체성신경계는 중추신경의 뇌로부터 나오는 뇌신경(12쌍)과 척수로부터 나오는 척수신경(31쌍)이 있다. 척수신경은 경주신경 8쌍, 흉추신경 12쌍, 요추신경 5쌍, 천골신경 5쌍, 미골신경 1쌍으로 구분된다.

29 정답 ④

혈소판은 혈액의 응고나 지혈작용에 관여하며 무핵으로 수명은 10일 정도이며, 지라에서 파괴된다.

30 정답 ③

소장은 주름과 융모를 통해 영양분을 흡수하며 연동운동, 분절운동, 진자운동 등이 있다. 담즙, 췌장액을 분비해 음식물을 소화한다.

⊕ 핵심 뷰티 ⊕
소장의 운동

- 연동운동 : 소화관이 수축하고, 그 수축륜이 입쪽에서 항문 쪽으로 향하여 이동하는 운동으로, 식도, 위, 소장, 대장에서 이루어진다.
- 분절운동 : 관의 잘록한 부분과 그렇지 않은 부분이 번갈아 가며 교체하는 것으로 소장에서 볼 수 있다.
- 진자운동 : 종주근(소화관을 싸고 있는 민무늬근)의 수축으로 관이 짧아지는데, 관이 좌우로 흔들리는 것처럼 보이는 운동으로 음식물의 혼합과 수송이 이루어진다.

31 정답 ①

냉습포는 피부 진정 및 수렴작용이 있어 예민피부, 모세혈관 확장피부 관리 시 마무리 단계에서 사용하면 효과적이다.

32 정답 ④

공중위생영업자의 지위를 승계한 자는 1월 이내에 보건복지부령이 정하는 바에 따라 시장·군수 또는 구청장에게 신고하여야 한다.

33 정답 ④

아토피 피부인 사람은 복부관리의 부적용 대상이다.

34 정답 ③

둔부의 혈액 순환을 증가시켜 염증 예방과 색소 침착을 예방한다.

35 정답 ①

몸매관리 마무리 화장품의 사용 목적은 셀룰라이트를 완화시키는 것에 있다.

36
정답 ①

정맥류, 혈관이상 증상, 사마귀, 점, 상처, 피부 질환 부위의 피부에는 제모를 금한다.

37
정답 ③

특히 넓은 면적, 예를 들면 다리나 팔 등에 소프트 왁스를 사용하면 시간을 단축할 수 있어 '스피드 제모'가 가능하다.
① 페이스 제모 시에는 눈썹, 인중, 입술 라인에 적용한다.
② 신체의 광범위한 부위를 보다 효과적으로 제거할 수 있다.
④ 꿀과 비슷한 농도로써 약 1~1.5cm 정도의 얇고 긴 체모를 제거하기 좋다.

38
정답 ③

발 마사지로 피부 표면의 더러움이 제거되지는 않는다.

39
정답 ③

퍼올리기 기법(Scoop technique)은 손바닥을 펴고 손등이 아래로 향하게 하여 위쪽으로 올리면서 압을 주며, 손가락에는 힘을 주지 않고 엄지를 제외한 네 손가락을 가지런히 하여 압을 주면서 손목의 회전과 함께 위로 쓸어 올리듯이 하는 동작으로, 팔과 다리에 적용하는 동작이다.

40
정답 ②

1회 관리 시간은 한 부위를 실시하는 경우 최소 20~30분 정도이며 여러 부위를 할 경우는 한 시간 이상 적용한다.

41
정답 ①

한 달 이상 6개월 정도의 지속적인 관리가 필요하다.

42
정답 ④

피지는 세균이나 곰팡이균을 방어하는 작용을 하며 피부와 모발에 윤기를 부여해 주고 체온의 저하를 막아준다.

43
정답 ④

개인에 따라 성장의 속도는 차이가 있지만 매일 0.1mm가량 성장한다.

44
정답 ③

아줄렌은 살균, 소염작용이 있으며 캐모마일 식물로부터 얻어진다.

45
정답 ②

유지 고객인지를 파악할 수 있다.

46
정답 ②

피지선 기능이 비정상적으로 항진되어 피지가 과다 분비된 상태이다. 지성피부는 경우에 따라 생성된 피지가 모공 밖으로 나오지 못하고 모공과 모낭 안에서 잔류하여 피지 배출장애로 인하여 여드름이 발생되기 쉬운 피부유형이다.

47
정답 ③

얼굴과 전신에 모두 사용한다.

48
정답 ②

온도와 증기열에 따라 혈액 순환이 촉진되어 고객이 어지러움을 느낄 수 있으니 처음부터 사우나의 온도가 높지 않도록 주의하며 사우나의 온도계와 습도계를 준비하여 미리 온도와 습도를 체크한다.

49
정답 ③

얼굴 표면에 가볍게 누르듯이 원을 그리며 얼굴의 굴곡에 따라 이동한다.(손목의 힘으로 돌리지 않게 주의한다.)

50
정답 ④

바이브레이터는 진동에 의해 온몸을 순환을 촉진시키는 비전류의 물리적 기기로써 주로 전신관리를 위해 많이 활용되며 매뉴얼 테크닉의 효과를 제공한다. 바이브레이터(Vibrator) 기구를 G5라고도 하며 G는 Gyratory의 약자로 회전하다의 뜻이다.

51
정답 ②

노랑(580~590nm)은 신경계, 간 기능 강화, 콜라겐, 엘라스틴 합성 증가, 신경과 근육 활동 자극의 효과가 있고, 피부 조기 노화 예방 관리에 활용된다.

52
정답 ③

우드램프(Wood's lamp)는 파장 365nm 이상의 자외선과 가시광선을 방출하는 등이다. 어두운 상태에서 사용되며 관찰하고자 하는 피부 부위와 6~20cm 떨어져 관찰한다. 육안으로 보기 어려운 피지, 민감도, 모공의 크기, 트러블, 색소 침착 상태를 파악할 수 있다.

53
정답 ③

화이트헤드, 블랙헤드를 비롯한 피지 압출 시 사용한다.

54
정답 ③

얼굴관리 사용 시 반드시 눈과 입술은 젖은 화장 솜을 덮어 보호하도록 한다.

55
정답 ④

신종인플루엔자는 제1급 감염병에 속한다.
① 매독은 제4급 감염병에 속한다.
② 폴리오는 제2급 감염병에 속한다.
③ 일본뇌염은 제3급 감염병에 속한다.

56
정답 ③

개별접촉을 통한 보건교육이 노인층에게 가장 적절하다.

57
정답 ③

화학적산소요구량(COD)는 물속의 유기물을 화학적으로 산화시킬 때 화학적으로 소모되는 산소의 양을 측정하는 방법이다. 공장폐수의 오염도를 측정하는 지표로 사용한다. COD가 높을수록 오염도가 높다.

58
정답 ③

이·미용업 영업소에서 손님에게 음란한 물건을 관람·열람하게 하거나 진열 또는 보관 시 1차위반 시에는 경고, 2차위반 시에는 영업정지 15일, 3차위반 시에는 영업정지 1월, 4차위반 시에는 영업장 폐쇄명령이다.

59
정답 ③

영업소 외의 장소에서 미용업무를 행한 자에 대한 과태료는 70만 원이다.

60
정답 ③

후리마돌(Frimator)은 일반적으로 사용하는 방법이 아니라, 모공 속 노폐물을 제거하는 데 도움이 되는 작업이다.

실전모의고사 제5회

01 ③	02 ③	03 ②	04 ④	05 ④
06 ③	07 ①	08 ②	09 ④	10 ④
11 ②	12 ②	13 ②	14 ③	15 ④
16 ①	17 ②	18 ②	19 ①	20 ②
21 ③	22 ②	23 ④	24 ②	25 ②
26 ①	27 ①	28 ②	29 ②	30 ②
31 ④	32 ①	33 ①	34 ②	35 ③
36 ②	37 ①	38 ③	39 ②	40 ②
41 ③	42 ①	43 ②	44 ①	45 ③
46 ④	47 ③	48 ①	49 ②	50 ④
51 ④	52 ③	53 ④	54 ①	55 ①
56 ④	57 ④	58 ②	59 ④	60 ①

01 · 정답 ③

모발관리는 피부 미용의 영역이 아니다. 모발관리는 이·미용의 영역이다.

02 · 정답 ③

상담실과 작업장은 구분되어 있어야 한다.

03 · 정답 ②

도구나 용기는 살균 소독기 또는 소독제로 깨끗이 닦아야 한다.

04 · 정답 ④

고객과의 대화 시 부드러운 용어를 사용한다.

05 · 정답 ④

다크서클은 눈이 피로한 경우나 눈 주 위의 정맥혈관 이상이

생길 때 나타나는 현상으로 피부의 유형과는 관련이 없다.

06 · 정답 ③

각질층 보습, 발한과 피지 분비를 억제하는 효과가 있는 것은 수렴화장수이다.

07 · 정답 ①

블러셔는 립스틱, 아이섀도, 아이라이너, 마스카라, 아이브로우 등과 함께 포인트 메이크업 화장품에 속한다.

08 · 정답 ②

안정성에 대한 내용이다.
① **안전성** : 피부 자극, 알레르기, 감작성, 경구독성, 이물질 혼입 등이 없어야 한다.
③ **사용성** : 피부 친화성, 촉촉함, 부드러움 등이 있다.
④ **유효성** : 보습효과, 노화 억제, 자외선 방어효과, 세정효과 등이 있어야 한다.

09 · 정답 ④

외부 공기와의 일시적 차단으로 영양 성분 흡수가 용이하다.

10 · 정답 ④

예민도를 분석하기 위해 스파출라로 가볍게 십자를 그어 턱이나 이마 부위의 예민도를 측정한다.

11 · 정답 ②

취미, 특기사항, 재산정도는 피부 분석 카드에 기입해야 할 사항과는 거리가 멀다.

12 · 정답 ②

친수성의 제품으로 물에 잘 용해된다.

① 이중 세안이 필요 없다.
③ 모든 피부에 적합하다.
④ 클렌징 크림보다는 세정력이 약하다.

13 　　　　　정답 ②

안면 클렌징은 근육결의 방향으로 시술한다.

14 　　　　　정답 ③

스크럽에 대한 설명이다. 스크럽은 피부에 바른 후 손에 물을 적셔 가볍게 문지른 다음 닦아 낸다. 화농성 여드름, 모세 혈관 확장 피부, 민감성 피부는 사용을 금한다.

15 　　　　　정답 ④

관리 후 다음 단계를 위한 토닉을 사용해야 한다.

16 　　　　　정답 ①

기저층은 색소형성세포인 멜라닌세포를 포함하고 있다.

17 　　　　　정답 ①

혈액 속에 들어 있는 3가지 혈구의 양을 보면 적혈구 > 혈소판 > 백혈구 순이다.

18 　　　　　정답 ②

갈바닉전류는 디스인크러스테이션, 이온토프레시스에 사용되며, 혈액순환 촉진, 신진대사 촉진, 피부의 수분 흡수력 증가, 피부 재생효과를 돕는다.

19 　　　　　정답 ①

문지르기는 쓰다듬기보다 조금 더 깊은 조직에 효과가 있으며 주름이 생기기 쉬운 부위에 주로 많이 쓰인다.

20 　　　　　정답 ②

매뉴얼테크닉 시 고객과의 대화는 가급적 피한다.

21 　　　　　정답 ③

정상 피부는 지속적 유·수분 적용이 알맞으며 모든 타입의 화장품이 가능하다. 오일이 함유되어 있지 않은 제품은 지성 피부에 알맞다.

22 　　　　　정답 ②

사용하기 직전에 만들어 사용하는 것이 피부에 효과가 높으며 남은 것은 재사용하지 않는다.

23 　　　　　정답 ④

에어로졸상은 기포 발생으로 기화열이 생겨 청량감을 부여하는 팩이다.

24 　　　　　정답 ③

아이 크림은 눈 주위에 바르는 영양 크림이다.

25 　　　　　정답 ②

리소좀은 세균 등의 이물질을 소화하는 역할을 한다. 백혈구와 거대 식세포에 많이 분포한다. 세포의 노폐물을 분해하고 처리한다.

26 　　　　　정답 ①

근육조직은 몸의 근육이나 내장기관을 형성하는 조직이다. 가늘고 긴 근세포로 이루어져 있다.

27 　　　　　정답 ①

골격계는 뼈, 연골, 인대로 구성되어 있다.

28   정답 ②

흥분을 전달하는 세포인 뉴런은 신경 조직의 최소 단위이다.

29   정답 ③

백혈구에 대한 설명이다. 백혈구는 핵과 세포질이 뚜렷이 구별되며, 적혈구에 비해 크기가 크다.

30   정답 ②

난소에 대한 설명이다. 난소에서는 여성 호르몬인 에스트로겐과 프로게스테론을 분비한다.

31   정답 ④

독소형 식중독은 일으키는 균은 웰치균, 포도상구균, 보툴리누스균 등이다. 장염비브리오균은 감염형 식중독을 일으킨다.

32   정답 ①

⊕   **핵심 뷰티**   ⊕

**공중위생관리법 시행규칙 제13조
(영업소 외에서의 이용 및 미용 업무)**

• 질병 · 고령 · 장애나 그 밖의 사유로 영업소에 나올 수 없는 자에 대하여 이용 또는 미용을 하는 경우
• 혼례나 그 밖의 의식에 참여하는 자에 대하여 그 의식 직전에 이용 또는 미용을 하는 경우
• 「사회복지사업법」 제2조제4호에 따른 사회복지시설에서 봉사활동으로 이용 또는 미용을 하는 경우
• 방송 등의 촬영에 참여하는 사람에 대하여 그 촬영 직전에 이용 또는 미용을 하는 경우
• 이 외에 특별한 사정이 있다고 시장 · 군수 · 구청장이 인정하는 경우

33   정답 ①

식후 30분 전에는 복부관리는 금한다.

34   정답 ②

손, 팔 관리는 영양물질을 바르고 매뉴얼테크닉을 적절히 안배하여 보습과 미백을 준다. 뼈나 관절 부위에 강한 자극은 피해야 한다.

35   정답 ③

마무리 기초화장품 중 로션 · 크림, 오일은 피부의 유 · 수분 밸런스를 정상화한다.

36   정답 ②

제모 후 3일 이내에는 스크럽이나 필링제를 사용하지 않는다.

37   정답 ①

하드 왁스는 천연 밀납 성분이 많이 포함되어 있다. 약 0.5~1cm 미만의 굵은 성모 또는 솜털을 제거하기 좋다.

38   정답 ③

털이 여러 방향으로 나 있는 경우에는 세 군데 이상의 작은 부분으로 나누어 제거한다.

39   정답 ②

림프는 혈액보다 점성이 덜하며 알칼리성 용액이다.

40   정답 ②

회전 기법은 손가락 전체를 인체의 평평한 부분에 댄 후 피부를 약간 신장시키듯이 늘려서 손바닥 전체를 피부에 밀착시키고 옆으로 회전하는 동작으로 평평한 부위에 적용되는 동작이다.

실전
모의고사

정답 및 해설

41   정답 ③

각 손동작은 피부에서 손이 떨어지지 않아야 한다. 움직이는 힘은 30~40mm/Hg 정도의 압력을 유지하여 일정하게 압을 가한다. 가장 이상적인 압력은 33mm/Hg(깃털 무게 정도의 압력, 10원짜리 동전을 피부에 올려놓은 압력)이다.

42   정답 ①

탄수화물과 단백질은 1g당 4kcal, 지방은 9kcal의 열량을 낸다.

43   정답 ②

속발진은 가피, 미란, 인설, 켈로이드, 태선화, 찰상, 균열, 궤양, 위축, 반흔 등이 있다.

44   정답 ①

피부의 수분 균형에 도움을 주는 제품은 기초 화장품이다.

45   정답 ③

③은 고객관리의 중요성에 대한 내용이다.

46   정답 ④

④는 정상 피부의 저녁 홈 케어 조언이다.

47   정답 ③

갈바닉 기기 관리 후에는 진공 흡입(Vaccum suction)을 사용하지 않는다.

48   정답 ①

건성피부에는 진공 흡입기를 사용해도 좋다.

49   정답 ③

사우나 사용 후에는 위생적으로 중성 세제를 이용하여 소독한다.

50   정답 ④

물기를 제거한 브러시는 자외선 살균 소독기에 10~20분 넣어 소독한 후 보관한다.

51   정답 ④

파랑(470~500nm)은 심리적 안정 및 기분 전환 효과, 식욕 억제에 효과가 있고, 모세 혈관 확장 피부, 지성 및 염증성 여드름 피부에 활용된다.
①, ②, ③은 주황(590~600nm)에 따른 효과이다. 주황은 건성 및 문제성 피부, 알레르기성 민감성 피부, 노화 피부에 활용된다.

52   정답 ③

우드 램프로 피부 상태를 판단할 때 색소 침착 피부는 암갈색으로 나타난다.

53   정답 ④

스프레이의 내용물을 희석할 경우에는 입자가 섞이지 않도록 증류수를 사용한다.

54   정답 ①

버블 사용 시 물을 족욕기의 80% 이상 채우지 않는다.

55   정답 ①

풍진은 제2급 감염병에 속한다.

56 　　　　　　　　　정답 ④

이산화탄소는 실내공기 오염의 지표로 사용하고 지구온난화 현상의 주된 원인이다. 공기 중 약 0.03%를 차지한다.

57 　　　　　　　　　정답 ④

온습포로 남은 잔여물을 깨끗이 닦아 내야하지만, 열이 나거나 민감한 피부에는 냉습포를 사용한다.

58 　　　　　　　　　정답 ②

②는 고마쥐(Gommage)에 대한 설명이다.

59 　　　　　　　　　정답 ④

4차위반 시에는 영업장 폐쇄명령이 적용된다.

60 　　　　　　　　　정답 ①

⊕ 핵심 뷰티 ⊕

200만 원 이하의 과태료 대상
- 영업소 외의 장소에서 미용업무를 행한 자
- 위생교육을 받지 아니한 자
- 다음의 위생관리의무를 지키지 않은 자
  - 의료기구와 의약품을 사용하지 아니하는 순수한 화장 또는 피부미용을 할 것
  - 미용기구는 소독을 한 기구와 소독을 하지 아니한 기구로 분리하여 보관하고, 면도기는 1회용 면도날만을 손님 1인에 한하여 사용할 것
  - 미용사면허증을 영업소안에 게시할 것

실전모의고사 제6회

01 ②	02 ③	03 ④	04 ③	05 ①
06 ③	07 ④	08 ④	09 ②	10 ①
11 ②	12 ③	13 ①	14 ④	15 ②
16 ①	17 ②	18 ①	19 ①	20 ④
21 ④	22 ③	23 ③	24 ③	25 ③
26 ④	27 ③	28 ③	29 ①	30 ③
31 ④	32 ③	33 ②	34 ③	35 ③
36 ④	37 ④	38 ②	39 ③	40 ②
41 ①	42 ③	43 ②	44 ②	45 ②
46 ④	47 ③	48 ③	49 ③	50 ④
51 ③	52 ②	53 ④	54 ②	55 ②
56 ②	57 ①	58 ②	59 ②	60 ④

01 　　　　　　　　　정답 ②

메탄올은 피부미용 비품 위생관리하기 작업 준비물에는 해당하지 않는다.

⊕ 핵심 뷰티 ⊕

피부미용 비품 위생관리하기 작업 준비물
타월(대 타월, 중 타월, 소 타월), 고객 가운(속 가운, 겉 가운), 관리사 가운, 터번, 거즈, 화장 솜, 붓, 스파츌라, 볼(해면볼, 고무볼, 유리볼), 해면, 알코올, 슬리퍼(고객용 신발), 마스크, 면봉, 화장품, 휴지, 쓰레기통, 제모 도구 일절

02 　　　　　　　　　정답 ③

끓는 물에 삶는 것이 옳다.

03 　　　　　　　　　정답 ④

기저층은 표피의 가장 아래층이다. 기저층 세포가 상처를 입으면 세포 재생이 어려워지고 흉터가 남는다.

04 정답 ③

① 비타민 C 결핍 시 괴혈증, 색소침착 증상
② 비타민 E 결핍 시 혈액응고가 지연되어 피하출혈, 내출혈 등의 발생 위험
④ 비타민 D 결핍 시 골다공증, 구루병 발생 위험

05 정답 ①

② 농포 : 표피 부위에 고름이 차있는 작은 융기를 말하며, 여드름 등 염증을 동반한 형태이다. 주변조직이 파괴되지 않도록 빨리 짜주어야 한다.
③ 열창 : 열이 많이 날 때 피부나 점막에 생기는 물집이다.
④ 비립종 : 눈 주위에 잘 발생하며 간혹 뺨, 이마에도 발생하는 모래 알 크기의 작은 황백색 낭포이다.

06 정답 ③

파운데이션은 피부에 광택, 탄력, 투명감을 부여한다. 기미, 주근깨 등의 결점을 커버한다.
① 자외선 차단효과가 있다.
② 화장의 지속성을 높여준다.
④ 건조한 외부 환경으로부터 피부를 보호한다.

07 정답 ④

아이라이너는 속눈썹을 뚜렷하게 하여 눈의 윤곽을 강조한다. 눈이 커 보이고 생동감이 있게 만들어 준다.

08 정답 ④

아보카도 오일은 식물성 오일이다.

09 정답 ②

자외선 산란제에는 이산화티타늄과 산화아연이 있다.

10 정답 ①

문진은 질문을 통하여 고객의 피부를 분석한다.

11 정답 ②

방문 횟수를 강요하지 않는다.

12 정답 ③

피지, 노폐물을 제거하여 청결하고 위생적인 상태로 유지한다.
② 클렌징 제품은 피부의 피지막 및 산성막을 손상시키지 않아야 한다.

13 정답 ①

알코올 성분의 토너는 지성 및 여드름 피부에 효과적인 제품이다.

14 정답 ④

후리마돌(Frimator)은 피부에 자극이 없는 부드러운 천연모의 브러시를 선택하여 각기 다른 속도로 회전시키며 피부 표면에 붙어 있는 먼지와 노폐물을 제거한다.
④는 전기 세정(Disincrustation)에 대한 설명이다.

15 정답 ②

과도한 딥클렌징은 피부를 민감하게 만드므로 일반적으로 주 1~2회 정도 실시한다.

16 정답 ①

일자형 눈썹은 긴 얼굴형, 폭이 좁은 얼굴형에 어울린다.
② 둥근 얼굴형은 상승형 눈썹이 어울린다.
③ 역삼각형 얼굴형은 아치형 눈썹이 어울린다.
④ 길이가 짧은 얼굴형은 각진형 눈썹이 어울린다.

17 정답 ②

비립종은 표피에서 발생하는 작은 황백색의 낭포이다.

18 정답 ①

정전기를 방지하고 빗질을 좋게 하는 것은 헤어 린스이다.

19 정답 ①

매뉴얼테크닉의 기본동작은 쓰다듬기, 문지르기, 반죽하기, 두드리기, 흔들어 주기이다.

20 정답 ④

노화 피부에 대한 설명이다.

21 정답 ④

카모마일은 진정을 도와주는 물질이다.
① 콜라겐은 보습 · 탄력을 도와주는 물질이다.
②, ③ 티트리, 산리실산은 정화를 도와주는 물질이다.

22 정답 ④

팩은 피부 타입에 따라 다른 성질의 팩을 사용해야 한다.

23 정답 ③

마스크는 얼굴에 바른 후 딱딱하게 굳어 공기가 통하지 않는다. 외부 공기를 차단하여 막을 형성하므로 이산화 탄소, 수분, 열이 통과하기 어렵다.
① 영양물질 흡수율이 높다.
② 모공과 모낭이 확장된다.
④ 이산화 탄소, 수분, 열이 통과하지 않는다.

24 정답 ②

팩은 피하지방의 분해작용에는 관여하지 않는다.

25 정답 ③

뉴런은 신경조직의 최소 단위로 흥분을 전달하는 세포이다. 수상돌기(신호를 받는 부분), 축삭돌기(신호를 주는 부분), 신경세포체(수상돌기에서 받은 정보를 종합)로 구성되어 있다.
③ 입방상피는 주사위 모양의 상피이다.

26 정답 ④

늑골, 흉골은 편평골에 속한다.

27 정답 ②

광경근은 목의 피부 밑에는 얇고 넓게 퍼진 근육이며, 이 광경근의 안쪽에는 좌우로 10쌍의 작은 근육이 있어 저작운동, 연하운동, 발성운동 등에 관여한다.

28 정답 ②

동맥은 심장에서 온몸으로 나가는 혈액이 흐르는 관이며 전체 혈관의 약 20%를 차지하며, 혈류의 흐름이 능동적이다. 산소와 영양분이 풍부한 혈액을 운반한다.

29 정답 ①

간은 위의 오른쪽에 위치한다. 담즙을 만들어 포도당을 글리코겐으로 저장하는 소화기관이다. 체내에 들어온 유해 물질을 해독한다.

30 정답 ③

췌장은 탄수화물 분해효소인 아밀라아제, 단백질 분해효소인 트립신, 지방 분해효소인 리파아제를 분비한다.

31 정답 ④

몸매 부위에 스크럽 제품을 골고루 바르고 5~7분 정도 지난 후 손에 물을 적시면서 쓸어서 펴바르기, 밀착하여 펴바르기 등을 활용해 2~3분간 테크닉해 준다.

32 정답 ③

티슈 타입에 대한 설명이다.

33 정답 ②

손, 팔 관리는 피부가 처지는 것을 방지한다.

34 정답 ②

흡입기는 압력에 의해 흡입과 배출을 하는 미용 기구로써 림프 순환, 노폐물 제거, 혈액순환에 도움을 준다.
① 중·저주파에 대한 설명이다.
③ 고주파에 대한 설명이다.
④ 초음파에 대한 설명이다.

35 정답 ②

팩·마스크로 피부의 지방 세포를 소멸시키지는 않는다.

36 정답 ④

피부의 감각이 없어 둔한 곳에는 제모를 하지 않는다.

37 정답 ④

피부 조직의 화끈거림(Burning)은 너무 뜨거운 온도의 왁스를 사용할 때 나타난다. 경미한 경우엔 즉시 라벤더 오일을 발라 주면 도움이 될 수 있다.

38 정답 ②

개인의 위생과 청결을 위해 소모품은 일회용을 사용한다. 스파츌라는 반드시 일회용을 사용하며 더블 디핑은 하지 않아야 한다.

39 정답 ②

최종적으로는 심장 방향으로 이루어진다.

40 정답 ②

문제성 지성 피부는 림프관리 적용 피부이다.

41 정답 ①

림프 관리는 과도하게 긴장된 근육을 이완시킨다.

42 정답 ③

켈로이드는 흉터가 굵고 크게 표면 위로 융기한 흔적이다.

43 정답 ②

① 감마선 : 방사선이다.
③ 자외선 : 태양광선의 5%를 차지하며, 피부에 광생물학적 반응을 유발하는 중요한 광선이다.
④ 가시광선 : 태양광선의 약 39%를 차지하며, 눈으로 볼 수 있는 광선으로 비가 온 후 개인날 7가지 무지개색으로 나타난다.

44 정답 ②

사용한 온스톤은 비누 거품에 씻은 후 흐르는 물에 씻어 낸다. 사용한 냉스톤은 소독용 알코올로 닦은 후 보관한다.

45 정답 ②

고객의 사생활 파악을 최대화하는 것은 불만 고객 처리의 중요성이 아니다.

46 정답 ④

전문가의 관리만으로는 건강한 피부 유지가 불가능하다는 것을 설명한다.

47   정답 ②

벤토즈(Ventouse)의 흡입력은 얼굴은 10%, 전신은 20%를 기준으로 하여 피부 상태에 따라 조절한다.
① 한 부위를 1번만 관리한다.
③ 사용하기 전에 피부에 크림이나 오일을 도포하여 벤토즈(Ventouse)의 부드러운 이동을 유도하고 피부 자극을 최소화한다.
④ 농포성 여드름 피부를 관리할 때는 감염의 위험이 있으므로 석션을 사용할 수 없다.

48   정답 ③

식사 전이 아니라 식사 후 30분 이내(음주 후, 과식 후)이면 부적용 대상이다. 고혈압, 간질 환자 또한 증기욕(사우나) 부적용 대상이다.

49   정답 ①

체격이 큰 남성 고객 관리 시 관리사의 피로를 줄이며 할 수 있다.

50   정답 ④

얼굴과 스티머(Steamer)의 거리는 약 30~50cm를 유지하고 피부 유형에 따라 시간과 오존을 적절하게 조절한다.

51   정답 ②

컬러(Color)테라피 시 기구 주변의 공간이 어두워야 컬러(Color)테라피 효과를 얻을 수 있다.

52   정답 ②

반짝이는 하얀 형광색으로 보이는 부분은 먼지나 메이크업 잔여물이므로 깨끗하게 클렌징을 하고 화장 솜 등이 남아 있지 않도록 하여 사용한다.

53   정답 ④

확대경은 어두운 곳에서 사용 시 피부 분석이 어려울 수 있다.

54   정답 ②

피부 감각이 없거나 둔한 경우는 주의한다.

55   정답 ②

인간이 활동하기 좋은 온도는 18℃이고 습도는 40~70%이므로 ②가 가장 적절하다.

56   정답 ②

세균성 식중독은 2차 감염률이 낮다.

57   정답 ①

자비소독법은 습열멸균법에 속한다. ②, ③, ④는 무가열멸균법이다.

58   정답 ②

진균은 아포 형성 식물로서 버섯, 곰팡이, 효모 등이 해당된다.

59   정답 ②

위생서비스 수준의 평가는 2년마다 실시한다. 그러나 공중위생영업소의 보건ㆍ위생관리를 위하여 필요한 경우 공중위생영업의 종류 또는 위생관리등급별로 평가 주기를 달리할 수 있다.

60   정답 ④

면허가 취소된 후 1년이 경과하면 면허를 받을 수 있다.

실전모의고사 제7회

01 ④	02 ④	03 ②	04 ②	05 ④
06 ④	07 ②	08 ④	09 ④	10 ①
11 ①	12 ①	13 ①	14 ②	15 ④
16 ②	17 ②	18 ②	19 ①	20 ②
21 ③	22 ④	23 ④	24 ④	25 ①
26 ②	27 ①	28 ②	29 ④	30 ①
31 ①	32 ④	33 ③	34 ①	35 ①
36 ②	37 ②	38 ④	39 ①	40 ③
41 ③	42 ①	43 ④	44 ④	45 ③
46 ①	47 ①	48 ②	49 ④	50 ②
51 ①	52 ④	53 ①	54 ①	55 ①
56 ①	57 ③	58 ①	59 ①	60 ③

---

01 정답 ④

청결을 유지하는 것은 고객의 불안 심리를 없애게 할 뿐만 아니라 숍에 대한 신뢰도 한층 높일 수 있다.

---

02 정답 ④

단정하지 못한 장신구는 피하면서 예의 있는 언행으로 근무할 수 있게 준비를 한다.
① 편안한 흰색 신발을 착용을 권장하며 소리가 나지 않게 유의해야 한다.
② 긴 머리는 단정하게 묶어 올리고, 자연스러운 화장을 한다.
③ 색깔 있는 네일 에나멜을 바르지 않는다.

---

03 정답 ②

모발의 주성분은 케라틴 단백질이다.

---

04 정답 ②

① 지방의 작용이다.
③, ④ 단백질의 작용이다.

---

05 정답 ④

① 각화 : 표피에 있어서 표피세포가 기저층에서 유극층, 과립층으로 외계에 가까운 쪽을 향해 나아감에 따라서 구조상의 변화를 수반해 분화하고 결국에는 핵을 잃고 탈수해서 주로 비후한 세포막과 섬유로 이루어지는 각질세포를 형성하는 과정을 말한다.
② 반흔 : 외상이 치유된 후 그 자리의 피부 위에 남는 변성부분
③ 농가진 : 세균에 감염되어 물집과 고름, 딱지가 생기는 질환

---

06 정답 ④

히알루론산염은 수분을 흡수하는 보습력이 매우 좋으며 닭벼슬이나 미생물 발효로 추출한다.
① 솔비톨 : 체리, 건포도, 사과, 해초 등에서 추출하며 글리세린의 대체 물질로 사용한다. 보습력은 좋으나 끈적임이 있다.
② 콜라겐 : 피부 보습효과가 좋다.
③ 엘라스틴 : 수분 증발 억제와 보습효과가 좋다.

---

07 정답 ②

선크림은 유화 원리를 이용한 제품이다.

> ⊕ **핵심 뷰티** ⊕
>
> **화장품과 가용화**
> • 물에 소량의 오일 성분이 계면활성제에 의해 투명하게 용해되는 현상이다.
> • 미셀의 크기가 매우 작아 빛이 통과하므로 투명한 상태를 만든다.
> • 가용화 제품으로는 화장수, 에센스, 헤어 토닉, 헤어 리퀴드, 향수 등이 있다.

---

08 정답 ④

보호용 화장품으로는 유액(로션), 크림, 에센스, 팩 등이 있다.

---

09 정답 ④

방취용 화장품은 신체 부위 중 특히 땀이 많이 분비되어 냄새가 발생하므로 부위에 땀 분비를 억제시키는 기능성 물품

이다.

①, ③ 풋로션과 핸드크림은 보습제에 속한다.

② 바디워시는 세정제에 속한다.

10 정답 ①

운동 처방을 하기 위해 피부분석을 한다는 설명은 옳지 않다.

11 정답 ①

중성 피부는 수분 크림을 적용한다. 건성 피부에 영양 크림을 적용하여 유·수분 밸런스를 유지하기 위한 목적으로 관리한다.

12 정답 ①

클렌징 워터는 화장수와 계면활성제, 에탄올을 소량으로 배합한 제품이다. 끈적임이 없고 산뜻하다.

13 정답 ①

잔주름이 많이 보이는 것은 건성피부의 특징이다.

14 정답 ④

AHA 사용시 10% 미만의 농도를 사용하며 시간을 엄수한다.

① 효소 사용 시 주의 사항이다.

② 스크럽 사용 시 주의 사항이다.

③ 닦아 낼 때 반드시 냉습포를 사용한다.

15 정답 ④

① 딥클렌징은 화학적 화상을 유발하지 않도록 해야 한다.

② 주름 관리는 딥클렌징의 효과가 아니다.

③ 심한 민감성 피부는 딥클렌징을 최대한 피하는 것이 좋다.

16 정답 ②

유전은 내인성 노화의 주된 원인이다. 내인성 노화란 나이가

들어감에 따라 인체를 구성하는 모든 기관의 기능이 저하로 나타나는 노화현상으로 유전, 연령 증가, 혈액순환 저하, 내장 기능 저하, 소화기능 장애, 영양학적 요인, 면역 기능의 이상, 호르몬의 영향 등이다. 외인성 노화란 태양광선 등 외부 환경의 노출에 의해 나타나는 노화현상으로 광선, 스트레스, 표정 근육, 수면 습관 및 자세, 흡연과 음주, 중력, 유해 산소, 환경 요인, 일상적 생활 습관 등이다.

17 정답 ②

① **전도체** : 저항이 작아서 전류가 잘 흐르는 물질

③ **반도체** : 전기가 통하는 도체와 통하지 않는 절연체의 중간 성질을 가진 물질

④ **도체** : 전기 또는 열에 대한 저항이 매우 작아 전기나 열을 잘 전달하는 물체

18 정답 ②

고객의 머리카락, 피부색, 나이 그리고 평소의 눈화장(Eye make-up)을 보완할 수 있는 색으로 선택하며, 자주 사용하는 마스카라 색상과 아이라이너 색상을 고려하여 선택하기도 한다.

19 정답 ①

쓰다듬기는 진정, 림프배액 촉진, 세정효과 등이 있다.

② **두드리기** : 근육 위축, 지방 과잉 축적방지, 신진대사효과 등

③ **문지르기** : 조직의 혈액 촉진, 결체 조직 강화, 모공 피지 배출효과 등

④ **흔들어 주기** : 경직된 근육 이완, 결체 조직의 탄력 증진효과 등

20 정답 ②

로열젤리는 세포 재생을 도와주는 물질이다.

21 정답 ③

적외선을 조사해 흡수시키는 방법이 있다.

실전
모의고사

정답 및 해설

22   정답 ③

팩 붓을 이용하여 일정한 두께로 바르고 체온이 낮은(볼 →
턱 → 코 → 이마 → 목)순서로 아래쪽에서 위쪽으로 얼굴 근
육 방향을 고려하여 고르게 바른다.

23   정답 ④

젤리상은 자극이 적으며 보습, 진정 효과가 있어서 예민성 피
부에 효과적이다(수용성 고분자를 이용한 제품).

24   정답 ④

자외선 차단제는 피부 관리 맨 마지막 순서, 메이크업의 첫
번째 단계라 할 수 있다.

25   정답 ①

골격근은 체중의 40~50%를 차지하며, 운동을 관장하는 근
육으로 가로무늬근이며 수의근이다.

26   정답 ②

부교감 신경반응으로 동공 축소가 일어난다. 혈압상승, 심박
동 증가, 한선 분비 촉진은 교감 신경의 반응에 해당된다.

27   정답 ①

뇌와 척수는 중추신경계를 구성하고 있다.

28   정답 ②

림프는 면역반응을 통해 신체를 방어한다. 소화된 지방 성분
을 혈관까지 운반하는 기능을 한다.

29   정답 ④

전립선은 밤 모양의 구조로서 방광 바로 아래 위치하고 있으

며 정액(60%)과 연한 알칼리성 점액을 분비한다. 정액 특유
의 냄새가 있다.

30   정답 ①

신장은 비뇨기계이다.

31   정답 ②

클렌징 테크닉은 손바닥 전체를 사용하여 강하게 문지르지
말고 피부 표면을 가볍고 신속한 동작으로 한다.

32   정답 ④

시간은 3~5분이 적당하며 피부 상태에 따라 시간을 조절할
수 있다.

33   정답 ③

저주파는 전기 자극으로 근육을 직접적으로 운동시켜 신진
대사와 세포 활성화에 큰 작용을 하며, 셀룰라이트 및 탄력
강화에 도움이 된다.

34   정답 ①

둔부 아래 부위는 피부층이 얇고 피지선이 적어 쉽게 건조해
져 색소 침착이 일어나기 쉬우므로 둔부관리시에 보습력이
좋은 화장품 사용을 권장한다.

35   정답 ①

근육 수축효과는 저주파기의 효과이다. 고주파기기는 주파수
가 100,000Hz이상의 전류를 사용하는 기기로 온열효과, 피부
재생효과, 살균효과 등이 있다.

36   정답 ④

모근 제거로 인해 다음 모의 성장이 느려지며 모가 가늘고
수가 감소한다.

37
정답 ②

소프트 왁스나 하드 왁스에 비해 잘 제거되지 않으며 털이 끊어지기도 한다.

38
정답 ④

무릎 부위는 세워 놓고, 종아리는 엎드리게 한 후 발뒤꿈치를 세우게 하고 수행한다.

39
정답 ①

림프 테크닉 수행 시 압력기를 이완기보다 길게 해주어야 한다.

40
정답 ③

림프관은 구조적으로는 정맥과 비슷하지만 혈관에 비해 벽이 얇다.

41
정답 ③

부종은 체액의 순환 중 공급량과 재흡수량이 균형을 잃어 조직액이 비정상적으로 증가되어 조직이 팽창되는 상태를 말한다.

42
정답 ②

폐에는 근육이 없어 수축운동을 할 수 없어 늑골, 횡격막, 늑간근 등에 의한 상하운동으로 수동적으로 일어난다.

43
정답 ③

① 오일에 물이 분산되어 있는 것은 W/O형이다.
② 물과 오일이 경계선을 중심으로 분산되어 있다.
④ O/W형은 친수성으로 기름이 적게 분산되어 있다.

44
정답 ④

① **엘라스틴** : 돼지 또는 식물에서 추출한다.

② **세라마이드** : 각질층 지질의 주성분으로 피부 자체적으로 만들어진다.
③ **히알루론산** : 보습제로 닭벼슬이나 미생물 발효로 추출한다.

45
정답 ③

고객을 유지하기 위한 관리 방법으로 기념일에 관심을 갖고 부가적 서비스를 제공한다.

46
정답 ①

피부관리실 운영에 있어 가장 중요한 것은 새로운 고객을 유치하는 것보다는 기존 고객들의 유지·관리 능력에 있다.

47
정답 ③

지방이 많아 살찐 사람은 진공 흡입기의 부적용 대상이 아니다.

48
정답 ④

헤드를 바꾸고자 할 때는 스위치를 끈 상태에서 고객의 몸 위에서 교체하지 않고 베드 옆에서 교체한다.

49
정답 ④

후리마돌(Frimatol)은 전동기의 회전 원리를 이용한 여러 가지 크기의 천연 양모 소재로 된 브러시이다. 크기와 목적에 따라서 회전의 속도를 조절한다.

50
정답 ②

일회용 커버를 씌우는 헤드의 경우는 한 번만 사용한다.

51
정답 ①

노화 피부는 컬러 테라피의 적용 대상이다.

52 정답 ④

우드 램프로 피부 상태를 판단할 때 건성 피부는 밝은 보라색으로 나타난다.

53 정답 ①

스티머(Steamer), 베이퍼라이저(Vaporizer)는 얼굴관리 전용 기기로써 증기만을 공급하는 형태와 오존을 함께 공급하는 형태가 있다.

54 정답 ①

증류수와 피부 유형에 맞는 토닉 등을 얼굴에 작은 입자로 뿌려 준다.

55 정답 ①

핵심 뷰티

보건행정의 범위

• 보건관계 기록의 보존
• 대중에 대한 보건교육
• 환경위생
• 감염병 관리
• 모자보건
• 의료 및 보건간호

56 정답 ①

소독력은 멸균 > 살균 > 소독 > 방부 순으로 강하다.

57 정답 ③

미생물의 생장을 위해 탄소, 질소원, 무기염류 등의 영양이 충분히 공급되어야 하는데 미생물 증식의 3대 조건은 영양소, 수분, 온도이다.

58 정답 ①

종업원의 수는 신고사항이 아니다.

핵심 뷰티

변경신고 사항

• 영업소의 명칭 또는 상호
• 영업소의 소재지
• 신고한 영업장 면적의 3분의 1이상의 증감
• 대표자의 성명 또는 생년월일
• 미용업 업종 간 변경

59 정답 ①

영업신고 시 첨부서류는 교육필증, 면허증 원본, 영업시설 및 설비 개요서이다.

60 정답 ③

미용업은 시장 · 군수 · 구청장에게 영업신고를 한다.